# 多传感器编队目标跟踪技术

## （第2版）

王　聪　王海鹏　董云龙　熊　伟　编著

電子工業出版社
Publishing House of Electronics Industry
北京 • BEIJING

## 内 容 简 介

本书是关于多传感器编队目标跟踪技术的专著，是作者对国内外近 30 年来该领域的研究进展和自身研究成果的总结。全书共 8 章，主要内容包括绪论、编队目标航迹起始算法、复杂环境下的集中式多传感器编队目标跟踪算法、部分可辨条件下的稳态编队跟踪算法、部分可辨条件下的机动编队跟踪算法、集中式多传感器机动编队目标跟踪算法、系统误差下的编队目标航迹关联算法、结论及展望。

本书可供信息工程、$C^3I$ 系统、雷达工程、电子对抗、红外、声呐、军事指挥等专业的科技人员阅读和参考，还可作为上述专业的高年级本科生或研究生教材，同时可供激光、机器人、遥感、遥测等领域的工程技术人员参考。



**图书在版编目（CIP）数据**

多传感器编队目标跟踪技术 / 王聪等编著. —2 版. —北京：电子工业出版社，2023.4
ISBN 978-7-121-45136-2

Ⅰ. ①多… Ⅱ. ①王… Ⅲ. ①传感器－目标跟踪 Ⅳ. ①TP212

中国国家版本馆 CIP 数据核字（2023）第 030826 号

责任编辑：曲 昕 特约编辑：田学清
印 刷：北京七彩京通数码快印有限公司
装 订：北京七彩京通数码快印有限公司
出版发行：电子工业出版社
北京市海淀区万寿路 173 信箱 邮编：100036
开 本：720×1 000 1/16 印张：18 字数：244 千字
版 次：2017 年 1 月第 1 版
2023 年 4 月第 2 版
印 次：2023 年 8 月第 2 次印刷
定 价：99.00 元

凡所购买电子工业出版社图书有缺损问题，请向购买书店调换。若书店售缺，请与本社发行部联系，联系及邮购电话：（010）88254888，88258888。

质量投诉请发邮件至 zlts@phei.com.cn，盗版侵权举报请发邮件至 dbqq@phei.com.cn。

本书咨询联系方式：（010）88254468，quxin@phei.com.cn。

# 前 言

多传感器编队目标跟踪技术是现阶段目标跟踪领域的研究重点和难点之一。本书依托国家自然科学基金资助项目、山东省自然科学基金资助项目，针对编队目标跟踪领域中的一些关键问题进行了深入研究，提出了多种新的、便于工程应用的多传感器编队目标跟踪算法。

全书共 8 章，第 1 章介绍了多传感器编队目标跟踪的研究背景、国内外研究现状，以及有待解决的一些关键问题。第 2 章介绍了编队目标航迹起始算法，为解决编队内目标难以正确起始的问题，提出了基于相对位置矢量的编队目标灰色航迹起始算法、基于相位相关的部分可辨编队航迹起始算法、集中式多传感器编队目标灰色航迹起始算法和基于运动状态的集中式多传感器编队目标航迹起始算法。第 3 章介绍了复杂环境下的集中式多传感器编队目标跟踪算法，为解决复杂环境下的多传感器非机动编队内目标跟踪问题，首先基于群分割中图像法的思想建立了云雨杂波剔除模型和带状干扰剔除模型；然后基于相邻时刻同一编队内目标真实回波空间结构相对固定的特性，分别提出了基于模板匹配的集中式多传感器编队目标跟踪算法和基于形状方位描述符的集中式多传感器编队目标粒子滤波算法。第 4 章介绍了部分可辨条件下的稳态编队跟踪算法，为解决在部分可辨条件下非机动编队内的目标跟踪问题，提出了基于序贯航迹拟合的稳态编队精细跟踪算法和基于 ICP 的稳态部分可辨编队精细跟踪算法。第 5 章介绍了部分可辨条件下的机动编队跟踪算法，为解决在部分可辨条件下编队内目标出现分裂和合并的跟踪问题，提出了基于复数域拓扑描述的编队分裂机动跟踪算法和基于拓扑模糊对准的编队合并机动跟踪算法。第 6 章介绍了集中式多传感器机动编队目标跟踪算法，为解决多传感器探测下无法正确跟踪机动编队内目标的问题，首先建立了整体机动、分裂、合并、分散 4 种典型机动模式下的编队目标跟踪模型，然后提出了变结构 JPDA 机动编队目标跟踪算法、扩展广义 S-D 分配机动编队目标跟踪算法。第 7 章介绍了系统误差下的编队目标航迹关联算法，为解决系统误差下编队内的目标跟踪问题，提出了基于双重模糊拓扑的编队目标航迹关联算法和基于误差补偿的编队目标航迹关联算法；为解决在系统误差和部分可辨条件下的异地分布式传感器生成的航迹融合问题，提出了基于多源信息互补的编队航迹关联算法。第 8 章回顾和总结了本书的研究成果，并对某些问题提出了进一步的研究建议。

本书由中国人民解放军海军航空大学的王聪、王海鹏、董云龙、熊伟编著。多传感器编队目标跟踪技术是信息融合领域的一个研究热点，本书不可能对这个领域的发展做出统揽无余的介绍。为此，本书在第 8 章对一些新的研究思路进行了展望，供读者参考。同时，由于作者水平有限，书中难免存在一些缺点和错误，殷切希望广大读者批评指正。

# 目　　录

# 第1章 绪 论

## 1.1 研究背景

在现实环境中，经常因为不可控制或特定人为目的等因素，在一个较小的空域范围内构成一个复杂的目标群，如空间碎片的分裂、弹道导弹突防过程中伴随的大量诱饵、导弹和飞机编队等，这些目标分布范围较小，运动特征差异不明显，相对运动速度较低且特性接近。目标跟踪领域将此类目标称为编队目标[1-6]。

传统的多传感器多目标跟踪算法[7-27]对编队目标的跟踪效果十分有限。此类算法通常基于测量直接对编队内目标进行建航，但因编队内目标间距较小，各目标跟踪波门会严重交叠，数据互联难度大增；而且，因编队内目标行为模式相似，错误的航迹起始及维持能在后续时刻得以延续，易造成整体态势混乱。

为解决该问题，近年来国内外学者提出一系列编队目标跟踪算法[1-6,28-51]，基本思路大多为，利用各种技术建立编队的等效量测，基于等效量测实现目标编队的整体跟踪。其优点是避免了编队内目标的相互影响，降低了跟踪混乱和计算量爆增的概率，提高了整个跟踪系统的稳定性，节省了大量雷达资源。但随着传感器分辨率的提高，其逐步表现出以下不足：第一，现有编队目标跟踪算法的推导环境大多比较简单，通常假设编队中个体目标完全可辨，然而在实际探测过程中，因目标的互相遮挡、传感器分辨率不够充分等因素，编队目标通常是部分可辨的；第二，在一些实际工程应用中，如低空编队突防目标的拦截[52]、编队内具有特殊价值的目标跟踪[53]等，在跟踪整个编队的同时，十分需要对编队内个体目标进行单独跟踪，然而现有编队目标跟踪算法通常只能得到编队整体状态，没有考虑编队内目标的精确跟踪问题；第三，如今目标空间已扩展到陆、海、空、天、电等多维空间，雷达、红外、声呐、卫星等都是获取目标信息的传感器，为有效改善编队内目标的精确跟踪效果，工程上需要利用多部传感器、从不同测向观测编队目标，然而现有算法只考虑了单传感器情况，对更复杂的多传感器情况没有研究。

面对现代战场中的多兵种多机种联合作战，针对无人机群[157-160]、航母编队[161]、低空突防目标、诱饵掩护下的弹道导弹[162-168]、编队内有特殊价值的目标等的跟踪，对编队内个体目标的区分与跟踪是十分必要的，其结果将对战场态势的评估、应对决策的判断及战役的胜负起到关键作用。因此，针对复杂条件，特别是部分可辨条件下的编队个体目标精细跟踪的研究在目前实际工程应用中也具有重要意义。

因此，为实现复杂环境下多传感器编队内个体目标的精确跟踪，需要研究适用于多传感器编队目标跟踪的新方法和新机理。本书在对传统目标跟踪算法和现有编队目标跟踪算法进行总结与进一步修订的基础上，针对编队目标跟踪在具体工程应用中所面临的一些实际问题，结合工程实践，提出几种便于工程实现的多传感器编队目标跟踪算法模型。本书的研究成果在地面、海面及空间目标监控，人群和兽群跟踪，火力控制与武器拦截等领域有广泛的应用前景，对推动目标跟踪技术领域的发展具有重要的科学和实际意义。

## 1.2 国内外研究现状

现阶段编队目标跟踪技术研究大致可分为以下 3 个方面：

（1）编队目标的航迹起始技术研究。

（2）编队目标的航迹维持技术研究。

（3）编队目标的机动跟踪技术研究。

### 1.2.1 航迹起始

在航迹起始方面，现有算法大多首先基于 K 方法[1,28]、集群引晶方法[1,29]、图解法[30]等进行编队分割，然后基于编队的等效量测[2,3,31]采用传统起始方法进行编队的互联和编队整体速度的估计，最终得出编队等效量测的状态值。这些算法的优点是避免了编队内量测的交叉错误关联，降低了计算量。其缺点主要有 3 个。第一，因随时可能有新成员加入编队、旧成员离开编队，而且探测系统通常无法对编队内目标进行连续测量，所以在杂波环境下简单地依靠空间距离直接对编队进行分割是不准确的，进而造成编队的互联和编队速度的估计不稳定，起始航迹精确度较低。第二，现有编队目标航迹起始算法大多只能得到编队的整体状态，没有研究编队内目标的航迹起始问题，漏航迹起始率较大。为了解决上述问题，文献[32]提出了关联与区别算法、中心外推法两种编队内目标的速度估计方法，但只适用于编队内量测数很少的情况。第三，不可辨与完全可辨的这两种大环境都是较为极端的条件，部分可辨条件下的编队则是如今常见的情况，也是当前急需解决的问题。在部分可辨条件下，编队内成员的检测概率低，同一目标的回波航迹互联时断时续，上述算法及传统的多目标起始算法[169-174]均不能对该条件下的航迹进行有效起始。

### 1.2.2 航迹维持

在航迹维持方面，国内外学者提出了多种算法，如重心群跟踪算法[7,33]，编队群跟踪算法[4,5,35-38]，基于 JPDA[39]、MHT[6]、粒子滤波[40]、贝叶斯递推[41]等传统数据互联方法[54-60]的编队目标跟踪算法，基于遗传算法[42]、动态网络[43]、广义 Janossy 量测密度方程[44]、PHDF[45]的编队目标跟踪算法等，这些算法部分解决了编队整体和编队内目标的跟踪问题，但前提是大多为探测系统可完全分辨编队内目标，而在实际工程应用中，编队目标会存在部分可辨的情况。为此，文献[46]研究了测量起源模糊时的群结构及状态估计问题，文献[47]基于随机集对部分可辨群目标及扩展目标的数据互联和航迹维持问题进行了分析，文献[48]提出了一种基于 SMC-PHDF 的部分可辨的群目标跟踪算法，可直接获得群的个数、质心状态及形状，但这些算法均无法获得部分可辨时编队内目标的精确航迹，且推导环境相对单一，在多传感器、系统误差[61-65]、传感器不等维[66]等复杂环境下难以应用。

### 1.2.3 机动跟踪

在机动跟踪方面，目前的研究相对滞后，且大多集中于从位置、方向、航迹历史等方面厘清群分裂、合并及交叉的逻辑关系，然后基于 PDA[49]、模式空间[50]、MCMC 粒子滤波[51]、SMC-PHDF[48]等方法完成编队目标的机动处理；总体上仍着眼于编队整体，对机动情况下编队内目标的航迹变化研究较少，对多传感器探测下机动编队内目标的跟踪没有研究。

### 1.2.4 多源航迹融合

分布式多传感器系统是将多个异地配置的传感器获取的目标状态估计汇报至融合中心，融合中心通过航迹关联将同一目标的多个跟踪结果进行融合估计，重点在判断来自多个传感器的航迹是否源于同一目标，解决重复跟踪问题，从而确保融合中心航迹数据的同一性和完整性。

目前，国内外学者针对多目标条件下的多传感器航迹关联理论已进行了大量研究。比较经典的方法包括最近邻法、独立双门限法、相关双门限法、广义经典分配法、相关序贯法、独立序贯法、加权法等基于统计学理论的航迹关联方法[70,143,175-190]。但这类方法虽然思路简洁、易于实现，在目标运动特性相近或机动航迹较多时，关联结果并不理想。另外，有学者在神经网络[191-193]、灰色理论[150,175,194-195]、模糊数学 [142,144,196-197]等理论的基础上，将这些数学理论与航迹关联结合，发展了一些相关的航迹关联理论体系，其中的一些算法经过仿真与实际工程应用，具有一定的实用价值，但也存在算法可移植性差、适应能力差等缺点，且在环境参数设置与实际情况偏差不大时，容易产生较严重的错误关联。以上这些较传统的关联算法主要以航迹间的统计距离为关联依据，并没有考虑到现实中系统误差等客观条件的存在。针对存在系统误差的情况，目前国内外学者也进行了一些研究，主要从目标拓扑结构、最大后验概率和极大似然准则等角度深入，提出了一些系统误差条件下的航迹关联对准算法。例如，文献[124,144]提出采用参照拓扑法来进行航迹对准，该方法采用由雷达到目标的径向划分网格建立参照拓扑，有效避免了系统误差的影响，但由于同一目标的两条航迹的参照拓扑存在一个角度差，致使目标的拓扑描述不够准确，导致关联效果下降。文献[132]采用航迹的三角拓扑信息作为拓扑结构元，从观测区域遍历量测的相似性，从局部相似判决推演到全局关联。该方法由于需要对全局量测进行遍历搜索，计算量随量测的增大而陡增，实用性较差。又如，文献[145]在文献[124]的基础上，采用航迹点之间的距离元素建立目标拓扑和航迹关联统计量，并采用假设检验的方式进行判决，从而解决了极坐标划分存在的问题，该方法虽然消除了测距误差的影响，但并未解决侧向误差对目标拓扑的影响，因此仍未能成为有较高实用价值的方法。

当需要关联的目标航迹为编队目标航迹时，在一定程度上将比多目标航迹对准的难度更大。由于编队成员的距离近、速度相似，使得航迹的几何性质近乎相同。特别是在部分可辨条件下，单个传感器对编队某成员跟踪的航迹常常是断断续续的，航迹的持续性并不稳定。因此，目前的多目标航迹对准关联算法并不能有效对部分可辨条件下的编队目标进行航迹关联融合。

## 1.3 多传感器编队目标跟踪技术中有待解决的一些关键问题

近年来，随着传感器性能尤其是分辨率的提高，越来越多的学者开始关注如何利用多个传感器获得的综合信息改善编队目标的跟踪性能，又由于隐身技术或战术遮挡等原因，编队目标往往又呈现出部分可辨的状态，这使得编队目标跟踪领域出现许多有待解决的关键问题。本节主要结合本书的研究内容对部分关键问题进行讨论。

### 1.3.1 复杂环境下的编队目标航迹起始技术

航迹起始是多传感器多目标跟踪中需要解决的首要问题，也是降低多目标跟踪固有组合极巨增加的有效措施。编队目标的航迹起始比传统多目标的航迹起始要复杂得多，传统的航迹起始算法[67-85]对编队目标的起始效果不理想[1,3,32]。首先，编队中各目标空间距离较小，如果采用直观法[7]、逻辑法[7,76,85]对编队内目标分别建航，各目标的起始波门就会严重交叉。因量测误差、外推误差的存在，编队内量测航迹极易出现错误的交叉互联。其次，因为编队内各目标行为模型相似，各目标回波前、后时刻的交叉关联性很强，错误的临时航迹能在后续时刻找到关联值，直观法、逻辑法等传统目标起始算法的航迹确认规则无法抑制错误航迹的输出，最终造成虚假航迹起始率增大。如果采用基于 Hough 变换的航迹起始算法[80-84]对编队内目标建航，那么对需建航的目标而言，其他目标的回波均为杂波，因误差的存在，易出现局部极大值，从而造成编队内各目标量测交叉关联，正确航迹起始率下降。现有编队目标航迹起始算法虽然避免了编队内各目标回波间的交叉关联错误，降低了计算量，但是在密集杂波环境下对编队的互联和编队速度的估计不稳定，起始航迹精确度较低，虚假航迹起始率很高，且只能得到编队整体的状态，没有考虑编队内目标的航迹起始问题，漏航迹起始率较大。此外，目前尚没有文献对集中式多传感器编队目标航迹起始问题进行研究。

对于低目标发现概率条件的编队目标航迹起始技术，目前的研究较少，并没有解决在雷达回波缺失时的起始技术难题。对编队目标航迹起始来说，由于数据量较大，在群分割与互联起始两个方面，既要保证较高的正确起始率，又要兼顾效率。目前的群分割算法基本采用遍历距离的思路，算法的时间复杂度相对较大，因此如何优化群分割算法，使之在正确分群的前提下，尽可能降低运行时间，有待进一步研究。在保证了正确分群的前提下，互联起始算法如何有效地最大化利用已获得的数据，在相邻时刻的目标回波点不一一对应的情况下，尽可能有效地起始编队成员航迹，需要进一步研究。由于编队目标航迹起始是编队跟踪的前提，研究低目标发现概率条件下的编队目标航迹起始技术，将对后续复杂条件下编队跟踪具有重要意义。

针对上述问题，有必要深入分析航迹起始阶段编队内目标量测的特性，研究如何结合这些特性实现单传感器或多传感器探测系统中的杂波剔除及点-点互联，成功完成编队内目标的精确航迹起始。

### 1.3.2 复杂环境下的集中式多传感器编队目标跟踪技术

航迹维持是目标跟踪过程的核心内容。与传统多目标相比，编队内目标的航迹维持更加复杂。利用传统多目标跟踪算法维持编队内目标航迹会出现漏跟、错跟、多跟等情况，导致跟踪效果不佳，亟待改善，而且现有编队目标跟踪算法大多基于编队整体进行跟踪，未考虑编队内目标的跟踪问题。而小部分考虑编队内目标航迹维持的算法跟踪环境又相对单一，难以适用于云雨杂波[86-89]、带状干扰[90-94]等复杂环境。此外，当工程上利用组网传感器探测编队目标时，必然需要进行数据互联和融合等处理，而对于集中式多传感器编队目标跟踪技术，目前尚没有文献进行研究。

针对上述问题，有必要深入分析云雨杂波、带状干扰等复杂环境下的集中式多传感器系统中编队内目标的量测特性，研究如何在不影响编队内目标真实回波的前提下最大限度地消除云雨杂波和带状干扰的不利影响，实现编队内目标的多维点迹-航迹互联及量测合并，完成复杂环境下的集中式多传感器编队内目标的精确跟踪。

### 1.3.3 集中式多传感器机动编队目标跟踪技术

在编队目标运动过程中，基于特定的战术或目的，编队目标随时会发生转弯、爬升、俯冲等整体机动，还会出现分裂、合并、分散等编队目标特有的机动模式，在这种情况下，编队内目标结构将发生变化，导致多传感器对编队内个体目标的分辨状态更为复杂，杂波环境下多传感器机动编队目标的精确跟踪问题变得十分困难。传统的多传感器机动目标跟踪技术[95-120]难以跟踪机动编队目标，主要原因如下：①当编队内目标发生分裂、合并或分散时，传统的机动目标跟踪模型不再匹配；②编队内目标一般相距较近，因而回波交叉影响严重，再加上杂波的影响，当编队发生机动时，易出现跟丢、错跟等现象；③利用组网传感器探测编队目标时，因传感器与编队内目标的角度不同，各传感器对同一机动编队目标的探测状态可能不一致，使实现多传感器信息的互补和剔除更加困难。现有机动编队目标跟踪算法大多基于编队整体对分裂、合并进行研究，对多传感器探测下发生机动时编队内目标的航迹更新问题尚未有文献报道，已不能满足目标跟踪领域的实际工程需求。

针对上述问题，有必要深入分析多传感器探测下编队发生机动时编队内目标的量测特性，研究如何建立编队整体机动、分裂、合并等典型编队机动模式下的编队跟踪模型和编队机动模式判别模型，实现各机动模式下编队内目标的状态更新。

### 1.3.4　系统误差下的编队目标航迹关联技术

在实际工程应用中，用于探测编队目标的组网传感器可能带有一定的系统误差，为实现系统误差下编队目标的跟踪，需研究分布式多传感器编队目标跟踪技术，其中单传感器编队目标的跟踪和系统误差下编队目标的航迹关联是研究的重点和难点。经分析可知，单传感器编队目标跟踪问题可由前面提出的编队目标跟踪技术解决，因此系统误差下的编队目标航迹关联成为必须解决的问题。然而，传统系统误差下的航迹关联算法[121-148]对编队内目标航迹的复杂性估计不足，设计相对简单，整体关联效果十分有限。首先，编队内各目标空间距离较小且行为模型相似，如采用系统误差下的模糊航迹关联算法[142,143]，其模糊因素集中的航向、航速等因子已丧失对关联判决的辅助作用，继续采用会干扰正确的模糊评判，加大航迹错误关联率；采用基于复数域拓扑描述的航迹对准关联算法[144]，其航迹粗关联波门严重交叠，关联信息矩阵的拆分易引起计算量极速增加，难以满足实际工程系统的实时性要求；采用基于整体图像匹配的航迹对准关联算法[145-148]，其估计旋转和平移量的时间会延长，且当量测误差较大时，其估计值可能发散，不能实现航迹的实时准确关联。其次，编队内各目标航迹特性接近，错误的航迹关联在后续时刻会继续存在，此时采用传统的双门限准则进行关联对的确认，会增大错误航迹关联率。此外，在编队目标跟踪研究领域，尚未有文献对系统误差下的编队目标航迹关联问题进行报道。

特别是针对部分可辨编队的跟踪，采用分布式多传感器的跟踪模式，利用异地配置传感器的信息互补性进行多源航迹融合，将有效提高航迹的识别率与正确率。但在实际工程应用中，组网传感器往往带有一定的系统误差。为了实现系统误差条件下的航迹关联融合，在单传感器编队跟踪的基础上，需要针对成员航迹断续的编队目标进行航迹关联的研究。由于编队的部分可辨性，因此前述单传感器的跟踪结果往往存在编队成员的航迹断续。目前的航迹关联对准算法设计基本针对多目标条件，由于各目标的航迹方向不同，航迹形状各异，易于对各目标进行区别，因此传统算法的设计也相对简单。但编队内各目标空间距离小、速度矢量相似、一段时间内的航迹形状也极为相似，采用传统算法极易造成关联波门的严重交叠，从而导致大规模的错误关联。在编队跟踪研究领域，仅有基于误差补偿的编队目标航迹关联算法[123]是针对编队特殊性进行研究的，但其模型相对简单，关联效果有限，且没有针对编队成员航迹断续的条件进行研究。

针对上述问题，有必要深入分析系统误差下编队内目标航迹的量测特性，研究如何消除系统误差和部分可辨造成的断续航迹对编队内目标航迹关联的不利影响，实现编队目标航迹的关联。

## 1.4　本书的主要内容及安排

根据上述关键技术，本书针对多传感器编队目标跟踪问题展开研究，内容具体安排如下。

第 1 章，绪论。

第 2 章，基于航迹起始阶段编队内各目标相对位置的缓慢漂移特性和各目标运动模式的相似性，研究杂波、部分可辨等复杂环境下单传感器和集中式多传感器编队目标航迹起始算法。

第 3 章，基于群分割中图解法的思想，研究云雨杂波和带状干扰剔除模型；基于相邻时刻同一编队内目标真实回波空间结构相对固定的特性，研究复杂环境下集中式多传感器编队目标跟踪算法。

第 4 章，为了解决稳态编队在拓扑缓慢改变时的精细跟踪难题，研究部分可辨条件下的单传感器稳态编队跟踪算法，提出了基于序贯航迹拟合的稳态编队精细跟踪算法和基于 ICP 稳态部分的可辨编队精细跟踪算法。

第 5 章，针对部分可辨条件下编队出现分离和合并机动的情况，基于复数域拓扑描述的思想和拓扑模糊对准理论，分别提出了基于复数域拓扑描述的编队分裂机动跟踪算法和基于拓扑模糊对准的编队合并机动跟踪算法。

第 6 章，基于编队发生机动时的量测特性，研究杂波环境下编队整体机动、分裂、合并、分散4种基本模式的跟踪模型；基于JPDA算法和广义S-D分配算法，研究复杂环境下的集中式多传感器机动编队目标跟踪算法。

第7章，基于拓扑信息理论和误差估计理论，研究系统误差下的编队目标航迹关联算法。针对部分可辨编队，基于多源信息互补理论，研究分布式多传感器编队航迹关联融合算法。

第8章，结论及展望。

# 第 2 章　编队目标航迹起始算法

## 2.1　引言

航迹起始是编队目标跟踪中需要解决的首要问题。传统的目标航迹起始技术和现有的编队目标航迹起始技术均难以实现多传感器探测时编队内目标的精确航迹起始，为弥补上述不足，本章首先在 2.2 节中研究单传感器编队目标航迹起始技术，基于航迹起始阶段编队内各目标相对位置的缓慢漂移特性[1,2]，提出基于相对位置矢量的编队目标灰色航迹起始算法（Formation Targets Gray Track Initiation Algorithm Based on Relative Position Vector，RPV-FTGTI 算法）；其次，在 2.3 节中针对部分可辨编队条件，提出基于相位相关的部分可辨编队航迹起始算法；再次，在 2.4 节中将 RPV-FTGTI 算法扩展至集中式多传感器系统，提出集中式多传感器编队目标灰色航迹起始（Centralized Multi-Sensor Formation Targets Gray Track Initiation，CMS-FTGTI）算法；第四，在 2.5 节中基于航迹起始阶段编队内各目标运动模式的相似性[1,2]，提出基于运动状态的集中式多传感器编队目标航迹起始算法（Centralized Multi-Sensor Formation Targets Track Initiation Algorithm Based on Moving State，MS-CMS-FTTI 算法）；最后，在 2.6 节中设计几种与实际航迹起始背景相近的仿真环境，对本章算法的综合航迹起始性能进行验证和分析。

## 2.2　基于相对位置矢量的编队目标灰色航迹起始算法

为解决杂波环境下编队内目标的航迹起始问题，本节首先给出了编队目标航迹起始的完整框架。

设 $Z(k)$ 为传感器所获得的第 $k$ 个量测集，即

$$Z(k)=\{z_i(k)\} \quad (i=1,2,\cdots,m_k) \tag{2-1}$$

式中，$m_k$ 为量测个数；$z_i(k)=[x\ y\ t]^{\mathrm{T}}$，$x$、$y$ 为二维传感器探测下大地直角坐标系中的量测值，$t$ 为雷达系统输出量测 $z_i(k)$ 的实际时间（现有部分雷达系统按扇区输出量测，即使在同一个探测周期，各量测的输出时间也可能不同）。

设 $k$ 时刻传感器已确认航迹由传统多目标航迹和编队目标航迹组成，航迹起始过程包括传统多目标和编队目标双重航迹起始过程，编队目标航迹起始框架图如图 2-1 所示。

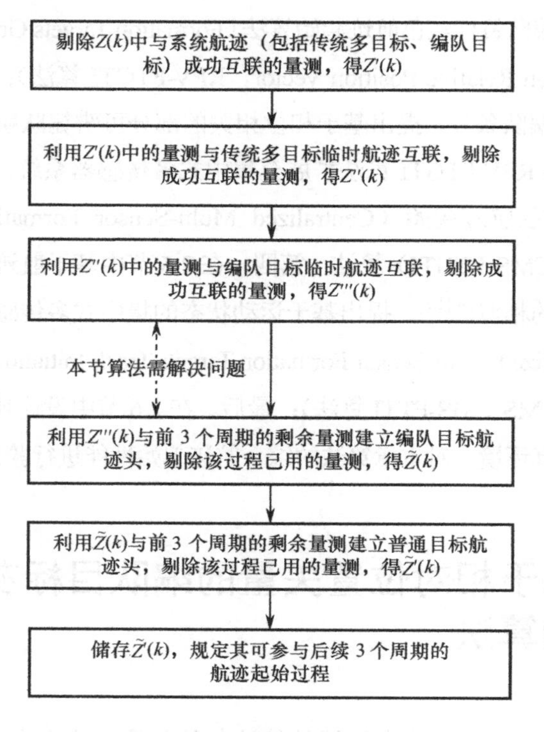


图 2-1　编队目标航迹起始框架图

为了完成图 2-1 中的第 3 步和第 4 步，本节提出了基于相对位置矢量的编队目标灰色航迹起始算法（RPV-FTGTI 算法），具体流程图如图 2-2 所示。

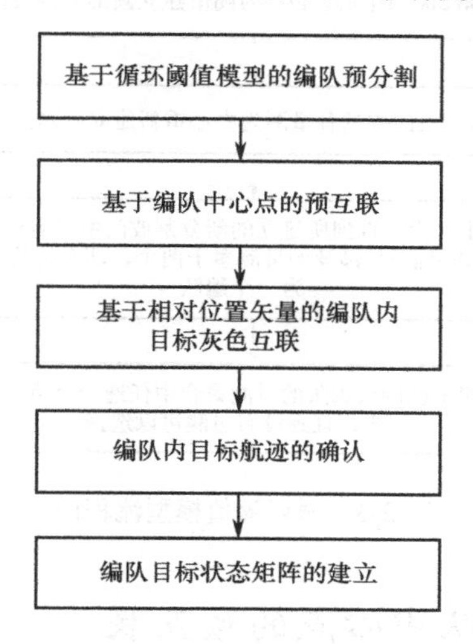


图 2-2　RPV-FTGTI 算法流程图

### 2.2.1　基于循环阈值模型的编队预分割

循环阈值模型[149]基于各量测空间距离与常数阈值间的大小关系完成编队的预分割，预分割结果不作为编队的最终分割结果，该点区别于现有的编队目标航迹起始算法。定义 $Z'''(k)$ 中 $z_{i_1}(k)=[x_{i_1k}\ y_{i_1k}\ t_{i_1k}]^{\mathrm{T}}$ 与 $z_{i_2}(k)=[x_{i_2k}\ y_{i_2k}\ t_{i_2k}]^{\mathrm{T}}$ 的距离为

$$d(z_{i_1}(k),z_{i_2}(k))=\sqrt{(x_{i_1k}-x_{i_2k})^2+(y_{i_1k}-y_{i_2k})^2} \tag{2-2}$$

若 $d(z_{i_1}(k),z_{i_2}(k))<d_0$，则判定量测 $z_{i_1}(k)$ 和 $z_{i_2}(k)$ 属于同一个编队。其中，$Z'''(k)$ 为图 2-1 中第 3 步完成后得到的量测集；$d_0$ 为常数阈值，主要取决于编队目标的类型（可根据目标出现的环境进行粗判断）。循环阈值模型流程图如图 2-3 所示。同理，对图 2-1 中第 2 步完成后得到的量测集 $Z''(k)$、前 3 个周

期的剩余量测均可依照图 2-3 所示完成编队的预分割，在此不再赘述。

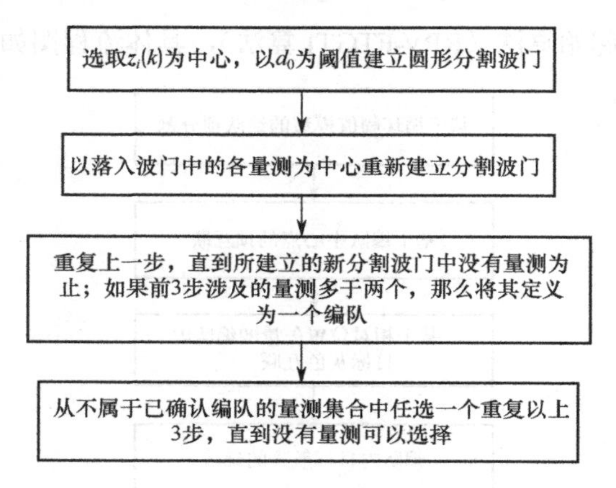


图 2-3　循环阈值模型流程图

### 2.2.2　基于编队中心点的预互联

设预分割后 $Z'''(k)$ 包含 $m$ 个编队目标，要完成编队的预互联，首先需要计算编队目标的等效量测，在此定义编队的中心点为编队的等效量测。设 $\bar{\boldsymbol{Z}}_j(k)=[\bar{x}_{jk}\ \bar{y}_{jk}\ \bar{t}_{jk}]$ 为第 $j$ 个编队 $U_j$ 的中心点，且

$$\bar{x}_{jk}=\frac{1}{\tilde{m}_j}\sum_{l=1}^{\tilde{m}_j}x_{lk}^j,\ \bar{y}_{jk}=\frac{1}{\tilde{m}_j}\sum_{l=1}^{\tilde{m}_j}y_{lk}^j,\ \bar{t}_{jk}=\max_{l=1}^{\tilde{m}_j}\{t_{lk}^j\} \tag{2-3}$$

其中，$z_l^j(k)=[x_{lk}^j\ y_{lk}^j\ t_{lk}^j]^{\mathrm{T}}$ 是 $U_j$ 的第 $l$ 个量测；$\tilde{m}_j$ 为预分割后 $U_j$ 的量测个数。同时定义 $\bar{\boldsymbol{R}}_j(k)$ 为 $\bar{\boldsymbol{Z}}_j(k)$ 的量测误差协方差，且

$$\bar{\boldsymbol{R}}_j(k)=\frac{1}{\tilde{m}_j}\sum_{j=1}^{\tilde{m}_j}\boldsymbol{R}_l^j(k) \tag{2-4}$$

式中，$\boldsymbol{R}_l^j(k)$ 为 $z_l^j(k)$ 的量测误差协方差。

为降低计算量，规定从当前时刻向前 3 个时刻内的剩余量测有效；设

$\bar{\boldsymbol{Z}}_{j'}=[\bar{x}_{j'}\ \bar{y}_{j'}\ \bar{t}_{j'}]'$ 为 $k-3$ 时刻到 $k$ 时刻剩余量测中编队目标 $U_{j'}$ 的中心点；若

$$\boldsymbol{d}'_{jj'}[\bar{\boldsymbol{R}}_j+\bar{\boldsymbol{R}}_{j'}]^{-1}\boldsymbol{d}_{jj'}\leqslant\gamma \tag{2-5}$$

则判定 $U_j$ 与 $U_{j'}$ 可建立新的编队航迹头。式中，$\bar{\boldsymbol{R}}_j$ 与 $\bar{\boldsymbol{R}}_{j'}$ 分别为 $\bar{\boldsymbol{Z}}_j(k)$ 与 $\boldsymbol{Z}_{j'}$ 的量测误差协方差；$\gamma$ 为门限值；

$$\begin{aligned}\boldsymbol{d}_{jj'}=[&\max(0,\bar{x}_{jk}-\bar{x}_{j'}-v^x_{\max}t)+\max(0,-\bar{x}_{jk}+\bar{x}_{j'}+v^x_{\min}t)\\&\max(0,\bar{y}_{ik}-\bar{y}_{j'}-v^y_{\max}t)+\max(0,-\bar{y}_{ik}+\bar{y}_{j'}+v^y_{\min}t)]^{\mathrm{T}}\end{aligned} \tag{2-6}$$

式中，$\boldsymbol{v}_{\max}=[v^x_{\max}\ v^y_{\max}]^{\mathrm{T}}$，$\boldsymbol{v}_{\min}=[v^x_{\min}\ v^y_{\min}]^{\mathrm{T}}$ 为编队目标速度的最大值和最小值；$t=\bar{t}_{jk}-\bar{t}_{j'}$。

若判断 $U_j$ 与第 $j'$ 条编队目标临时航迹关联，除需要满足式（2-5）外，还需要满足一定的角度限制规则，具体规则与直观法[7]相同，在此不再赘述。

### 2.2.3　基于相对位置矢量的灰色互联模型

由编队的定义可知，编队内各目标的相对位置是缓慢漂移的，相邻几个周期同一编队内目标回波可构成一个结构相对稳定的整体，发生仿射变换的幅度较小（主要受量测误差的影响）。在航迹起始阶段，对相邻时刻预互联成功的编队目标而言，其内部目标回波的相对位置关系基本不变，只是整体发生了平移和旋转，但前、后周期内杂波的出现是随机的，不存在真实目标回波所具有的整体关联性。这是基于量测相对位置矢量完成编队内目标灰色互联的理论基础。

**1．量测相对位置矢量的建立**

设 $Z_1$ 与 $Z_2$ 为相邻周期预互联成功的两个编队，$Z_1$ 在前，$Z_2$ 在后，且

$$Z_1=\{z_{l_1}^1\}_{l_1=1}^{\tilde{m}_1},\ Z_2=\{z_{l_2}^2\}_{l_2=1}^{\tilde{m}_2} \tag{2-7}$$

式中，$\tilde{m}_1$ 和 $\tilde{m}_2$ 为两个编队中的量测个数。建立 $Z_1$ 与 $Z_2$ 中各量测的相对位置矢量可分为以下两步进行。

1）对应坐标系的建立

（1）基本坐标系与参考坐标系的建立。

在 $Z_1$ 中任选两个量测 $z_1^1=[x_1^1\ y_1^1]^{\mathrm{T}}$ 和 $z_2^1=[x_2^1\ y_2^1]^{\mathrm{T}}$，若 $Z_2$ 中存在两个量测 $z_1^2=[x_1^2\ y_1^2]^{\mathrm{T}}$ 和 $z_2^2=[x_2^2\ y_2^2]^{\mathrm{T}}$，其连线的长度、方向与 $z_1^1$ 和 $z_2^1$ 连线的长度、方向基本相同，即满足式（2-8），则以 $z_1^1$ 和 $z_2^1$ 连线的中点为原点仿照大地直角坐标系建立基本坐标系，同理基于 $z_1^2$ 和 $z_2^2$ 建立参考坐标系。

$$\begin{cases}|d_1-d_2|<a\sigma_\rho\\|\theta_1-\theta_2|<b\sigma_\theta\\d_1=\sqrt{\left(x_1^1-x_2^1\right)^2+\left(y_1^1-y_2^1\right)^2}\\d_2=\sqrt{\left(x_1^2-x_2^2\right)^2+\left(y_1^2-y_2^2\right)^2}\\\theta_1=c\pi+d\arcsin\dfrac{(y_1^1-y_2^1)}{\sqrt{\left(x_1^1-x_2^1\right)^2+\left(y_1^1-y_2^1\right)^2}}\\\theta_2=c\pi+d\arcsin\dfrac{(y_1^2-y_2^2)}{\sqrt{\left(x_1^2-x_2^2\right)^2+\left(y_1^2-y_2^2\right)^2}}\end{cases} \tag{2-8}$$

式中，$\sigma_\rho$ 和 $\sigma_\theta$ 分别为 $\rho$ 方向与 $\theta$ 方向上的量测误差标准差；$a$、$b$ 为阈值系数；$c$、$d$ 分别与量测 $z_1^2-z_1^1$ 和 $z_2^2-z_2^1$ 所在的象限有关。若量测 $z_1^2-z_1^1$ 或（$z_2^2-z_2^1$）处于第一象限，则 $c=0$，$d=1$；若处于第二象限，则 $c=1$，$d=-1$；若处于第三象限，则 $c=2$，$d=-1$；若处于第四象限，则 $c=1$，$d=1$。

（2）坐标原点综合量的建立。

一个基本坐标系可能有满足式（2-8）的多个参考坐标系，但实际最多只有一个与其构成对应关系。就坐标原点与编队中各量测的整体关系而言，对应坐标系最相近。因此，可建立坐标原点综合量描述坐标原点与编队中各量测的整体关系，并完成对应坐标系的确认。

将基本坐标系和各参考坐标系从极轴开始沿顺时针方向划分为 $\widehat{S}$ 个象限[143,147]；将基本坐标系与参考坐标系同一象限中的所有量测与各自原点连线，并基于式（2-8）进行判断；对该象限内满足式（2-8）的各量测与坐标原点间的欧氏距离求和，作为该象限的分量。以参考坐标系 $\widehat{j}$ 为例，定义坐标原点综合量 $\boldsymbol{C}_{\widehat{j}}$ 为

$$\boldsymbol{C}_{\widehat{j}}=\left[\sum_{s=1}^{S_1}\rho^{0i_s^1}\ \cdots\ \sum_{s=1}^{S_{\widehat{n}}}\rho^{0i_s^{\widehat{n}}}\ \cdots\ \sum_{s=1}^{S_M}\rho^{0i_s^{\widehat{N}}}\right] \tag{2-9}$$

式中，$\rho^{0i_s^{\widehat{n}}}=\sqrt{(x_{\widehat{j}}^{20}-x_{\widehat{j}}^{i_s^{\widehat{n}}})^2+(y_{\widehat{j}}^{20}-\hat{y}_{\widehat{j}}^{i_s^{\widehat{n}}})^2}$ 表示参考坐标系 $\widehat{j}$ 坐标原点 $\boldsymbol{z}_{\widehat{j}}^{20}=(\boldsymbol{z}_{1\widehat{j}}^2+\boldsymbol{z}_{2\widehat{j}}^2)/2=[x_{\widehat{j}}^{20}\ y_{\widehat{j}}^{20}]^{\mathrm{T}}$ 与编队中落入第 $\widehat{n}$ 象限且满足式（2-8）的第 $s$ 个量测的欧氏距离；$S_{\widehat{n}}$ 表示象限 $\widehat{n}$ 中满足式（2-8）的量测数。

若假设象限数 $\widehat{S}=8$，编队 $Z_2$ 中有 7 个量测，如图 2-4 所示。经检测后，编队 $Z_2$ 在参考坐标系 $\widehat{j}$ 中有 5 个量测与编队 $Z_1$ 在基本坐标系中的量测满足式（2-8），$\boldsymbol{z}_4^2$ 和 $\boldsymbol{z}_6^2$ 不满足，则参考坐标系 $\widehat{j}$ 的坐标原点综合量为 $\boldsymbol{C}_{\widehat{j}}=[\rho^{03}\ \rho^{02}\ \rho^{05}\ 0\ 0\ \rho^{01}+\rho^{07}\ 0\ 0]$。同理可得基本坐标系 $\widehat{i}$ 和 $\widehat{M}$ 个参考坐标系的坐标原点综合量 $\boldsymbol{B}_{\widehat{i}}$ 和 $\boldsymbol{C}_{\widehat{j}}$，$\widehat{j}=1,\cdots,\widehat{M}$。

（3）对应坐标系的确认。

为便于比较参考坐标系与基本坐标系之间的相似性，基于式（2-10）建立统计量 $T_{\widehat{i}\widehat{j}}$，并选取 $T_{\widehat{i}\widehat{j}}$ 最小的基本坐标系与参考坐标系为对应坐标系。

$$T_{\hat{i}\hat{j}} = 1 - \frac{\boldsymbol{B}_{\hat{i}} \boldsymbol{C}_{\hat{j}}^{\mathrm{T}}}{\sqrt{|\boldsymbol{B}_{\hat{i}}||\boldsymbol{C}_{\hat{j}}|}} \quad (\hat{i} = 1, \cdots, \hat{N},\ \hat{j} = 1, \cdots, \hat{M}) \tag{2-10}$$

式中，$\hat{N}$ 为基本坐标系的个数。

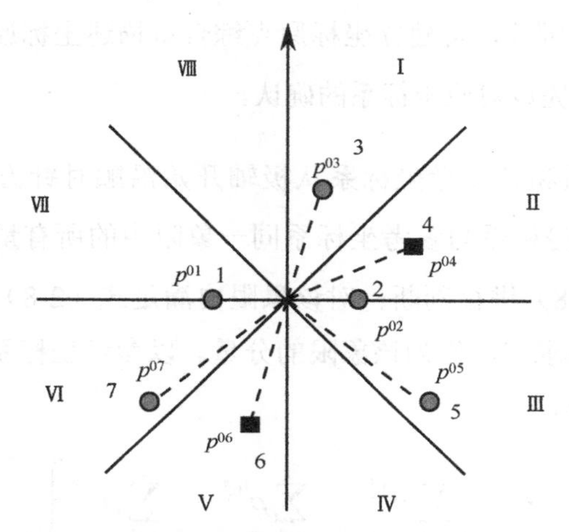


图 2-4　参考坐标系 $\hat{j}$ 中量测的相对位置示意图

2）相对位置矢量的建立

当对应坐标系确认后，可建立编队 $Z_2$ 中各量测的相对位置矢量的集合 $W_2 = \{w_{l_2}^2\}$，$l_2 = 1, \cdots, n_2$。其中，

$$w_{l_2}^2 = \mathrm{Pol}([x_{l_2}^2 - x_{j^*}^{20}, y_{l_2}^2 - y_{j^*}^{20}]') = (\rho_{l_2}^2, \theta_{l_2}^2) \tag{2-11}$$

式中，Pol() 为将直角坐标变换成极坐标的函数；$(x_{j^*}^{20}, y_{j^*}^{20})'$ 为参考坐标系 $j^*$ 坐标原点在大地直角坐标系中的坐标；$(\rho_{l_2}^2, \theta_{l_2}^2)$ 为量测 $z_i^2$ 相对坐标原点的距离和方位。同理，可得 $Z_1$ 中各量测的相对位置矢量的集合 $W_1 = \{w_{l_1}^1\}$，$l_1 = 1, \cdots, n_1$。

## 2. 灰色互联模型的建立

$Z_1$ 和 $Z_2$ 中目标回波在对应坐标系中的位置基本相同，而相对位置矢量描述了各量测在对应坐标系中的位置，因此可基于各量测的相对位置矢量，判断不同时刻预互联编队中量测的相似程度，实现杂波的剔除及编队内目标回波的精确互联，本节采用灰色理论[150]解决该问题。

1）问题的描述

为了解决问题更加方便，只考虑相邻两个周期内的关联编队。把来自编队 $Z_1$ 的 $l_1$ 个量测看作 $l_1$ 个已知模式，把来自 $Z_2$ 的量测 $z_{l_2}^2$ 看作待识别模式，则不同周期预互联编队内目标量测的精确关联转化为一个典型的模式识别问题。

2）量测相对位置矢量间的灰关联度

（1）数据列的确定。

选取 $Z_2$ 的量测 $z_{l_2}^2$ 为参考矢量，记为 $w_0=\{w_{l_2}^2(g),\ g=1,2\}$。设 $Z_1$ 中的 $n_1$ 个量测为比较矢量，记为 $w_{l_1}=\{w_{l_1}(g),\ g=1,2,\ l_1=1,\cdots,n_1\}$。

（2）数据的标准化。

为保证数据具有可比性，此处采用区间值法对量测相对位置特征数据进行归一化生成处理。

$$w_{l_1}(g)=\frac{w_{l_1}(g)-\min\limits_{l_1} w_{l_1}(g)}{\max\limits_{l_1} w_j(g)-\min\limits_{l_1} w_j(g)}\quad (l_1=1,\cdots,n_1) \tag{2-12}$$

$$w_0(g)=\frac{w_0(g)-\min\limits_{l_1} w_{l_1}(g)}{\max\limits_{l_1} w_j(g)-\min\limits_{l_1} w_j(g)}\quad (l_1=1,\cdots,n_1) \tag{2-13}$$

（3）计算灰关联系数。

根据量测误差标准差 $\sigma=[\sigma_\rho\ \ \sigma_\theta]'$，推导参考矢量 $w_0$ 与比较矢量 $w_{l_1}$ 的关

联系数为

$$\xi_{l_1}(g)=\frac{\sigma(g)}{\sigma(g)+\left|w_0(g)-w_{l_1}(g)\right|\cdot A(g)} \tag{2-14}$$

式中，$A(g)=\max\limits_{l_1} w_{l_1}(g)-\min\limits_{l_1} w_{l_1}(g)$。于是，可得参考矢量 $w_0$ 与比较矢量 $w_{l_1}$ 的关联系数为 $\xi_{l_1}=\{\xi_{l_1}(g),\ g=1,2\}$。

（4）计算灰关联度。

为了便于比较，需要将关联系数的各个指标集中体现在一个值上，该值称为灰关联度。记比较矢量 $w_{l_1}$ 对参考矢量 $w_0$ 的灰关联度为 $\gamma(\omega_0,\omega_{l_1})$，简记为 $\gamma_{l_1}$。由式（2-11）可知，量测的相对位置矢量由编队中量测与对应坐标系原点的距离和方位组成，在不考虑系统误差的情况下，距离和方位信息受量测噪声的影响，当距离量测噪声较大时，目标的雷达探测距离与真实距离相差较大，距离信息对量测相对位置的贡献可信度较低，此时应赋予距离信息指标较小的权值；同样适用于方位信息指标。定义灰关联度为

$$\begin{aligned}\gamma_{l_1}&=\lambda_1\xi_{l_1}(\rho)+\lambda_2\xi_{l_1}(\theta)\\&=\frac{\sigma(\theta)\sigma_{\max}(\rho)\xi_{l_1}(\rho)+\sigma(\theta)\sigma_{\max}(\rho)\xi_{l_1}(\theta)}{\sigma(\rho)\sigma_{\max}(\theta)+\sigma(\theta)\sigma_{\max}(\rho)}\end{aligned} \tag{2-15}$$

式中，$\boldsymbol{\sigma}_{\max}=[\sigma_{\max}(\rho)\ \sigma_{\max}(\theta)]^{\mathrm{T}}$ 为雷达量测误差标准差的最大值；在无法确定 $\boldsymbol{\sigma}_{\max}$ 的情况下，一般取 $\lambda_1=\lambda_2=0.5$ 可满足要求。

3）灰关联量测关联准则

当获得描述两个量测在对应坐标系相对位置接近程度的灰关联度之后，需要判决两个量测是否关联。为了给出量测 $z_{l_2}^2$ 与 $z_{l_1}^1(l_1=1,\cdots,n_1)$ 的关联判决，需要对灰关联度按从大到小排序，得出灰关联序。在此采用最大关联度识别原则，即

$$\gamma^* = \max_{l_1} \gamma_{l_1} \tag{2-16}$$

且

$$\gamma^* > \varepsilon \tag{2-17}$$

则判决量测 $z_{l_2}^2$ 与 $z_{l_1^*}^1$ 关联，且 $z_{l_2}^2$ 不再与其他任何量测关联；否则，判定量测 $z_{l_2}^2$ 为杂波。式中，$\varepsilon$ 为阈值参数，$\varepsilon \leqslant 1$，具体取值与构成 $w_0$ 和 $w_{l_1}$ 的所有量测及量测误差 $\sigma$ 有关，计算公式为附录 A 中的式（A-13），具体推导过程请见附录 A。最终可得到 $Z_1$ 和 $Z_2$ 中对应关联的量测集 $\hat{Z} = \{(z_c^1, z_c^2)\}_{c=1}^C$，其中 $C$ 为关联量测对的个数。

## 2.2.4　编队内目标航迹的确认

基于对应关联量测集建立可能航迹后，利用 3/4 逻辑规则[7]，完成编队内目标确认航迹的输出，进一步降低虚假航迹起始率。

为了更清晰地描述航迹确认过程，在此举例说明。设图 2-5 为连续 4 个处理周期某预互联编队中量测的分布情况，基于灰色互联模型可形成 8 条可能航迹，图中标有同一序号的量测隶属同一条航迹，然而超过 3 个关联量测的航迹只有{1, 2, 4, 5}，根据 3/4 逻辑规则，只有这 4 条航迹为确认航迹，输出{1, 2, 4, 5}并撤销其他航迹。

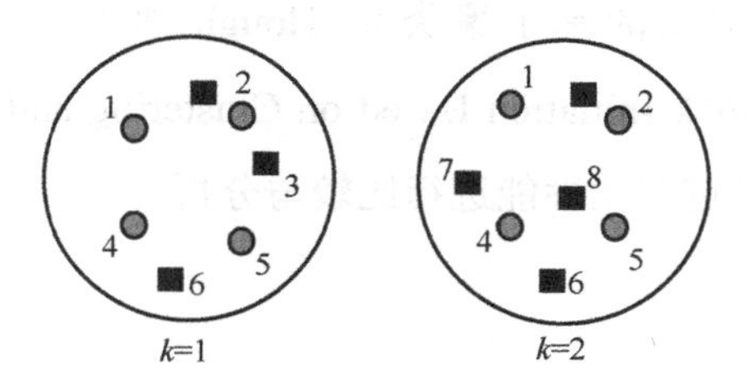


图 2-5　某预互联编队量测分布示意图

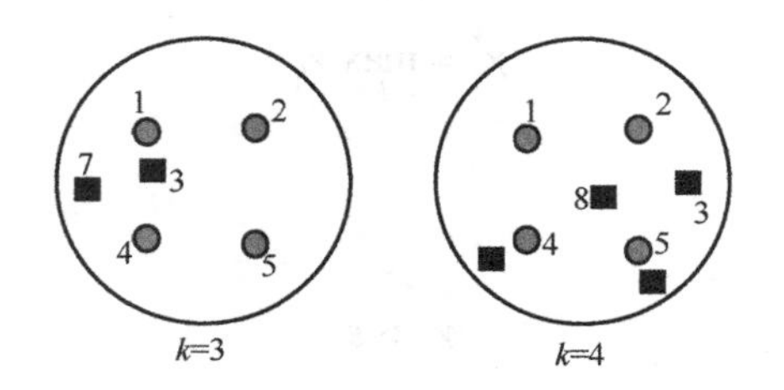


图 2-5　某预互联编队量测分布示意图（续）

## 2.2.5　编队目标状态矩阵的建立

为了充分描述编队目标的状态，基于式（2-18）建立编队目标状态矩阵，其中第一列为编队中心的状态，其余 $n$ 列为编队中 $n$ 条确认航迹的状态。在此需要说明的是，编队中心的状态及其状态协方差由编队中各确认航迹确定，与预分割及预互联结果无关。

$$\boldsymbol{X}=\begin{bmatrix} x_0 & x_1 & \cdots & x_n \\ \dot{x}_0 & \dot{x}_1 & \cdots & \dot{x}_n \\ y_0 & y_1 & \cdots & y_n \\ \dot{y}_0 & \dot{y}_1 & \cdots & \dot{y}_n \\ t_0 & t_1 & \cdots & t_n \end{bmatrix} \tag{2-18}$$

## 2.2.6　仿真比较与分析

为了验证算法性能和有效性，此处采用 100 次蒙特卡罗（Monte-Carlo）仿真，对 RPV-FTGTI 算法与修正逻辑法（Modified Logic-Based Method，MLBM）及文献[2]提出的基于聚类和 Hough 变换的编队目标航迹起始（Formation Targets Track Initiation Based on Clustering and Hough Transform，CHT-FTTI）算法的航迹起始性能进行比较与分析。

### 1．仿真环境

假定雷达的采样周期 $T$=1s，雷达的测向误差和测距误差分别为 $\sigma_\theta$=0.3°

和$\sigma_r=40$m。为了比较各算法在不同仿真环境中的航迹起始性能，设置以下 3 种典型环境。

环境 1：模拟杂波下稀疏编队目标环境。设在一个二维平面上存在 10 个目标，其中 8 个目标构成 2 个编队，稀疏编队目标环境下编队内目标之间的距离一般在区间(600m,1000m)内。第 1 个编队做匀速直线运动，由前 4 个目标组成，各目标的初始位置分别为(5000m,800m)、(5400m,1400m)、(5850m,1500m)、(6100m,900m)，初始速度均为(0m/s,300m/s)；第 2 个编队做机动运动，由第 5～8 个目标组成，各目标的初始位置分别为(−5000m,10000m)、(−5200m,9400m)、(−4900m,8600m)、(−5300m,8000m)，初始速度均为(−270m/s,270m/s)，初始加速度均为(5m/s$^2$,−10m/s$^2$)；剩余 2 个目标做匀速直线运动，初始位置分别为(10000m,−8000m)、(−10000m,−8000m)，初始速度分别为(−240m/s,200m/s)、(200m/s,230m/s)。

仿真中杂波的产生分为两部分。对普通目标 $T_0$ 而言，以 $T_0$ 为中心在极坐标下建立一个参数为$[10\sigma_\rho,10\sigma_\theta]$的扇区，在此扇区中均匀产生$\lambda_1$个杂波；对编队目标 $G$ 而言，计算编队目标的中心点$\bar{G}$，以$\bar{G}$为中心在极坐标下建立一个参数为$[2\Delta G_\rho+10\sigma_\rho,2\Delta G_\theta+10\sigma_\theta]$的扇区（其中，$\Delta G_\rho$、$\Delta G_\theta$分别为 $G$ 中各量测在极坐标系两坐标轴上的最大差值），在此扇区中均匀产生$\lambda_2$个杂波。在此，取$\lambda_1=2$，$\lambda_2=4$。

环境 2：模拟杂波下密集编队目标环境。密集编队目标环境下编队内目标之间的距离一般在区间(100m,300m)内。第 1 个编队内各目标的初始位置变为(5000m,800m)、(5200m,850m)、(5350m,900m)、(5550m,830m)；第 2 个编队内各目标的初始位置变为(−5000m,10000m)、(−5100m,9800m)、(−5000m, 9650m)、(−5050m,9500m)；其他参数同环境 1。

环境 3：为了验证各算法综合起始能力随杂波及传感器测量误差的变化情况，在环境 1 的基础上，杂波（$\lambda_1$、$\lambda_2$，单位为个）、测距误差（$\sigma_\rho$，单位为米）及测角误差（$\sigma_\theta$，单位为度）的取值如表 2-1 所示。

表 2-1　环境 3 中杂波及测量误差取值表

| $\lambda_1$/个 | 1 | 2 | 3 | 4 | 5 | 6 |
|---|---|---|---|---|---|---|
| $\lambda_2$/个 | 2 | 4 | 6 | 8 | 10 | 12 |
| $\sigma_\rho$/米 | 20 | 40 | 60 | 70 | 80 | 100 |
| $\sigma_\theta$/度 | 0.1 | 0.3 | 0.5 | 0.7 | 0.9 | 1.2 |

**2．仿真结果及分析**

（1）图 2-6 所示为 10 个目标的整体态势局部放大图（环境），图中包括 2 个编队目标和 2 个普通目标；图 2-7 所示为前 4 个时刻传感器量测分布图（环境），从图中可以看出，与传统目标相比，编队目标的量测分布要密集得多；图 2-8、图 2-9 分别为环境 1 和环境 2 下目标真实航迹图，两种环境下编队的运动状态相似，但就编队中各航迹的密集程度而言，后者高于前者；图 2-10 所示为环境 1 下 MLBM、RPV-FTGTI、CHT-FTTI 3 种算法分别对第 1 编队目标的航迹起始图，其中图（a）～（c）对应第 1 编队，图（d）～（f）对应第 2 个编队目标，图（g）～（i）对应第 1 普通目标；图 2-11 所示为环境 2 下 3 种算法的航迹起始比较图，其中图 2-11（a）～（c）对应第 1 编队目标，图 2-11（d）～（f）对应第 2 编队目标，图 2-11（g）～（i）对应第 1 普通目标。通过比较图 2-10、图 2-11 与图 2-8、图 2-9，对两种环境下的编队目标而言，MLBM 算法起始出多条虚假航迹，已无法辨别出编队的真实运动态势；CHT-FTTI 算法对每个编队只能建立 1 条航迹，且航迹精度较低；RPV-FTGTI 算法可基本准确地起始出编队中各目标，只在图 2-11 所示的第 1 编队起始图中出现了一次航迹交叉，整体效果明显优于 MLBM、CHT-FTTI 两种算法；对普通目标而言，因各算法采用的起始逻辑一致，起始效果相同。

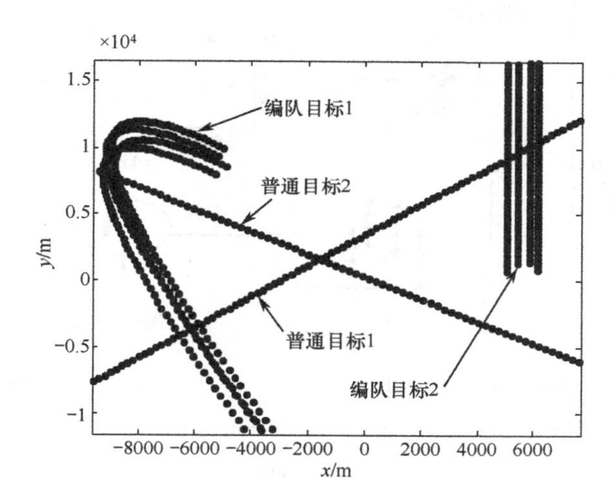


图 2-6 10 个目标的整体态势局部放大图（环境 1）

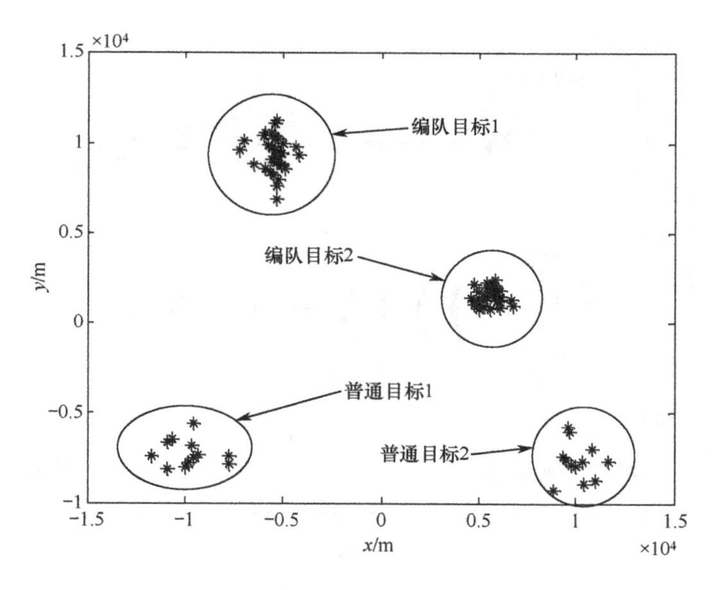


图 2-7 前 4 个时刻量测分布图（环境 1）

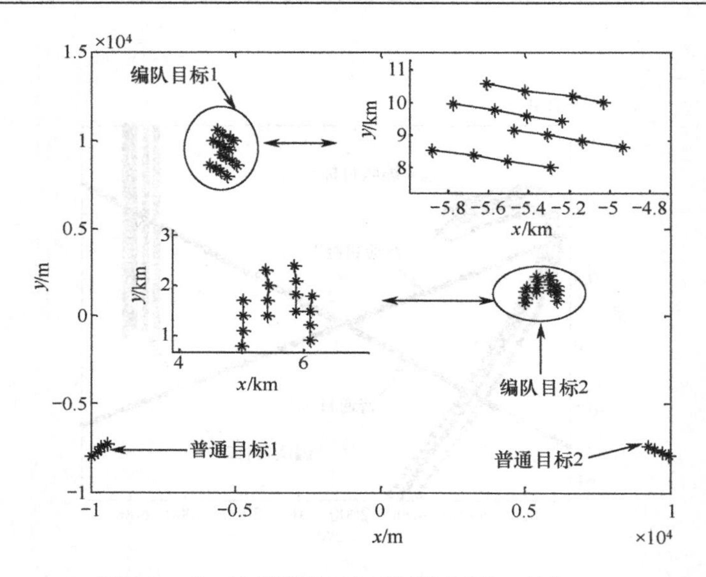


图 2-8　前 4 个周期各目标真实航迹图（环境 1）

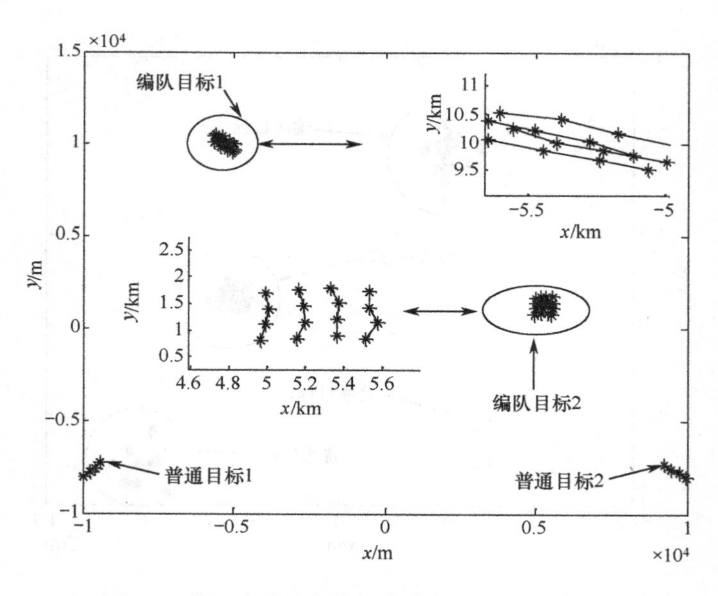


图 2-9　前 4 个周期各目标真实航迹图（环境 2）

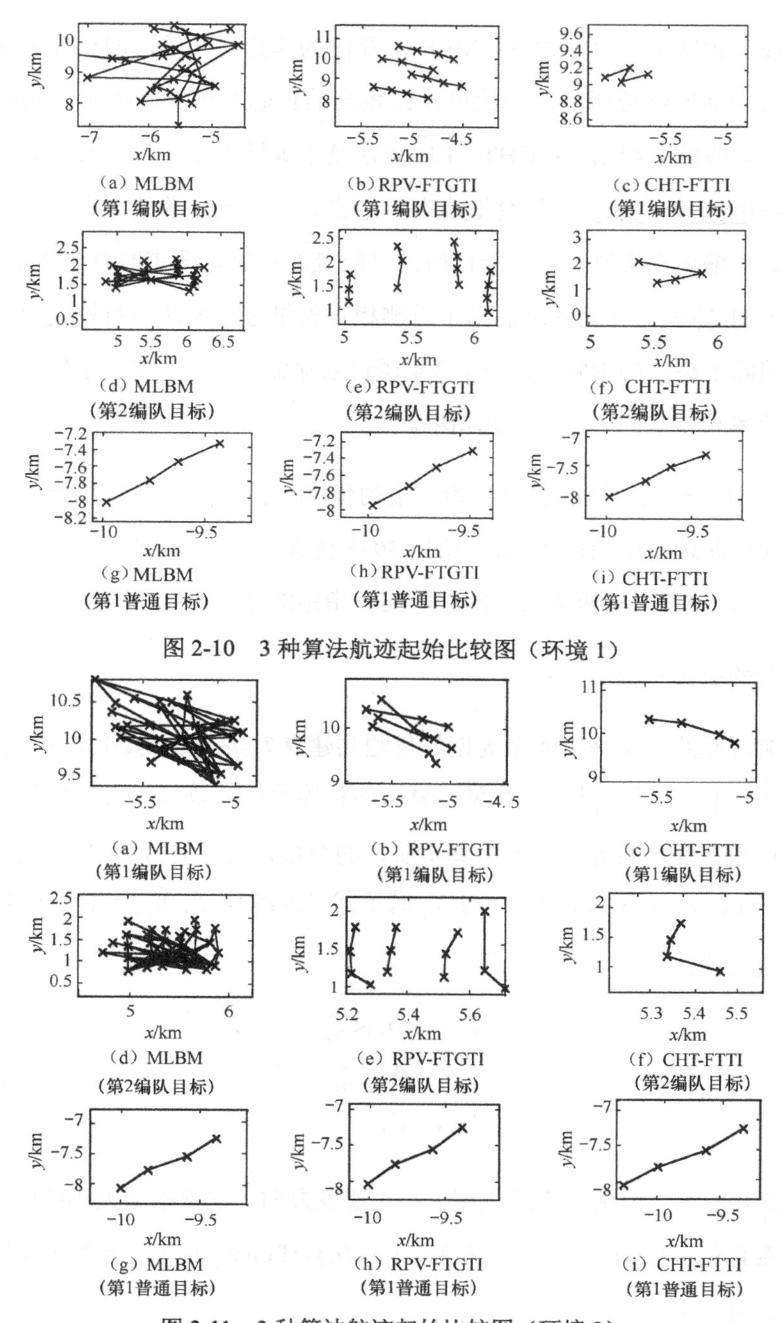


(a) MLBM（第1编队目标）　(b) RPV-FTGTI（第1编队目标）　(c) CHT-FTTI（第1编队目标）

(d) MLBM（第2编队目标）　(e) RPV-FTGTI（第2编队目标）　(f) CHT-FTTI（第2编队目标）

(g) MLBM（第1普通目标）　(h) RPV-FTGTI（第1普通目标）　(i) CHT-FTTI（第1普通目标）

图 2-10　3 种算法航迹起始比较图（环境 1）

(a) MLBM（第1编队目标）　(b) RPV-FTGTI（第1编队目标）　(c) CHT-FTTI（第1编队目标）

(d) MLBM（第2编队目标）　(e) RPV-FTGTI（第2编队目标）　(f) CHT-FTTI（第2编队目标）

(g) MLBM（第1普通目标）　(h) RPV-FTGTI（第1普通目标）　(i) CHT-FTTI（第1普通目标）

图 2-11　3 种算法航迹起始比较图（环境 2）

造成上述结果的原因如下：MLBM 算法为非抢占式的，即已参加建航的量测仍可为其他航迹所用，如此可保证较高的正确航迹起始率及航迹精度，但会增大虚假航迹起始率；CHT-FTTI 算法基于编队的中心点进行起始，最多只能起始出 1 条航迹，必然会造成态势的丢失，且因为杂波的存在，易造成编队中心点偏离真实值，进而降低所建立航迹的精度，严重时甚至无法建航；RPV-FTGTI 算法对各互联编队基于量测相对矢量进行编队内目标建航，最大限度地消除了杂波的影响，并基于 3/4 逻辑剔除虚假航迹，保证了较高的正确航迹起始率和较低的虚假航迹起始率。

（2）为了量化各算法航迹起始效果的优劣，在此建立整体起始航迹质量与整体起始航迹精度两项指标，并给出 50 次仿真（每次仿真包括 100 次 Monte-Carlo 仿真）中各算法两项指标的比较图。指标的建立过程可分为以下三步。

①起始航迹真伪的判断。

设航迹起始算法基于 4 个周期的量测共建立 $T_l$ 条航迹，其中第 $i$ 条航迹的状态为 $\hat{\boldsymbol{X}}_i=[\hat{x}_i\ \hat{v}_{ix}\ \hat{y}_i\ \hat{v}_{iy}]$，要计算该算法的整体起始航迹质量与整体起始航迹精度，首先需要判断 $T_l$ 条航迹中真实航迹的个数，设此时 $T$ 个目标的真实航迹为 $\boldsymbol{X}_j=[x_j\ v_{jx}\ y_j\ v_{jy}]$，若 $\hat{\boldsymbol{X}}_i$ 与 $\boldsymbol{X}_j$ 满足式（2-19），则 $\hat{\boldsymbol{X}}_i$ 为真实航迹 $\boldsymbol{X}_j$ 的候选对应航迹，即

$$\begin{cases}|\hat{\rho}_i-\rho_j|<\xi_\rho \\ |\hat{\theta}_i-\theta_j|<\xi_\theta \\ \Delta d<\xi_d\end{cases} \tag{2-19}$$

式中，$\xi_\rho$、$\xi_\theta$、$\xi_d$ 分别为判断速度大小、速度方向、位置距离大小的阈值，与量测误差有关；$(\hat{\rho}_i,\hat{\theta}_i)=\mathrm{Pol}(\hat{v}_{ix},\hat{v}_{iy})$，$(\rho_j,\theta_j)=\mathrm{Pol}(v_{jx},v_{jy})$；若第 $i$ 条航迹包含 4 个量测，则

$$\Delta d = \sqrt{(\hat{x}_i - x_j)^2 + (\hat{y}_i - y_j)^2} \tag{2-20}$$

若第 $i$ 条航迹只包含 3 个量测，则

$$\begin{cases} \Delta d = \min(\sqrt{(\hat{x}_i - x_j)^2 + (\hat{y}_i - y_j)^2}, d') \\ d' = \sqrt{(\hat{x}_i - x_{3j})^2 + (\hat{y}_i - y_{3j})^2} \end{cases} \tag{2-21}$$

式中，$(x_{3j}, y_{3j})$ 为第 $j$ 条真实航迹的第 3 个测量点。

$\{\hat{\boldsymbol{X}}_i\}_{i=1}^{T_l}$ 中 $\boldsymbol{X}_j$ 的候选对应航迹可能有多条，定义综合量 $D_{ij}$ 进行判断，即

$$D_{ij} = |\hat{\rho}_i - \rho_j| + |\hat{\theta}_i - \theta_j| + \Delta d \tag{2-22}$$

$$i^* = \underset{i=1:T'}{\operatorname{argmin}}(D_{ij}) \tag{2-23}$$

式中，$T'$ 为 $\boldsymbol{X}_j$ 候选对应航迹的个数。将 $\hat{\boldsymbol{X}}_{i^*}$、$\boldsymbol{X}_j$ 置零，其不能参加其他航迹真伪的判断；将表示真实航迹个数的 $l_{\text{true}}$ 加 1，并存储 $D_{l_{\text{true}}} = D_{i^*j}$。

②整体起始航迹质量的建立。

航迹起始要求尽可能多的起始真实航迹，同时尽可能少的起始虚假航迹，所以可以利用正确航迹起始率、错误航迹起始率及漏航迹起始率综合表示出一种算法的优劣，在此利用式（2-24）定义了一种算法整体起始航迹质量 $P_{\text{qu}}$，其分子为错误航迹起始率与漏航迹起始率之和，分母为正确航迹起始率，所以 $P_{\text{qu}}$ 越小，航迹起始效果越好。

$$P_{\text{qu}} = \frac{(1 - \frac{l_{\text{true}}}{T}) + \frac{(T_l - l_{\text{true}})}{T}}{\frac{l_{\text{true}}}{T}} \tag{2-24}$$

③整体起始航迹精度的建立。

航迹起始要求建立的航迹状态与真实航迹尽可能一致，所以可通过起始航迹位置、速度等状态精度判断一个起始算法的优劣，在此利用式（2-25）定义一种算法整体起始航迹精度 $P_{\text{pr}}$，其中 $D_i$ 充分包含了位置、速度大小、速度方向上的精度信息，所以 $P_{\text{pr}}$ 越小，航迹起始效果越好。

$$P_{\text{pr}} = \frac{\sum_{i=1}^{l_{\text{true}}} D_i}{l_{\text{true}}} \tag{2-25}$$

环境 1、环境 2 下 50 次仿真中各算法整体起始航迹质量比较图分别如图 2-12、图 2-13 所示。从图 2-12 和图 2-13 中可以看出，RPV-FTGTI 算法的整体航迹质量远高于 MLBM 算法与 CHT-FTTI 算法，其原因为 MLBM 算法为非抢占式的，因而正确航迹起始率很高，漏起始率很低，但虚假航迹起始率要远远高于其他两种算法，从而拉低了该算法的整体起始航迹质量；CHT-FTTI 算法简单基于编队的中心点建航，虚假航迹起始率相对较低，但正确航迹起始率较低，漏起始率较高，同样拉低了该算法的整体起始航迹质量；RPV-FTGTI 算法正确航迹起始率可能略低于 MLBM 算法，但其虚假航迹起始率远低于 MLBM 算法，所以总体质量远高于 MLBM 算法；RPV-FTGTI 算法虚假航迹起始率可能与 CHT-FTTI 算法相当，但其正确航迹起始率要远高于 CHT-FTTI 算法，所以总体质量同样远高于 CHT-FTTI 算法。

图 2-14、图 2-15 分别为环境 1、环境 2 下 50 次仿真中各算法整体起始航迹精度比较图。从图 2-14 和图 2-15 中可以看出，MLBM 算法整体航迹精度最高，RPV-FTGTI 算法次之，CHT-FTTI 算法最差，其原因为 MLBM 算法中各量测可参与多条航迹的起始，每条航迹均能找到最佳的关联点；RPV-FTGTI 算法为抢占式算法，每个量测只能与一条航迹关联，当出现量测关联错误的情况时，会影响其他航迹找到真实的关联点，在一定程度上降低了整体起始航迹精度；CHT-FTTI 算法利用编队中心点起始航迹，但杂波存在时，编队分割时易将杂波

纳入编队中，造成编队中心点偏离真实值，故利用编队中心点起始的编队航迹精度较低。

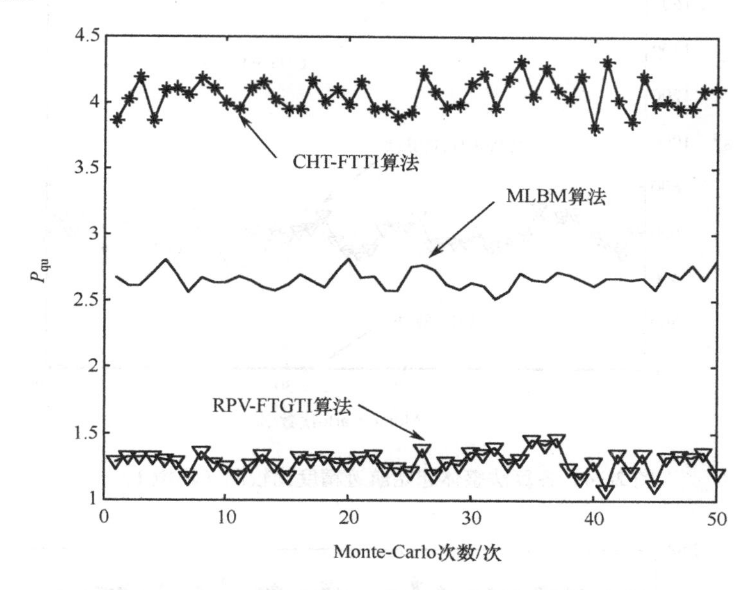


图 2-12　各算法整体起始航迹质量比较图（环境 1）

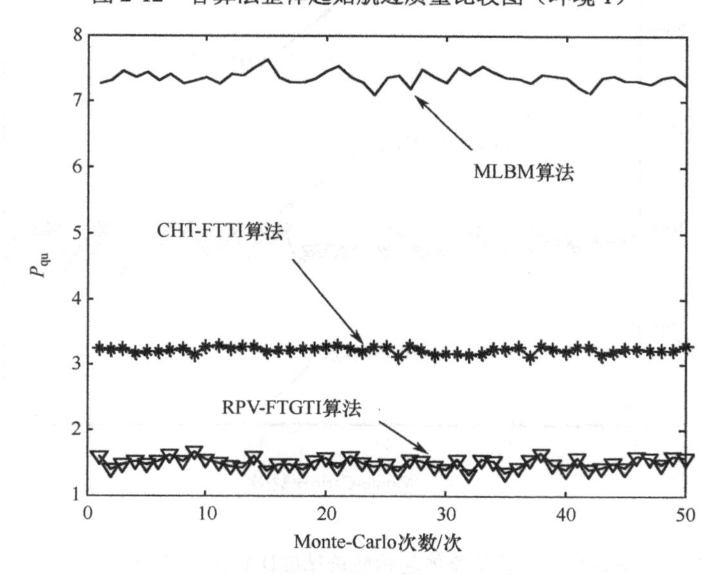


图 2-13　各算法整体起始航迹质量比较图（环境 2）

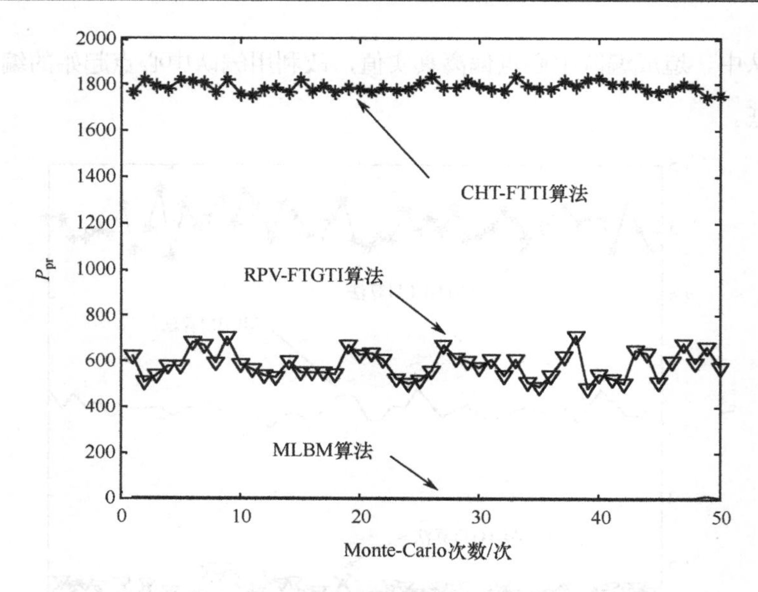


图 2-14　各算法整体起始航迹精度比较图（环境 1）

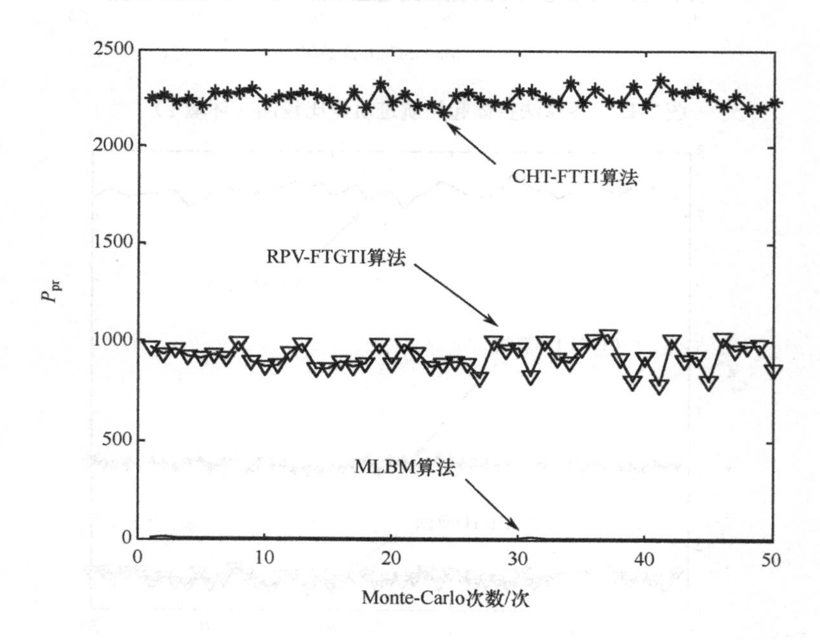


图 2-15　各算法整体起始航迹精度比较图（环境 2）

（3）为验证各算法对杂波及传感器测量误差的适应能力，引入以下两项评价指标。

①正确航迹数与真实航迹数之比 $P_{\text{true}}$，定义为

$$P_{\text{true}} = \frac{T_{\text{initiation}}}{T_{\text{true}}} \tag{2-26}$$

式中，$T_{\text{initiation}}$ 为算法起始出的正确航迹个数；$T_{\text{true}}$ 为真实航迹个数。$P_{\text{true}}$ 越大，说明算法正确起始航迹的能力越强。

②错误航迹数与真实航迹数之比 $P_{\text{error}}$，定义为

$$P_{\text{error}} = \frac{T_{\text{false}} + T_{\text{seep}}}{T_{\text{true}}} \tag{2-27}$$

式中，$T_{\text{false}}$ 为算法起始出的虚假航迹个数，且 $T_{\text{false}} = T_{\text{num}} - T_{\text{initiation}}$，其中 $T_{\text{num}}$ 为算法起始出的航迹总数；$T_{\text{seep}}$ 为算法未起始成功的真实航迹个数，且 $T_{\text{seep}} = T_{\text{true}} - T_{\text{initiation}}$。在此值得注意的是，$T_{\text{false}}$ 可能大于 $T_{\text{true}}$，所以 $P_{\text{error}}$ 可能大于 1；$P_{\text{error}}$ 越大，说明算法起始真实航迹、抑制虚假航迹的能力越弱。

3 种算法在环境 3 中 $P_{\text{true}}$ 和 $P_{\text{error}}$ 随杂波和传感器测量误差的变化比较表分别如表 2-2 和表 2-3 所示。

**表 2-2　3 种算法中 $P_{\text{true}}$ 及 $P_{\text{error}}$ 随杂波数的变化比较表（环境 3）**

| 杂波 | $\lambda_1$/个 | 1 | 2 | 3 | 4 | 5 | 6 |
|---|---|---|---|---|---|---|---|
| | $\lambda_2$/个 | 2 | 4 | 6 | 8 | 10 | 12 |
| $P_{\text{true}}$ | MLBM | 1 | 1 | 0.9990 | 1 | 1 | 0.9990 |
| | RPV-FTGTI | 0.8850 | 0.7490 | 0.7050 | 0.6490 | 0.6090 | 0.5360 |
| | CHT-FTTI | 0.3450 | 0.3570 | 0.3720 | 0.3730 | 0.2120 | 0.1970 |

续表

| 杂波 | $\lambda_1$/个 | 1 | 2 | 3 | 4 | 5 | 6 |
|---|---|---|---|---|---|---|---|
| | $\lambda_2$/个 | 2 | 4 | 6 | 8 | 10 | 12 |
| $P_{error}$ | MLBM | 1.3360 | 2.6470 | 4.4870 | 6.7910 | 9.4050 | 12.9870 |
| | RPV-FTGTI | 0.4280 | 0.6530 | 0.7490 | 0.9910 | 1.2703 | 1.5370 |
| | CHT-FTTI | 0.7230 | 0.7980 | 0.9430 | 1.1000 | 1.0400 | 0.9680 |

**表 2-3　各算法中 $P_{true}$ 及 $P_{error}$ 随传感器量测误差的变化比较表（环境 3）**

| 测量误差 | $\sigma_\rho$/m | 20 | 40 | 60 | 70 | 80 | 100 |
|---|---|---|---|---|---|---|---|
| | $\sigma_\theta$/（°） | 0.1 | 0.3 | 0.5 | 0.7 | 0.9 | 1.2 |
| $P_{true}$ | MLBM | 1.0000 | 1.0000 | 0.9880 | 0.9180 | 0.8380 | 0.7360 |
| | RPV-FTGTI | 0.7950 | 0.7860 | 0.7380 | 0.6800 | 0.6190 | 0.5590 |
| | CHT-FTTI | 0.3450 | 0.3430 | 0.3370 | 0.3070 | 0.2770 | 0.2340 |
| $P_{error}$ | MLBM | 1.3060 | 1.3070 | 1.2000 | 1.3250 | 1.5300 | 1.8240 |
| | RPV-FTGTI | 0.4120 | 0.4310 | 0.4560 | 0.5630 | 0.6270 | 0.6960 |
| | CHT-FTTI | 0.7980 | 0.7210 | 0.7110 | 0.7590 | 0.8090 | 0.8680 |

从表 2-2 中可以看出，随杂波数的增大，MLBM 算法的 $P_{true}$ 一直最高，几乎能确保起始出所有的真实航迹，原因是该算法对所有满足关联条件的量测均建立航迹，没有考虑量测的重复使用问题，所以在其建立的航迹中肯定包含真实航迹，$T_{seep}$ 几乎为零，但这样做的代价是建立了多条虚假航迹，其 $P_{error}$ 要远高于其他两种算法，在杂波数为（6,12）时，$P_{error}$ 高达 12.9870，即该算法起始出 120 多条虚假航迹，是其他两种算法的 10 倍以上；CHT-FTTI 算法的 $P_{true}$ 有所下降，且始终低于 0.4，不能满足实际的工程需求，原因是该算法对一个编队只能建立一条航迹，虽然 $T_{false}$ 较低，但 $T_{seep}$ 较高，而且当杂波很密集时，其 $T_{false}$ 也会增大；RPV-FTGTI 算法因为基于相对位置矢量对编队内量测进行了专门处理，受杂波的影响较小，虽然 $P_{true}$ 略有下降，$P_{error}$ 略有上升，但总体起始效果保持在一个较高水平，对杂波的健壮性优于其他两种算法。

从表 2-3 中可以看出，随着量测误差的增大，3 种算法的 $P_{true}$ 都有所下降，$P_{error}$ 都有所上升，其中 CHT-FTTI 算法的变化幅度最小，因为 CHT-FTTI 算法的航迹由编队航迹与普通目标航迹两部分组成，量测误差对编队的分割影响较小，而该算法形成编队航迹的个数只与编队的个数有关，进而对编队航迹形成部分影响较小，所以量测误差对该算法的影响只来源于对普通目标航迹的影响；MLBM 算法的变化幅度居中，因为该算法将编队看作普通目标处理，所以量测误差对编队目标航迹同样产生了影响；RPV-FTGTI 算法的变化幅度相对较大，因为该算法对编队内目标精确起始的前提是编队中各目标的相对位置是缓慢漂移的，而当量测误差较大时，航迹起始阶段同一编队内目标量测的整体形状仿射变换幅度较大，降低了基于相对位置矢量判断编队中各量测精确关联关系的准确度，造成量测关联错误，增大错误航迹起始率。两种量测误差下前 4 个周期编队目标量测分布示意图分别如图 2-16 和图 2-17 所示，从图中可以看出，后者各周期同一编队目标的仿射变换幅度明显大于前者。

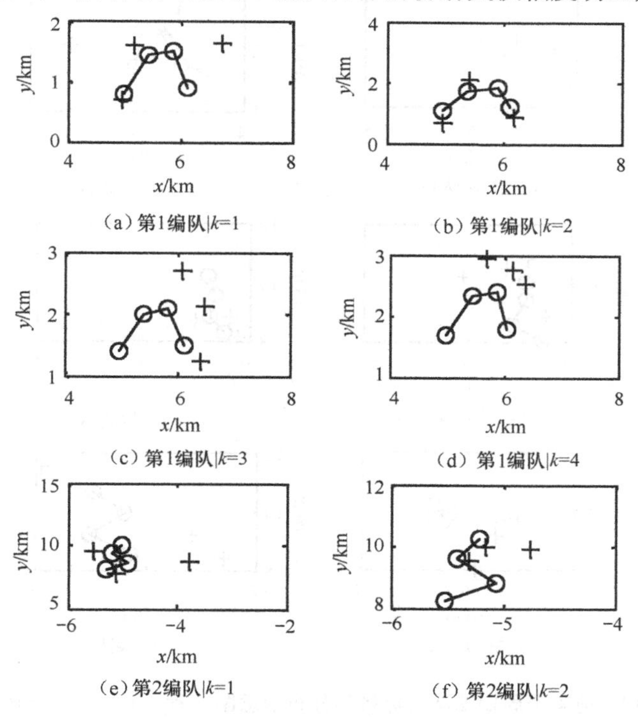


图 2-16　前 4 个周期编队目标量测分布示意图（$\sigma_\theta$=0.3°、$\sigma_r$=40m）

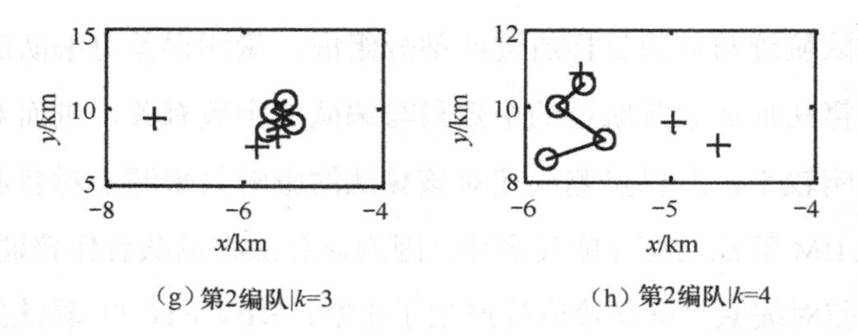


（g）第2编队|$k$=3　　（h）第2编队|$k$=4

图 2-16　前 4 个周期编队目标量测分布示意图（$\sigma_\theta$=0.3°、$\sigma_r$ =40m）（续）

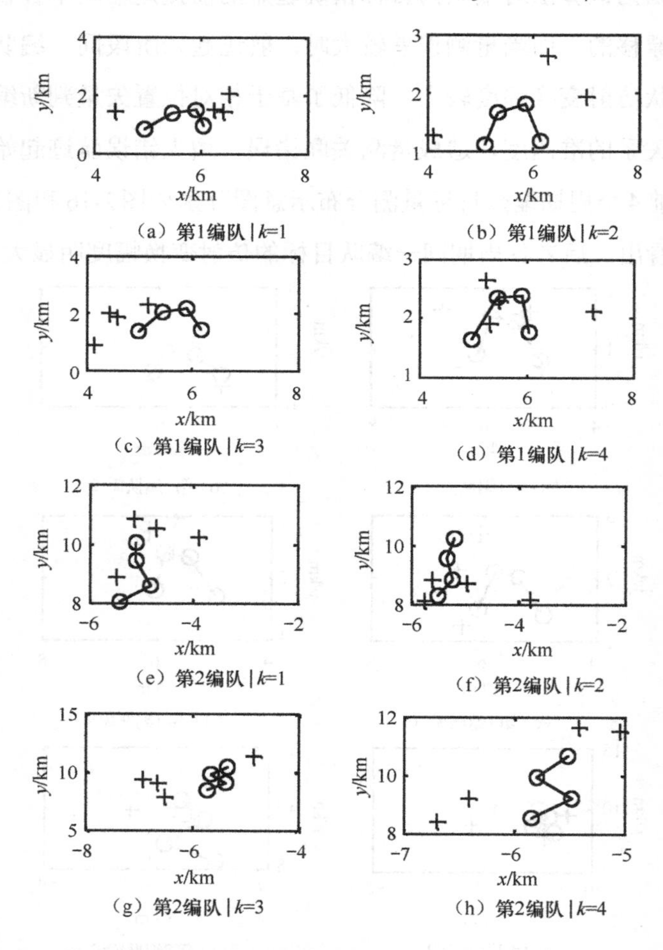


（a）第1编队 | $k$=1　　（b）第1编队 | $k$=2

（c）第1编队 | $k$=3　　（d）第1编队 | $k$=4

（e）第2编队 | $k$=1　　（f）第2编队 | $k$=2

（g）第2编队 | $k$=3　　（h）第2编队 | $k$=4

图 2-17　前 4 个周期编队目标量测分布示意图（$\sigma_\theta$=1.2°、$\sigma_r$ =100m）

### 2.2.7 讨论

为了解决单传感器编队内目标的精确航迹起始问题，本节提出 RPV-FIGTI 算法，该算法的优点如下。

（1）对编队目标与普通目标进行分离处理，避免传统航迹起始算法起始编队目标时虚假航迹起始率过高。

（2）基于相对位置矢量，利用灰色理论对预互联成功的编队内目标分别建航，避免现有编队目标航迹起始算法因简单基于编队等效量测建航而造成态势丢失、航迹精度下降。

（3）通过编队中各量测的相对位置矢量，最大限度地剔除编队中的杂波，对杂波的适应能力较强，避免产生大量虚假航迹，同时保证了起始航迹的整体精度。

该算法的缺点是当量测误差很大时，编队内目标整体形状的仿射变换可能较大，此时该算法不再适用。此外，该算法仅考虑了单传感器的情况，为了满足工程需求，需要进一步扩展到多传感器系统。

## 2.3 基于相位相关的部分可辨编队航迹起始算法

为了解决部分可辨条件下编队目标的精细起始问题，本节借鉴整体图像匹配[147]的思路，提出了基于 Radon 变换后相位相关特性的精细起始算法，并采用仿真数据对该算法的效能进行了验证。

### 2.3.1　问题描述

设传感器在$k$时刻获得量测集为

$$Z(k)=\{z_i(k)\} \quad (i=1,2,\cdots,m_k) \tag{2-28}$$

式中，$z_i(k)=[x_i \ y_i \ k]$为雷达系统输出量测；$m_k$为回波量测个数。$Z(k)$中的量测可能来源于编队目标、多个单目标及杂波。本节关注的重点是编队目标的起始，因此单目标与杂波点在编队分割过程中均被剔除。

本算法针对的环境条件与完全可辨条件下编队起始的主要区别与难点在于$Z(k)$中编队目标的检测概率较低，目标回波的漏观测情况较为普遍。当对$k$与$k+1$相邻时刻的两个预互联编队进行精细关联时，由于某些目标量测的缺失，编队量测在位置与数量上均不确定是一一对应的关系，如果还存在杂波干扰，那么编队精细起始的难度更大。

完整的编队起始流程主要包括群分割、群的预互联及编队内成员精细关联 3 个部分。因此，这里分别采用了基于坐标映射距离差分的快速群分割、基于编队几何中心的编队预互联及基于 Radon 变换后相位相关特性的编队成员精细关联算法，具体流程框架如图 2-18 所示。

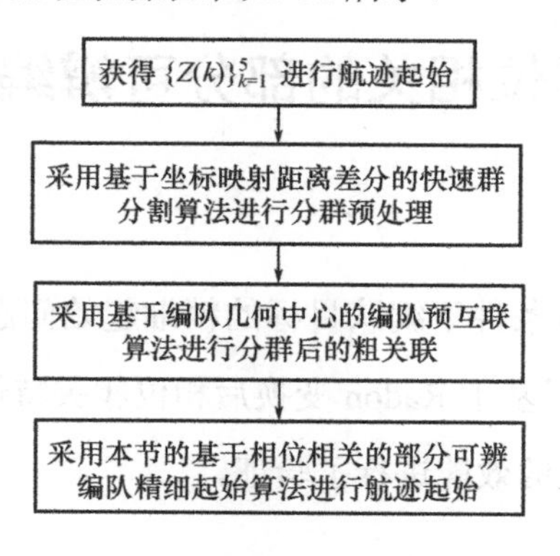


图 2-18　起始算法流程框架

在群分割环节中，目前具有几种经典的分割算法，且各算法的处理效果相近。考虑到本算法的整体处理复杂度较高，为了能提高整体处理效率，在这个环节采用文献[198]的基于坐标映射距离差分的快速群分割算法，可在一定程度上降低算法复杂度；在编队预互联环节，采用经典的基于几何中心的互联算法，处理效果稳定，为后续的精细关联提供数据基础；在精细关联环节，本节提出的基于相位相关的精细关联算法，是借鉴图像匹配思想，将回波量测看作图像元素，对图像进行整体对准。该方法可有效克服由于量测缺失带来的相邻时刻量测不严格对应的问题，是本节算法的核心环节。

综上所述，本节针对低可观测条件下部分可辨编队精细起始过程中的难点，选取对应算法，并在核心的精细关联环节创造性地采用图像匹配的思路，解决漏观测所带来的难题。

### 2.3.2　基于编队中心点的预互联

$Z(k)$ 完成群分割后形成若干个目标编队，编队预互联的目的是将不同时刻已划分的编队进行关联，确定连续若干时刻哪些编队量测来源于同一个编队，并在相邻时刻形成一一对应的关系。

设 $\overline{z}_j(k)=[\overline{x}_j^k\ \ \overline{y}_j^k]$ 为 $k$ 时刻第 $j$ 个编队的中心点，且

$$\overline{x}_j^k=\frac{1}{\tilde{m}_j}\sum_{l=1}^{\tilde{m}_j}x_{jl}^k\,,\quad \overline{y}_j^k=\frac{1}{\tilde{m}_j}\sum_{l=1}^{\tilde{m}_j}y_{jl}^k \tag{2-29}$$

式中，$\tilde{m}_j$ 为群分割后第 $j$ 个群中量测的个数；$x_{jl}^k$ 为 $k$ 时刻第 $j$ 个群中第 $l$ 个量测的 $x$ 轴坐标；$y_{jl}^k$ 为 $k$ 时刻第 $j$ 个群中第 $l$ 个量测的 $y$ 轴坐标。由群的定义可知，群与群之间的距离远大于群内成员之间的距离，因此可采用群的中心点作为群的等效量测。定义 $\overline{z}_j(k)$ 与 $\overline{z}_i(k+1)$ 间的距离矢量 $\boldsymbol{d}_{i,k+1}^{j,k}$ 为

$$\begin{aligned} \boldsymbol{d}_{i,k+1}^{j,k} = [&\max(0, \bar{x}_j^k - \bar{x}_i^{k+1} - v_{\max}^x t) + \\ &\max(0, -\bar{x}_j^k + \bar{x}_i^{k+1} + v_{\min}^x t) \\ &\max(0, \bar{y}_j^k - \bar{y}_i^{k+1} - v_{\max}^y t) + \\ &\max(0, -\bar{y}_j^k + \bar{y}_i^{k+1} + v_{\min}^y t)]^{\mathrm{T}} \end{aligned} \tag{2-30}$$

其中，$\boldsymbol{v}_{\max} = [v_{\max}^x \ v_{\max}^y]$，为群目标速度的最大值与最小值；$t$ 为 $k$ 时刻与 $k+1$ 时刻的时间间隔。定义 $\bar{\boldsymbol{R}}_j$ 为 $\bar{z}_j(k)$ 的量测误差协方差，其中

$$\bar{\boldsymbol{R}}_j(k) = \frac{1}{\tilde{m}_j} \sum_{j=1}^{\tilde{m}_j} \boldsymbol{R}_j^l(k) \tag{2-31}$$

式中，$\boldsymbol{R}_j^l(k)$ 为 $k$ 时刻第 $j$ 个群中第 $l$ 个量测的量测误差协方差。若满足

$$\boldsymbol{d}_{i,k+1}^{j,k}{}^{\mathrm{T}} [\bar{\boldsymbol{R}}_j(k) + \bar{\boldsymbol{R}}_i(k+1)]^{-1} \boldsymbol{d}_{i,k+1}^{j,k} \leqslant \gamma \tag{2-32}$$

则判定 $k$ 时刻第 $j$ 个群与 $k+1$ 时刻第 $i$ 个群互联。式中，$\gamma$ 为门限值，其取值根据具体群目标类型而定。

通过将前若干时刻的分群结果进行编队预互联，可获得雷达视场内任意编队在成员精细关联过程中所需的所有量测信息。

### 2.3.3　编队成员数据空间描述

在雷达观测区域内选取某个已完成预互联的目标编队 $U_i$，且

$$U_i = \{z_j(k)\} \qquad (j = 1, 2, \cdots, m_k) \tag{2-33}$$

式中，$z_j(k)$ 为 $k$ 时刻第 $j$ 个量测；$m_k$ 为 $k$ 时刻编队量测总数。

以该编队为重点观测区域，设置重点观测矩形区域的中心坐标为 $(\dot{x}_i, \dot{y}_i)$，且

$$
\begin{cases}
\dot{x}_i = \dfrac{1}{m_{\text{all}}} \displaystyle\sum_{k=1}^{k_{\text{end}}} \sum_{j=1}^{m_k} x_j(k) \\
\dot{y}_i = \dfrac{1}{m_{\text{all}}} \displaystyle\sum_{k=1}^{k_{\text{end}}} \sum_{j=1}^{m_k} y_j(k) \\
m_{\text{all}} = \displaystyle\sum_{k=1}^{k_{\text{end}}} m_k
\end{cases} \tag{2-34}
$$

式中，$k_{\text{end}}$ 为编队起始所需要的时刻数。设置矩形区域的长和宽分别为 $a$、$b$，且

$$
\begin{cases}
a = \left| \max(x_j(k)) - \min(x_j(k)) \right| \\
b = \left| \max(y_j(k)) - \min(y_j(k)) \right| \\
j \in \{1,\cdots,m_k\},\ \ k \in \{1,\cdots,k_{\text{end}}\}
\end{cases} \tag{2-35}
$$

对上述矩形区域按 $N \times N$ 平均网格化，则该区域被划分为 $N^2$ 个面积为 $(a/N) \times (b/N)$ 的小矩形网格。定义 $(x_I, y_I)(x_I = 1,\cdots,N;\ y_I = 1,\cdots,N)$ 为网格序号，从而可以按照编队目标回波落入网格对应的序号，构建编队数据空间矩阵 $\boldsymbol{f}_k$，且

$$
\boldsymbol{f}_k(x_I, y_I) = \begin{cases}
C, & k\text{时刻该网格存在回波点落入} \\
0, & k\text{时刻该网格不存在回波点落入}
\end{cases} \tag{2-36}
$$

由编队的定义可知，编队内各目标的相对位置是缓慢漂移的，编队的结构在相邻几个时刻变化微小，发生仿射变换的幅度较小。因此，在航迹起始阶段，相邻时刻的编队结构只是发生整体的旋转和平移，该特性是本节算法的理论基础。因此，在相邻时刻 $\boldsymbol{f}_k$ 与 $\boldsymbol{f}_{k+1}$ 存在以下关系：

$$
\begin{aligned}
\boldsymbol{f}_{k+1}(x_I, y_I) = \boldsymbol{f}_k(& x_I \cos\theta_0 + y_I \sin\theta_0 - C_x N/a, \\
& - x_I \sin\theta_0 + y_I \cos\theta_0 - C_y N/b)
\end{aligned} \tag{2-37}
$$

式（2-37）表明，同一编队的航迹数据空间 $\boldsymbol{f}_k$ 在 $k$ 时刻经过 $\theta_0$ 角度的旋转，

再经过$(C_xN/a, C_yN/b)$的平移，即可得到$k+1$时刻的编队数据空间$\boldsymbol{f}_{k+1}$。

### 2.3.4 编队结构对准–旋转角估计

采用基于 Radon 变换的旋转角估计方法，二维数据空间$\boldsymbol{f}(x,y)$的 Radon 变换是该数据空间沿包含该函数的平面内的一组直线的线积分，定义为

$$\begin{aligned}\boldsymbol{R}(\rho,\theta) &= \text{Radon}\{\boldsymbol{f}(x,y)\} \\ &= \int_{-\infty}^{\infty} \boldsymbol{f}(\rho\cos\theta - \lambda\sin\theta, \rho\sin\theta + \lambda\cos\theta)\mathrm{d}\lambda\end{aligned} \tag{2-38}$$

根据 Radon 变换的性质，设相邻时刻的编队数据空间$\boldsymbol{f}_k$与$\boldsymbol{f}_{k+1}$对应的 Radon 变换分别为$\boldsymbol{R}_k(\rho,\theta)$与$\boldsymbol{R}_{k+1}(\rho,\theta)$，对式（2-37）两边分别进行 Radon 变换，则存在以下关系：

$$\boldsymbol{R}_{k+1}(\rho,\theta) = \boldsymbol{R}_k(\rho-\rho_0, \theta+\theta_0) \tag{2-39}$$

式中，$\rho_0 = C_xN\cos\theta/a + C_yN\sin\theta/b$。式（2-39）表示$\boldsymbol{f}_k$与$\boldsymbol{f}_{k+1}$之间存在旋转角$\theta_0$和平移量$(C_xN/a, C_yN/b)$的关系。

对于不同的$\theta$，在$\rho$方向上对式（2-39）两边分别进行一维 Fourier 变换，得到它们在频域的关系为

$$\boldsymbol{F}_{k+1}^{\mathrm{R}}(\omega,\theta) = \boldsymbol{F}_k^{\mathrm{R}}(\omega,\theta+\theta_0)\exp[-2\mathrm{j}\pi(\rho_0\omega)] \tag{2-40}$$

式中，$\boldsymbol{F}_k^{\mathrm{R}}(\omega,\theta)$、$\boldsymbol{F}_{k+1}^{\mathrm{R}}(\omega,\theta)$分别表示$\boldsymbol{R}_k(\rho,\theta)$、$\boldsymbol{R}_{k+1}(\rho,\theta)$在$\rho$方向上的一维 Fourier 变换。对式（2-40）两边取幅值，即

$$\left|\boldsymbol{F}_{k+1}^{\mathrm{R}}(\omega,\theta)\right| = \left|\boldsymbol{F}_k^{\mathrm{R}}(\omega,\theta+\theta_0)\right| \tag{2-41}$$

从式（2-41）可以看出，相邻时刻的编队数据空间$\boldsymbol{f}_k$与$\boldsymbol{f}_{k+1}$的旋转已经完全转化为幅值频谱在$\theta$方向上的平移。用$\boldsymbol{H}_k^{\mathrm{R}}(\omega,\theta)$表示$\boldsymbol{F}_k^{\mathrm{R}}(\omega,\theta)$的幅值，

则上式转化为

$$\boldsymbol{H}_{k+1}^{\mathrm{R}}(\omega,\theta)=\boldsymbol{H}_{k}^{\mathrm{R}}(\omega,\theta+\theta_0) \tag{2-42}$$

对于所有 $\omega$，在 $\theta$ 方向上对式（2-42）两边分别求一维 Fourier 变换，得到

$$\boldsymbol{F}_{k+1}^{\mathrm{H}}(\omega,\theta)=\boldsymbol{F}_{k}^{\mathrm{H}}(\omega,\theta)\exp[-2\mathrm{j}\pi(-\theta_0\theta)] \tag{2-43}$$

式（2-43）说明，对于所有 $\omega$，$\boldsymbol{H}_{k}^{\mathrm{R}}(\omega,\theta)$、$\boldsymbol{H}_{k+1}^{\mathrm{R}}(\omega,\theta)$ 变换到频域中幅值相同，但存在一个相位差，该相位差表示为

$$\frac{\boldsymbol{F}_{k+1}^{\mathrm{H}}(\omega,\theta)\boldsymbol{F}_{k}^{\mathrm{H}*}(\omega,\theta)}{\left|\boldsymbol{F}_{k+1}^{\mathrm{H}}(\omega,\theta)\boldsymbol{F}_{k}^{\mathrm{H}*}(\omega,\theta)\right|}=\exp[-2\mathrm{j}\pi(-\theta_0\theta)] \tag{2-44}$$

式中，$\boldsymbol{F}_{k}^{\mathrm{H}*}(\omega,\theta)$ 表示 $\boldsymbol{F}_{k}^{\mathrm{H}}(\omega,\theta)$ 的复共轭。因此，对于所有 $\omega$，通过式（2-44）在 $\theta$ 方向上进行 Fourier 逆变换，将形成在 $\omega$ 方向上的一系列单位脉冲函数，脉冲峰值点位于 $(\omega,-\theta_0)$，即 $\theta_0$ 为相邻时刻的编队数据空间 $\boldsymbol{f}_k$ 与 $\boldsymbol{f}_{k+1}$ 的旋转角。

具体而言，旋转角 $\theta_0$ 可通过式（2-45）求得

$$\theta_0=-\arg\max_{\theta}\sum_{\omega}\left|F_{\theta}^{-1}\left[\frac{\boldsymbol{F}_{k}^{\mathrm{H}}(\omega,\theta)}{\boldsymbol{F}_{k+1}^{\mathrm{H}}(\omega,\theta)}\right]\right| \tag{2-45}$$

式中，$F_{\theta}^{-1}$ 表示 $\theta$ 方向上进行一维 Fourier 逆变换。

### 2.3.5　编队结构对准–平移量估计

通过上述方法获得旋转角 $\theta_0$ 后，可对数据空间 $\boldsymbol{f}_k$ 进行角度为 $\theta_0$ 的旋转，即

$$f'_k(x_I, y_I) = f_k(x_I \cos\theta_0 + y_I \sin\theta_0, -x_I \sin\theta_0 + y_I \cos\theta_0) \tag{2-46}$$

此时，$f'_k$ 与 $f_{k+1}$ 只存在平移关系，即

$$f_{k+1}(x_I, y_I) = f'_k(x_I - C_x N/a, y_I - C_y N/b) \tag{2-47}$$

对式（2-47）两边进行 Fourier 变换，可得

$$F_{k+1}(u,v) = F'_k(u,v)\exp[-2\mathrm{j}\pi(\frac{C_x N}{a}u + \frac{C_y N}{b}v)] \tag{2-48}$$

显然，$f'_k$ 与 $f_{k+1}$ 在频域中幅值相同，但存在一个相位差，表示为

$$\frac{F_{k+1}(u,v)F'^{*}_k(u,v)}{\left|F_{k+1}(u,v)F'^{*}_k(u,v)\right|} = \exp[-2\mathrm{j}\pi(\frac{C_x N}{a}u + \frac{C_y N}{b}v)] \tag{2-49}$$

式中，$F'^{*}_k(u,v)$ 表示 $F'_k(u,v)$ 的复共轭。因此，对式（2-49）进行 Fourier 逆变换会形成单位脉冲函数，峰值点在 $(C_x N/a, C_y N/b)$，即相邻时刻编队结构的平移量。具体可通过下式求得

$$(C_x N/a, C_y N/b) = \arg\max_{u,v}\left|F^{-1}\left[\frac{F_{k+1}(u,v)}{F'_k(u,v)}\right]\right| \tag{2-50}$$

式中，$F^{-1}$ 表示二维 Fourier 逆变换。通过式（2-50），求得 $C_x N/a$ 与 $C_y N/b$ 后，代入已知量 $N$、$a$、$b$，即可求得 $C_x$ 与 $C_y$。

### 2.3.6 改进的最近邻精细关联

通过求取相邻时刻的编队的整体结构的旋转量与平移量，可将 $k$ 时刻的编队航迹点进行整体旋转与平移补偿，从而获得与 $k+1$ 时刻相对应的编队结构（如匀速直线运动的编队，在无量测误差、无杂波等完全理想条件下，补偿后的航迹点与 $k+1$ 时刻航迹点重合）。编队精细起始的最终目的是获取编队中各

个成员在 $k_{end}$ 时刻的起始航迹，因此这里需要对同一成员相邻时刻的航迹两两互联，从而形成一条完整航迹。但由于部分可辨的观测条件及可能存在的杂波等条件，$k$ 时刻补偿后的点迹与 $k+1$ 时刻的点迹存在不唯一对应的可能。这里采用改进的最近邻法的精细关联方法，确定 $k_{end}$ 时刻内编队各成员的航迹。

部分可辨条件下，编队目标发现概率低，即目标的航迹时有时无，航迹信息不完全。根据这个特征，为了最大限度地利用已获得的航迹信息，在经过编队结构对准后，点迹关联的同时采用填补的方式，将有可能缺失的点迹填补上（填补错误后，经判别予以删除），从而达到获取信息利用的最大化。精细关联的示意图如图 2-19 所示。

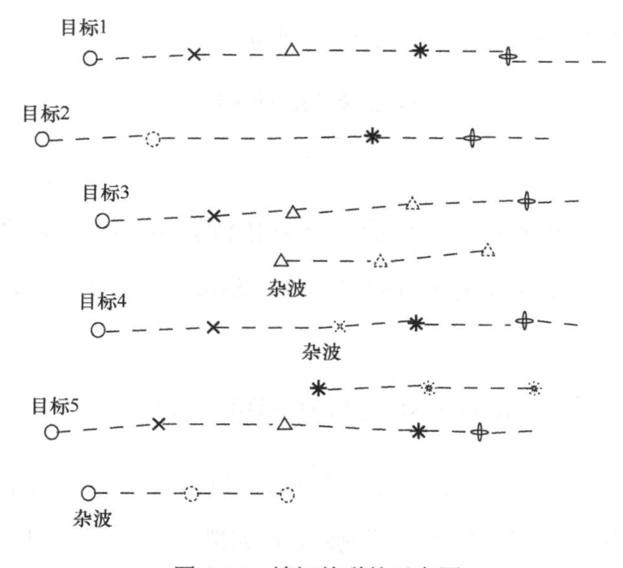


图 2-19　精细关联的示意图

如图 2-19 中所示，编队中有 5 个成员，一种标识表示一个时刻的量测，经过将第 1 时刻航迹与第 2 时刻航迹补偿关联，目标 2 与杂波未关联到航迹，因此在第 2 时刻增加这两个航迹的虚拟量测（标识为虚线的表示增加的虚拟量测）。再将第2时刻的所有航迹与第3时刻关联，目标2关联到了量测，而杂波未关联到量测。这里判定目标2为一个目标，并增加第2时刻目标2的量测；同时判定连续两个时刻未关联到真实量测的航迹为杂波。后续时刻的关联方式以此类推。

取$k$时刻的编队航迹点$\{z_i(k)\}$（$i=1,\cdots,m_k$），进行旋转角$\theta_0$与平移量$(C_x,C_y)$的补偿，从而获得对应于$k+1$时刻的待关联点$\{\overline{z}_i(k)\}$。再取$k+1$时刻的编队航迹点$\{z_j(k+1)\}$（$j=1,\cdots,m_{k+1}$）。

分别计算它们之间的状态估计误差，即

$$\tilde{z}_{ij}=\left|z_i(k)-z_j(k+1)\right| \tag{2-51}$$

设阈值矢量为$\boldsymbol{e}=(e_1\ e_2)$，则关联准则为

$$\begin{cases}\tilde{z}_{ij}\leqslant \boldsymbol{e}, & z_i(k)\text{与}z_j(k+1)\text{互联}\\ \tilde{z}_{ij}>\boldsymbol{e}, & \text{不互联}\end{cases} \tag{2-52}$$

若$k$时刻某些航迹经过补偿后的$\{\overline{z}_n(k)\}$没有与$k+1$时刻的任何航迹关联，则取补偿后的航迹作为该目标在$k+1$时刻可能丢失的航迹，增加虚拟量测，即

$$\{z_j(k+1)\}_{\text{all}}=\{z_j(k+1)\}\cup\{\overline{z}_n(k)\} \tag{2-53}$$

进而在$k+1$时刻与$k+2$时刻的精细关联时，对$\{z_j(k+1)\}_{\text{all}}$进行补偿后与$\{z_j(k+2)\}$利用式（2-52）做关联判断。若虚拟量测仍然未关联到真实量测，则判定其在$k$时刻为杂波；若虚拟量测关联到了真实量测，则该虚拟量测判定为该目标在$k+1$时刻丢失的真实航迹。采用这种先增加虚拟量测，再通过下一时刻的验证来决定是否留下用于填补航迹，可在提高航迹正确起始率的同时减少虚假航迹的起始。

## 2.3.7　精细关联算法流程

本节提出的基于相位相关特性的编队成员精细关联算法充分考虑了部分可辨编队的目标回波特点，采用了基于相位相关的整体图像匹配思想及增加虚拟量测的最近邻关联算法，最大可能地挖掘了编队成员的航迹信息，可有效对部分可辨编队成员进行精细起始。精细关联算法的流程图如图 2-20 所示。

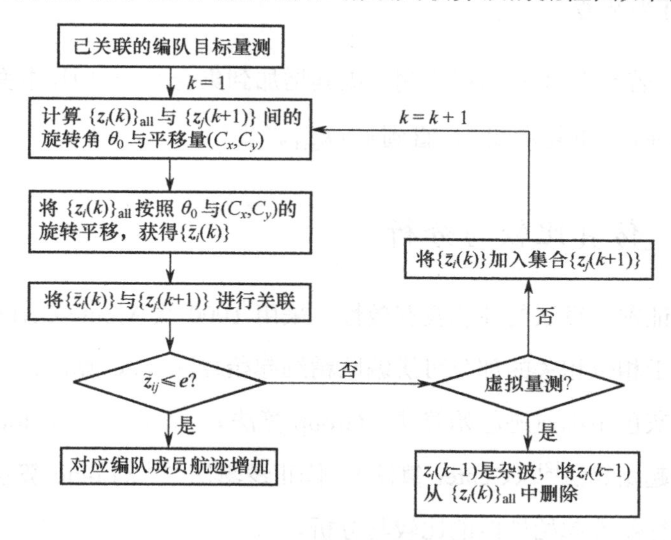


图 2-20　精细关联算法的流程图

该精细关联算法的具体步骤如下。

步骤 1，取编队预互联成功的某个编队，从第 1 时刻开始，即从 $k=1$ 开始。

步骤 2，采用 2.3.4 节和 2.3.5 节的方法计算 $\{z_i(k)\}_{\text{all}}$ 与 $\{z_j(k+1)\}$ 之间的旋转角 $\theta_0$ 与平移量 $(C_x,C_y)$ 。

步骤 3，对 $\{z_i(k)\}_{\text{all}}$ 进行旋转角 $\theta_0$ 与平移量 $(C_x,C_y)$ 的补偿，获得 $\{\bar{z}_i(k)\}$ 。

步骤 4，采用最近邻法将 $\{\bar{z}_i(k)\}$ 中的每个成员与 $\{z_j(k+1)\}$ 中每个成员关联。

步骤5，满足关联条件 $\tilde{z}_{ij} \leqslant e$ 时，增加对应编队成员航迹的量测。

步骤6，不满足关联条件 $\tilde{z}_{ij} \leqslant e$ 时，判断 $\overline{z}_i(k)$ 是否为 $k-1$ 时刻生成的虚拟量测。

步骤7，若 $\overline{z}_i(k)$ 是虚拟量测，则在 $\{\overline{z}_i(k)\}$ 中删除该虚拟量测并判断其对应的 $z_i(k-1)$ 为杂波。

步骤8，若 $\overline{z}_i(k)$ 不是虚拟量测，则其增加到集合 $\{z_j(k+1)\}$ 中变为虚拟量测。取 $k=k+1$，重复步骤2，直到 $k=k_{\text{end}}$。

### 2.3.8 仿真比较与分析

为了验证本节算法的性能及有效性，采用1000次Monte-Carlo仿真对本节提出的基于相位相关的部分可辨编队精细起始算法（PC算法）与基于相对位置矢量的灰色精细航迹起始算法（Group算法）、基于聚类和Hough变换的多编队航迹起始算法[2]（Center算法）、修正逻辑法[149]（Logic算法）在多环境条件下进行航迹起始性能的比较与分析。

**1. 仿真环境**

设雷达的采样周期 $T=1\text{s}$。为了多角度比较分析各算法的航迹起始性能，设置了以下3种经典仿真环境。

环境1：模拟杂波条件下稀疏编队与密集编队的目标环境。稀疏编队目标环境下，编队成员之间距离一般在区间(600m,1000m)内；密集编队目标环境下，距离一般在区间(100m,300m)内。设在雷达视域内，存在两个编队与一个单目标做战术飞行。第1编队做机动运动，由5个成员组成，设为稀疏编队；第2编队做匀速直线运动，由4个成员组成，设为密集编队；单目标沿某方向做匀速直线运动。各目标的初始位置为$(x,y)$、速度为$(v_x,v_y)$、加速度为$(a_x,a_y)$，如表 2-4 所示，其中 CT 表示单目标，G1-1 表示第 1 编队的第一个目标，以此类推。

**表 2-4　各目标初始状态（环境 1）**

| 目标 | $x$/m | $y$/m | $v_x$/（m·s$^{-1}$） | $v_y$/（m·s$^{-1}$） | $a_x$/（m·s$^{-2}$） | $a_y$/（m·s$^{-2}$） |
|---|---|---|---|---|---|---|
| G1-1 | −5000 | 10000 | −270 | 270 | 5 | −10 |
| G1-2 | −5200 | 9400 | −270 | 270 | 5 | −10 |
| G1-3 | −4900 | 8600 | −270 | 270 | 5 | −10 |
| G1-4 | −5300 | 8000 | −270 | 270 | 5 | −10 |
| G1-5 | −4800 | 9500 | −270 | 270 | 5 | −10 |
| G2-1 | 5000 | 800 | 0 | 300 | 0 | 0 |
| G2-2 | 5200 | 850 | 0 | 300 | 0 | 0 |
| G2-3 | 5350 | 900 | 0 | 300 | 0 | 0 |
| G2-4 | 5550 | 830 | 0 | 300 | 0 | 0 |
| CT | 10000 | −8000 | −240 | 200 | 0 | 0 |

仿真中设置雷达视域为$x\in[-14000,10000]$，$y\in[-15000,\ 31000]$，雷达位于坐标原点$(0,0)$。在雷达视域内每个时刻产生 1000 个均匀分布的杂波。雷达的测向误差$\sigma_\theta=0.2°$，测距误差$\sigma_\rho=20\text{m}$。设置雷达的目标发现概率为$P_\text{d}=0.83$，本节算法的$k_\text{end}=6$。

环境 2：为了综合对比验证本节算法在部分可辨条件下对编队目标的精细起始性能，结合工程应用中影响起始效果的主要指标，设立了该仿真环境。设雷达位于坐标原点$(0,0)$，对环境 1 中第 1 编队进行航迹起始。对于每个时刻编队的所有量测，以该编队质心$\overline{G}$为中心，在极坐标下建立一个参数为$[2\Delta G_\rho+10\sigma_\rho,2\Delta G_\theta+10\sigma_\theta]$的扇区（其中，$\Delta G_\rho$、$\Delta G_\theta$分别为编队量测在极坐标系两轴上的最大差值），在该扇区内均匀产生$\lambda_c$个杂波。设置 6 种不同的仿真条件，杂波（$\lambda_c$）、目标发现概率（$P_d$）、量测误差（测距误差$\sigma_\rho$与测向误差$\sigma_\theta$）的取值如表 2-5 所示。

表 2-5　仿真参数取值表（环境 2）

| 序号 | $\lambda_c$ | $P_d$ | $\sigma_\rho$ / m | $\sigma_\theta$ / (°) |
|---|---|---|---|---|
| 1 | 1 | 0.9 | 20 | 0.2 |
| 2 | 1 | 0.83 | 20 | 0.2 |
| 3 | 2 | 0.83 | 20 | 0.2 |
| 4 | 2 | 0.83 | 30 | 0.3 |
| 5 | 3 | 0.83 | 30 | 0.3 |
| 6 | 4 | 0.75 | 30 | 0.3 |

环境 3：为了研究验证低可观测概率对编队精细起始造成的影响，在该仿真环境中，设置不同的目标发现概率 $P_d$ 来验证本节算法的有效性。设置雷达的测向误差 $\sigma_\theta = 0.2°$，测距误差 $\sigma_\rho = 30\text{m}$，$\lambda_c = 4$，对环境 1 中第 1 编队进行航迹起始。$P_d$ 取值为 0.4～1，步长为 0.05。

**2. 仿真结果与分析**

（1）在仿真环境 1 中，存在两个编队与一个单目标，所有目标在雷达视域内的运动态势如图 2-21 所示。图 2-22 所示为杂波条件（环境 1）下，雷达视域内前 6 个时刻的量测分布图，图中用圆圈标注的区域分别存在对两个编队起始所需要的目标量测。图 2-23 所示为图 2-22 中标注区域的局部放大图，图中的小圈表示目标回波，点表示杂波。从图 2-23 中可以看出，由于目标发现概率 $P_d = 0.83$，所以编队目标回波较为杂乱，不易直观获得编队成员的精细航迹信息。同时，由于第 1 编队为稀疏编队，第 2 编队为密集编队，所以两个小图的坐标比例不同，图 2-23（a）比图 2-23（b）直观上杂波多一些，也意味着在航迹起始时，前者的相对环境杂波要多于后者。

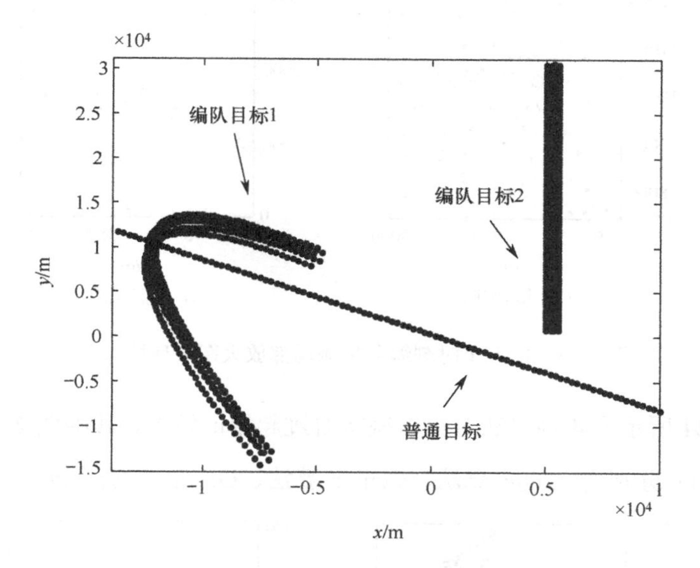


图 2-21 目标整体态势图（环境 1）

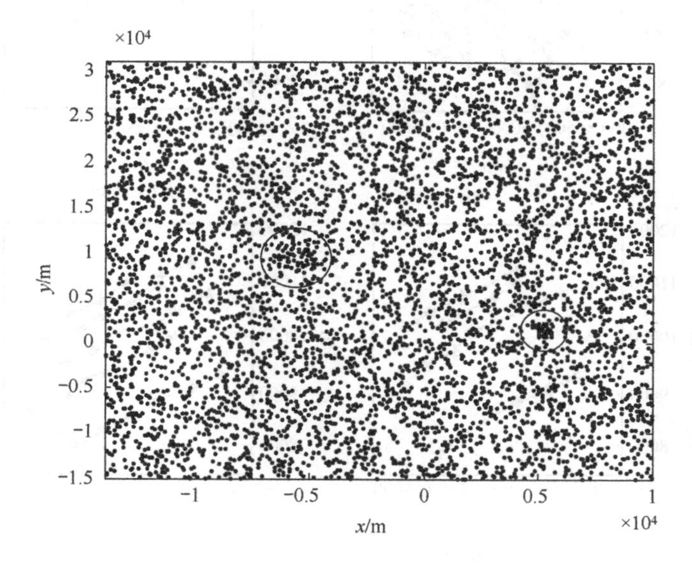


图 2-22 前 6 个时刻的量测分布图（环境 1）

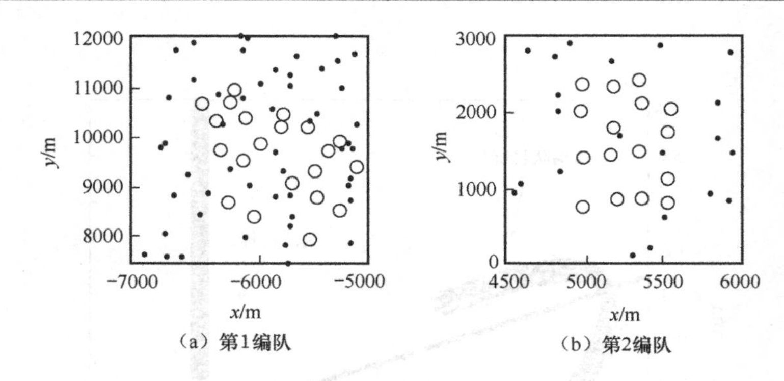


图 2-23　前 6 个时刻编队量测局部放大图（环境 1）

图 2-24 所示为 4 种算法对第 1 编队航迹起始比较图，其中图 2-24（a）～图 2-24（d）分别为 Logic 算法、Center 算法、Group 算法、PC 算法对第 1

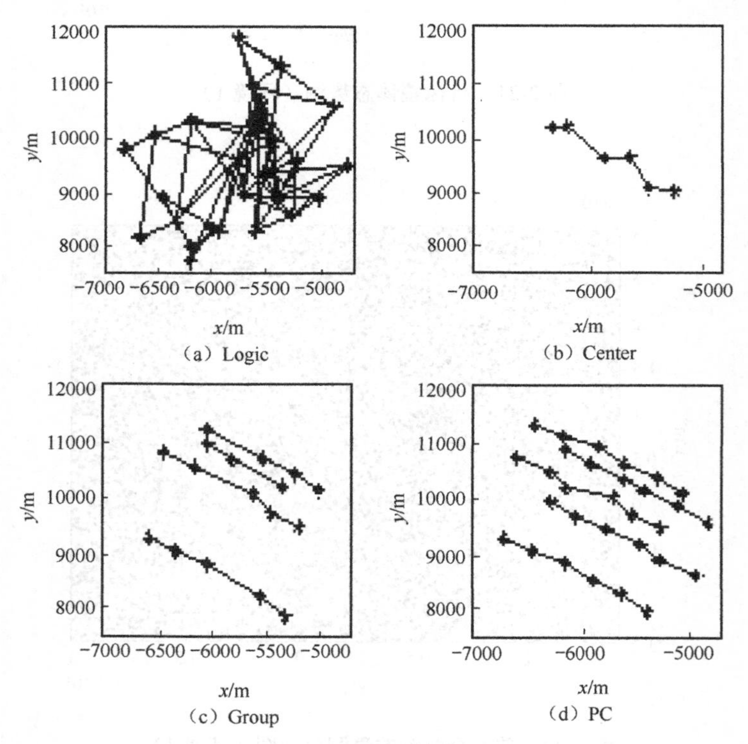


图 2-24　4 种算法对第 1 编队航迹起始比较图（环境 1）

编队的航迹起始图。从图 2-24（a）中可直观看出，Logic 算法起始出了多条虚假航迹，已无法辨别真实航迹；图 2-24（b）中，Center 算法仅对编队中心进行了互联起始，仅能获得编队整体态势，不能获得每个成员的起始航迹；图 2-24（c）中，Group 算法起始出了 4 条航迹，但从上往下数第 2 条航迹并没有第 6 时刻的状态点，也意味着该航迹中断，因此 Group 算法仅起始出了 3 条航迹，且已起始的航迹中存在漏观测点。图 2-24（d）中，PC 算法可准确起始编队成员的 5 条航迹，且对其中的漏观测点进行了航迹填补。

图 2-25 所示为 4 种算法对第 2 编队航迹起始比较图，其中图 2-25（a）～图 2-25（d）分别为 Logic 算法、Center 算法、Group 算法、PC 算法对第 2 个

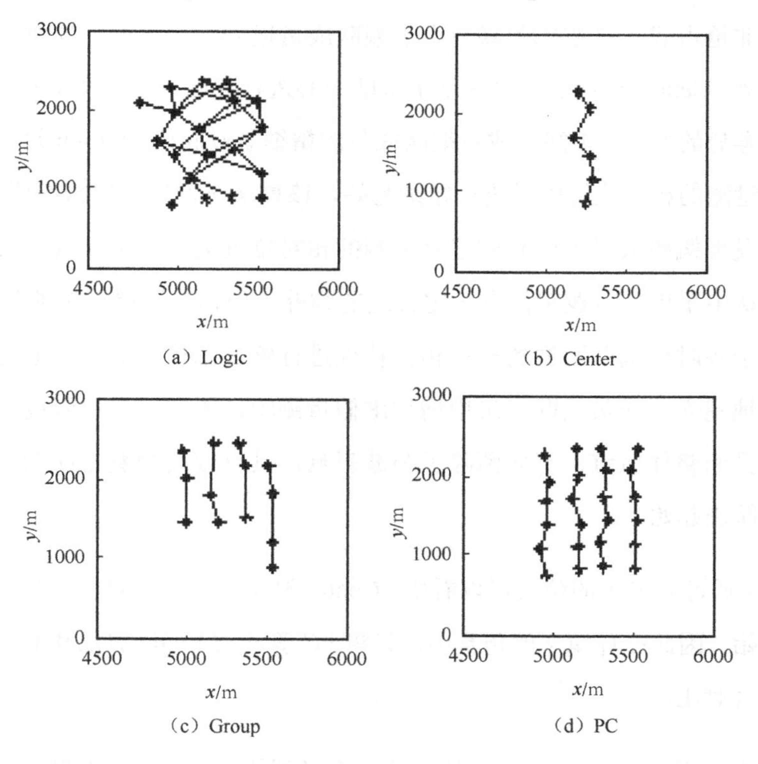


图 2-25 4 种算法对第 2 编队航迹起始比较图（环境 1）

编队的航迹起始图。对比图 2-24 与图 2-25 可以看出，在部分可辨条件下，各算法对本节所设置的环境的起始效果相近，但由于密集编队的相对杂波密度低，Group 算法在图 2-25（c）中也起始出了 4 条航迹，但第 4 条航迹无第 6 时刻的状态点，所以实际成功起始 3 条航迹。PC 算法对两种条件编队均成功起始了所有编队成员的航迹，且对漏观测点进行了有效填补，对部分可辨编队的精细起始能力显著优于其他 3 种算法。

造成上述结果的原因如下。在部分可辨条件下，目标发现概率低，对某个目标而言，前 6 个时刻的回波易出现漏观测，同时存在环境随机杂波，显著增加了航迹起始的难度。Logic 算法本身针对的是多目标起始背景，其算法思路为非抢占式 2 / 3 逻辑关联，由于编队成员运动行为相近，导致出现多条虚假航迹；Center 算法的思路为基于编队中心进行起始，因此只能形成一条编队整体态势的航迹，不能完成对编队成员的精细航迹起始；Group 算法基于互联编队量测的相对位置矢量进行精细起始，该算法对目标发现概率要求较高，在目标发现概率低时不能有效建立量测的相对位置矢量，虽在成员关联后的航迹确认中采用 3 / 4 逻辑，有一定程度的弥补，但仍难取得理想的效果。PC 算法基于各时刻编队回波的相位相关特性进行整体图像匹配，又通过最近邻法有效地建立了成员关联，采用增加虚假量测验证的方式最大限度地根据部分回波推断整体航迹，有效消除了杂波影响，具有较高的航迹起始率和较低的虚假航迹起始率。

（2）通过环境 1 的仿真可以看出，Center 算法无法完成对编队目标成员的精细起始，因此在环境 2 的仿真中，只将 PC 算法与 Logic 算法和 Group 算法进行仿真对比。

图 2-26 所示为 6 种仿真条件下前 6 个时刻的雷达量测分布图，图中小圆圈表示编队目标回波，点表示杂波。纵观图 2-26（a）～图 2-26（f），随着序

号的增大，杂波越来越多，目标回波越来越少，且编队目标回波的结构也更杂乱。因此，航迹起始的难度越来越大。

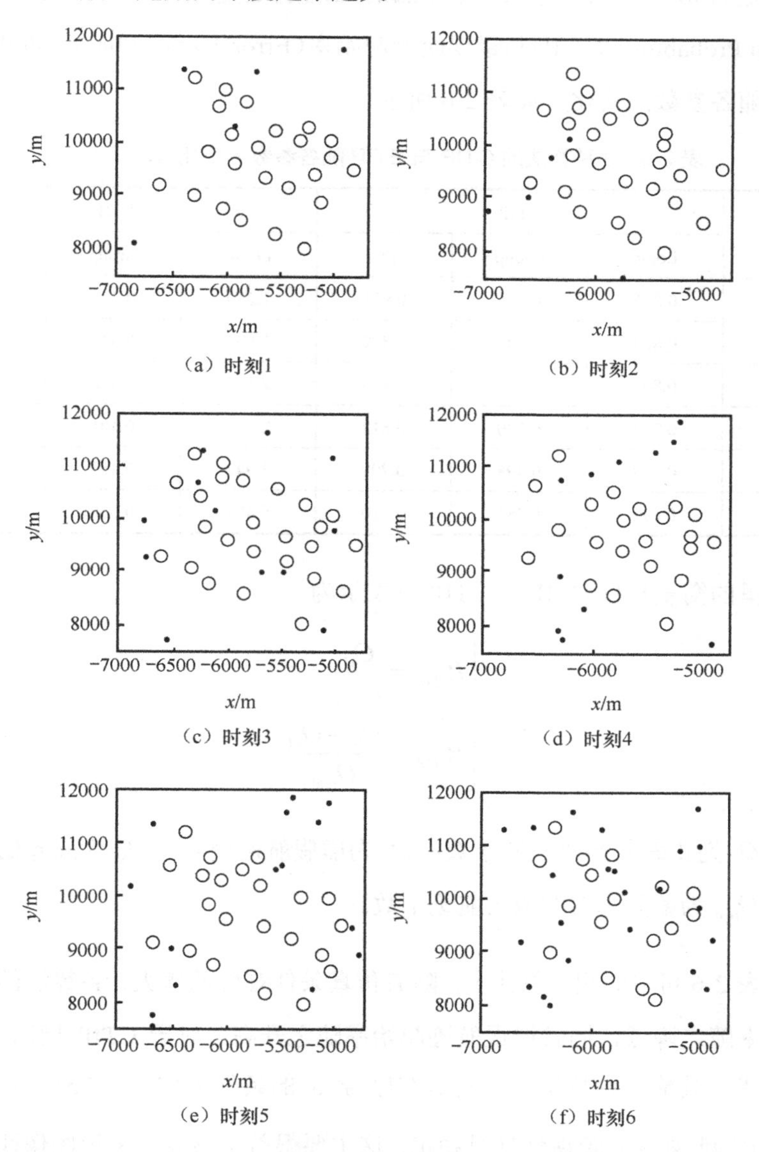


图 2-26　6 种仿真条件下前 6 个时刻的雷达量测分布图（环境 2）

为对比验证 PC 算法对工程应用中主要参数的适应能力，对环境 2 中的 6 种参数进行仿真，给出了 3 种算法的正确航迹起始率[199]（Correct Track Initiation Probability, CTIP）与错误航迹起始率（Error Track Initiation Probability, ETIP）随各参数的变化，如表 2-6 所示。

**表 2-6　3 种算法的 CTIP 与 ETIP 随各参数的变化（环境 2）**

| 序号 | CTIP | | | ETIP | | |
|---|---|---|---|---|---|---|
| | Logic | Group | PC | Logic | Group | PC |
| 1 | 0.895 | 0.805 | 0.931 | 1.250 | 0.236 | 0.076 |
| 2 | 0.824 | 0.607 | 0.872 | 2.004 | 0.349 | 0.138 |
| 3 | 0.803 | 0.594 | 0.836 | 2.134 | 0.376 | 0.187 |
| 4 | 0.787 | 0.530 | 0.812 | 2.465 | 0.401 | 0.204 |
| 5 | 0.769 | 0.498 | 0.799 | 3.942 | 0.463 | 0.286 |
| 6 | 0.612 | 0.381 | 0.710 | 5.427 | 0.638 | 0.343 |

这里的衡量指标 CTIP 与 ETIP 可表示为

$$\begin{cases} P_{\text{CTIP}} = \dfrac{O_{\text{C}}}{O_{\text{real}}} \\ P_{\text{ETIP}} = \dfrac{O_{\text{E}} + O_{\text{M}}}{O_{\text{real}}} \end{cases} \tag{2-54}$$

式中，$O_{\text{C}}$ 为正确起始的航迹个数；$O_{\text{E}}$ 为虚假航迹个数；$O_{\text{M}}$ 为漏起始的航迹个数，$O_{\text{real}}$ 为编队真实的成员航迹个数。

从表 2-6 可以看出，总体上，随着仿真条件难度的增大，各算法的正确航迹起始率随之降低，同时错误航迹起始率随之升高。对于 CTIP 指标，PC 算法显著优于其他两种算法，特别是在序号 6 的条件下（$P_{\text{d}} = 0.75$），仍能保持 70%以上的起始率，表现优异且稳定。这主要得益于该算法采用图像匹配的思想，可最大限度地降低目标发现概率低造成的相邻时刻编队结构难以对准的程度，同时在精细关联阶段采用增加虚拟量测后验的方式，填补航迹空缺，尽可能地保证输出正确的起始航迹。而 Group 算法未对目标部分可辨情况采取对策，因此即使在航迹确认阶段采用 3/4 逻辑，仍未能有效解决复杂的航迹闪烁问题，导致正确航迹起始率不高。Logic 算法因采用非抢占式多目标起始思路，在编队成员运动状态相似的情况下，对各时刻量测遍历所有可能航迹，因此起始的航迹中包含了几乎所有正确航迹。但由于 PC 算法可对部分量测缺失条件下的航迹进行填补，因此正确航迹起始率高于 Logic 算法。对于 ETIP 指标，PC 算法的错误航迹起始率显著低于其他两种算法。Logic 算法由于遍历了所有可能航迹，因此其中包含了大量的虚假航迹，随着杂波的增大和雷达精度的降低，虚假航迹增长显著，几乎不能应用于工程中。Group 算法随着目标发现概率的降低和杂波数的增加，编队架构已产生较大变化，因此虚假航迹和漏起始航迹均会增大，但其考虑了编队目标运动相似的特性，所以不会出现错误航迹陡增的情况。PC 算法通过增加虚拟量测后验的方式，极大地降低了虚假航迹的出现概率，也减少了漏起始航迹的可能，因此 PC 算法的 ETIP 指标较低且相对稳定。

对比序号 2 与序号 3（或序号 4 与序号 5）的仿真条件（目标发现概率与雷达精度相同，仅杂波数不同），从 PC 算法的仿真结果可以看出，虽然杂波数增加，但 CTIP 与 ETIP 指标均变动不大，并保持在一个较高的水平，因此 PC 算法对杂波具有较好的健壮性。对比序号 1 与序号 2（仅目标发现概率不同），各算法的仿真结果均存在较小范围的变动，而 PC 算法比其他两种算法稳定，因此 PC 算法对目标发现概率具有较好的适应性。对比序号 3 与序号 4（仅雷达精度不同），PC 算法较其他两种算法的指标变动最小，说明 PC 算法对雷达精度也具有较好的健壮性。

（3）在仿真环境 3 中，如图 2-27 所示，PC 算法的 CTIP 指标显著高于其他两种算法，特别在 $P_d = 0.65$ 时，其 CTIP 指标高出 Logic 算法近 30%。从算法原理来看，PC 算法为应对目标发现概率低这一技术难题，采用 ICP 算法进行整体关联，又采用虚拟量测后验方式进行成员航迹的关联，有效提升了正确航迹起始率，在该环境下效果尤为明显。

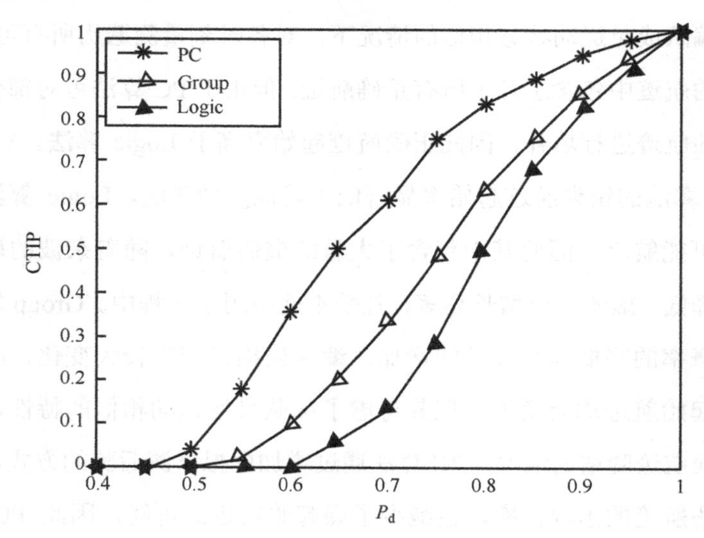


图 2-27　3 种算法的 CTIP 曲线（环境 3）

### 3. 仿真结论

本节针对部分可辨编队的精细起始问题提出了一种基于相位相关的部分可辨编队精细起始算法，该算法对部分可辨编队的精细起始效果优异，对比已有算法，具有更高的正确航迹起始率和更低的错误航迹起始率，编队成员精细起始有效性与可靠性显著。利用整体图像匹配思想中相位相关特性，对相邻时刻的编队量测进行编队整体结构对准，有效解决了低目标发现概率情况下的编队结构对准问题。在采用最近邻法做航迹精细关联时，采用增加虚拟量测后验的方式，在有效填补航迹缺失、增加正确航迹的同时，降低了虚假量测的产生，对环境杂波与雷达精度具有较好的健壮性。在不同观测条件下，即不同的目标发现概率条件下，PC 算法的正确起始率显著优于经典算法，对目标发现概率具有很好的适应性。

## 2.4　集中式多传感器编队目标灰色航迹起始算法

为了满足利用多部传感器、从不同测向观测跟踪编队目标的工程需求，本节基于并行处理结构将 2.2 节中的 RPV-FTGTI 算法扩展至集中式多传感器系统，提出集中式多传感器编队目标灰色航迹起始（CMS-FTGTI）算法。

### 2.4.1　多传感器编队目标航迹起始框架

设 $Z(k)$ 为 $N_s$ 个传感器的第 $k$ 个量测集，即

$$Z(k)=\{z_l^i(k)\}\quad (i=1,2,\cdots,N_s,\ \ l=1,2,\cdots,m_{k_i}) \tag{2-55}$$

式中，$N_s$ 为传感器个数；$m_{k_i}$ 为传感器 $i$ 上传到融合中心的量测个数；$z_l^i(k)=[x\ y\ z\ t]$，$x$、$y$、$z$ 为 $z_l^i(k)$ 在融合中心坐标系的坐标值，$t$ 为 $z_l^i(k)$ 的实际输出时间。

与单传感器航迹起始相同，多传感器编队目标航迹起始包括传统多目标和编队目标双重航迹起始过程，起始框架同图 2-1，在此不再赘述。

为完成图 2-1 的第 3、4 步，本节提出了 CMS-FTGTI 算法，其流程图如图 2-28 所示。

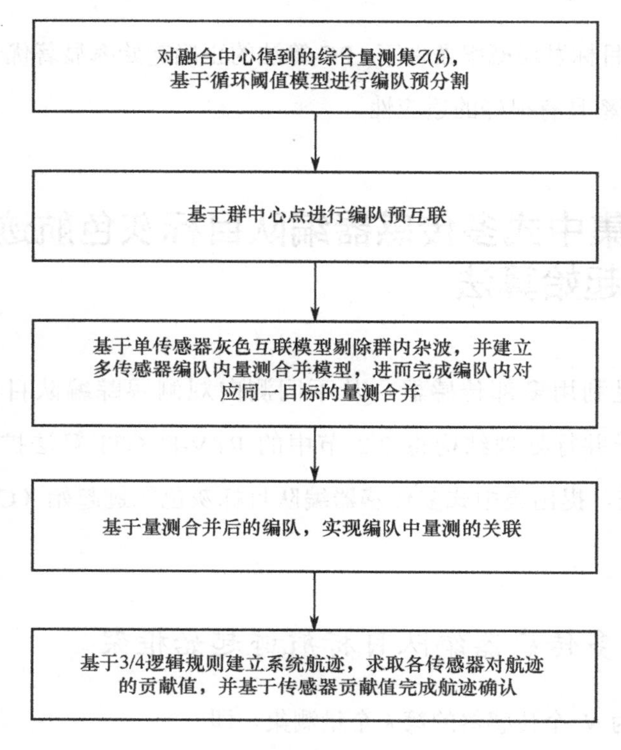


图 2-28　CMS-FTGTI 算法流程图

### 2.4.2　多传感器预互联编队内杂波的剔除

由图 2-28 可知，要进行杂波剔除，首先要完成编队的预分割和预互联，具体过程同 RPV-FTGTI 算法，此处不再重复。

由编队的定义可知，在航迹起始阶段，对同一传感器相邻时刻预互联成功的编队目标而言，其内部目标回波的相对位置关系基本不变，只是整体发生了平移和旋转，但前后周期内杂波的出现是随机的，不存在真实目标回波所具有的整体关联性。因此，可以在来自同一传感器的预互联编队内搜索对应坐标系，并建立编队内各量测的相对位置矢量，基于目标回波与杂波整体关联性的差别，采用灰色理论剔除同一传感器预互联编队内的杂波，具体过程同 2.2.3 节中的灰色互联模型。

设 $Z_1$ 与 $Z_2$ 为 $Z(k)$ 和前 3 个时刻的剩余量测中预互联成功的两个编队，按传感器的不同，$Z_1$ 与 $Z_2$ 可写为

$$\begin{cases} Z_1 = \{\{z_{1l}^i\}_{l=1}^{m_i^1}\}, & i = 1,2,\cdots,N_s \\ Z_2 = \{\{z_{2l}^i\}_{l=1}^{m_i^2}\}, & i = 1,2,\cdots,N_s \end{cases} \tag{2-56}$$

式中，$m_i^1$ 与 $m_i^2$ 分别为编队 $Z_1$ 与 $Z_2$ 中源于传感器 $i$ 的量测个数。

选取编队 $Z_1$ 与 $Z_2$ 中源于传感器 $i$ 的量测子编队 $Z_1^i = \{z_{1l}^i\}_{l=1}^{m_i^1}$ 和 $Z_2^i = \{z_{2l}^i\}_{l=1}^{m_i^2}$；若 $m_i^1$ 与 $m_i^2$ 均不为零，则基于灰色互联模型剔除 $Z_1^i$ 和 $Z_2^i$ 中的杂波，获取预互联子编队内对应互联的量测集为

$$\hat{Z}^i = \{\hat{Z}_1^i = \{z_{1l}^i\}_{l=1}^{t_i}, \ \hat{Z}_2^i = \{z_{2l}^i\}_{l=1}^{t_i}\} \tag{2-57}$$

式中，$t_i$ 为互联对的个数。若 $m_i^1$ 与 $m_i^2$ 其中一个为零，则 $Z_1^i$ 和 $Z_2^i$ 保持不变。

基于上述规则，对所有传感器逐一进行操作，最终获取新编队 $Z_1'$ 与 $Z_2'$。

### 2.4.3　多传感器编队内量测合并模型

因 $Z_1'$ 由多个传感器的量测组成，所以可能存在多个量测对应同一目标，在此利用集群的思想建立量测合并模型消除冗余信息，从而降低虚假航迹起始率。

设 $\hat{z}^i = [\hat{x}^i \ \hat{y}^i]^{\mathrm{T}}$ 和 $\hat{z}^j = [\hat{x}^j \ \hat{y}^j]^{\mathrm{T}}$ 为编队 $Z_1'$ 中来自传感器 $i$ 与传感器 $j$ 的两个量测，若量测均对应同一目标 $z$，则

$$\begin{cases} \hat{z}^i = z + w_1^i + w_2^i \\ \hat{z}^j = z + w_1^j + w_2^j \end{cases} \tag{2-58}$$

式中，$w_1^i$ 与 $w_1^j$ 分别为具有协方差 $\boldsymbol{R}_1^i$ 与 $\boldsymbol{R}_1^j$ 的零均值高斯白噪声序列；$w_2^i$ 与 $w_2^j$ 分别为由过程噪声、传感器平台误差及坐标转换误差等引发的高斯白噪声序列，假定其协方差分别为 $\boldsymbol{R}_2^i$ 与 $\boldsymbol{R}_2^j$。

在此假定各传感器误差间是相互独立的，基于加权航迹关联算法[7]的思想，若

$$(\hat{z}^i - \hat{z}^j)^{\mathrm{T}}(\boldsymbol{R}_1^i + \boldsymbol{R}_2^i + \boldsymbol{R}_1^j + \boldsymbol{R}_2^j)(\hat{z}^i - \hat{z}^j) < \gamma \tag{2-59}$$

则判定 $\hat{z}^i$ 和 $\hat{z}^j$ 对应同一目标。

基于式（2-59）定义的条件，利用循环阈值思想对 $Z_1'$ 进行子编队划分；设其中一个子编队为 $\hat{Z}_1' = \{z_{1l_i}^i\}$，$i \in J$，其中 $J$ 为 $\hat{Z}_1'$ 中量测的传感器标号集合，为剔除多传感器对编队内同一目标的冗余信息，采用平均法将 $\hat{Z}_1'$ 合并为一个量测，并存储传感器标号集合 $J$。

基于上述规则，对所有满足式（2-59）的量测集逐一操作，获取新的编队 $Z_1''$ 与 $Z_2''$。

### 2.4.4 航迹得分模型的建立

因传感器分辨率的不同，对同一编队目标而言，有的传感器能完全分辨，有的传感器只能部分分辨，加上编队中目标的相互遮挡及探测盲区的存在，各传感器在同一采样周期内获取的量测个数可能不同，从而造成各传感器对应同一编队内目标的量测不能正确合并，最终形成多余的虚假航迹，进而造成正确航迹起始率下降。

为了进一步消除冗余航迹，首先基于新编队 $Z_1''$ 与 $Z_2''$ 再次利用灰色互联模型完成编队内量测的精确关联，然后采用 3/4 逻辑规则进行航迹确认，最后基于各

传感器对航迹的贡献建立航迹得分模型，基于各航迹得分判断该航迹是否输出。

定义系统航迹 $i$ 的得分 $G_i$ 为

$$G_i = \sum_{l=1}^{m_i} g_i^l + a \tag{2-60}$$

式中，$m_i$ 为系统航迹 $i$ 的量测个数；$g_i^l$ 为系统航迹 $i$ 第 $l$ 个量测的得分；$a$ 为常数，与航迹包含的量测个数有关。

$$a = \begin{cases} 1, & 若 m_i = 4 \\ 0, & 若 m_i = 3 \end{cases} \tag{2-61}$$

$$g_i^l = \begin{cases} 1, & 若 \sum_{n=1}^{N_s} \delta_i^l(n) \geqslant 2 \\ 0, & 若 \sum_{n=1}^{N_s} \delta_i^l(n) = 1 \end{cases} \tag{2-62}$$

$$\delta_i^l(n) = \begin{cases} 1, & 若 n \in J_i^l \\ 0, & 若 n \notin J_i^l \end{cases} \tag{2-63}$$

式中，$J_i^l$ 为系统航迹 $i$ 第 $l$ 个量测对应的传感器标号集合。

基于式（2-60）求得每条系统航迹的得分，若 $G_i > 1$，则输出该航迹，否则删除该航迹。

为了更清晰地描述航迹确认过程，在此举例说明。设 3 个传感器对同一编队目标进行探测，编队包括 4 个目标，其中两个传感器可完全探测编队目标，另外一个传感器各时刻只能得到 3 个真实回波值，量测分布图如图 2-29 所示。

根据式（2-60），可得 $G_1=5$，$G_2=5$，$G_3=5$，$G_4=5$，$G_5=0$，因此根据航迹输出规则，只输出航迹{1,2,3,4}，判定航迹 5 为冗余航迹，结果与真实态势一致。

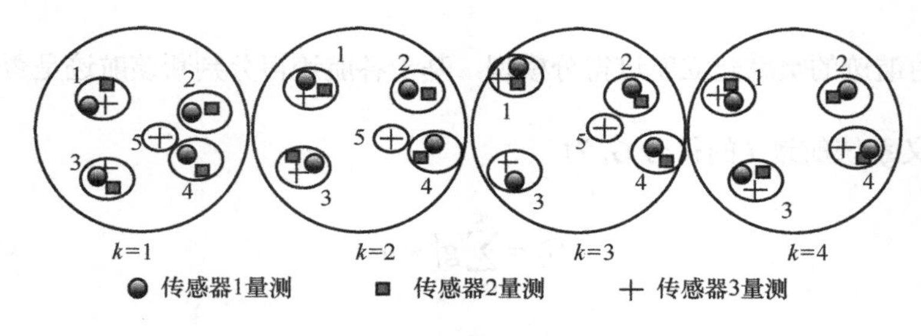


图 2-29　3 个传感器航迹量测分布图

## 2.5　基于运动状态的集中式多传感器编队目标航迹起始算法

为了进一步解决杂波环境下的集中式多传感器编队内目标的精确航迹起始问题，本节提出基于运动状态的集中式多传感器编队目标航迹起始（MS-CMS-FTTI）算法，具体流程图如图 2-30 所示。

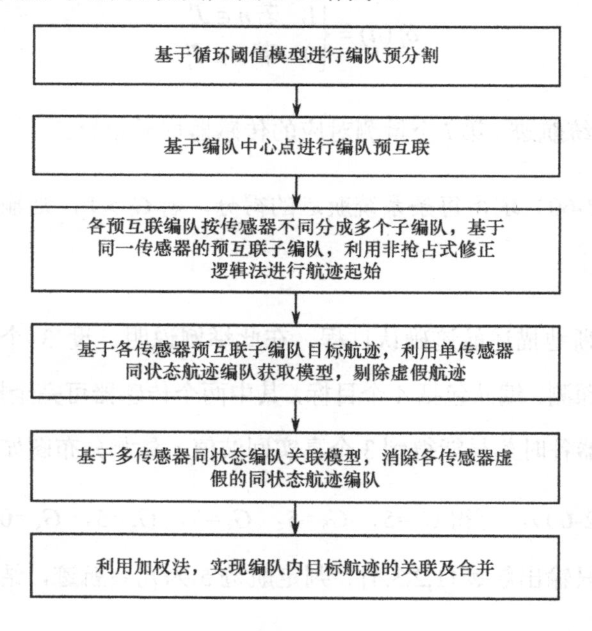


图 2-30　MS-CMS-FTTI 算法流程图

### 2.5.1　同状态航迹子编队获取模型

由编队的定义可知，编队中各目标的运动模式十分相似；在航迹起始阶段获取的所有航迹中，各目标真实航迹速度的大小和方向相差很小。因此，可以基于同一传感器的预互联子编队，首先基于非抢占式 MLBM 算法进行航迹起始，然后利用各航迹速度之间的差异建立同状态航迹编队获取模型，得到一个或多个同状态航迹子编队，从而达到保留真实航迹、剔除虚假航迹的目的。在此需要说明的是，编队的预分割和预互联过程同 CMS-FTGTI 算法，不再重复介绍。

#### 1．基于非抢占式 MLBM 算法的航迹起始

为了保证最终得到的同状态航迹编队中包括真实目标航迹编队，需要以最高概率起始真实目标航迹，本节利用非抢占式 MLBM 算法实现该目的。非抢占式 MLBM 算法不考虑量测的重复使用情况，可以起始满足逻辑规则的所有航迹，只要传感器能够探测到编队内目标，就能保证目标航迹的正确起始，这正是 MS-CMS-FTTI 算法所要求的。

设融合中心综合量测集 $Z(k)$ 中的编队 $Z_1$ 与临时航迹 $T_1$ 预互联成功，且 $T_1$ 基于互联编队 $Z_2$、$Z_3$ 和 $Z_4$ 建立。按编队内量测传感器的来源不同，编队目标 $Z_1$、$Z_2$、$Z_3$ 和 $Z_4$ 可写为

$$\begin{cases} Z_1 = \{\{z_{1l}^i\}_{l=1}^{m_i^1}\}, \ i = 1,2,\cdots,N_s \\ Z_2 = \{\{z_{2l}^i\}_{l=1}^{m_i^2}\}, \ i = 1,2,\cdots,N_s \\ Z_3 = \{\{z_{3l}^i\}_{l=1}^{m_i^3}\}, \ i = 1,2,\cdots,N_s \\ Z_4 = \{\{z_{4l}^i\}_{l=1}^{m_i^4}\}, \ i = 1,2,\cdots,N_s \end{cases} \tag{2-64}$$

式中，$m_i^1$、$m_i^2$、$m_i^3$、$m_i^4$ 分别为编队 $Z_1$、$Z_2$、$Z_3$、$Z_4$ 中源于传感器 $i$ 的量测个数。

若$\{m_i^j\}_{j=1}^4$中不为零的个数大于3，基于量测集$Z_1^i=\{z_{1l}^i\}_{l=1}^{m_i^1}$，$Z_2^i=\{z_{2l}^i\}_{l=1}^{m_i^2}$，$Z_3^i=\{z_{3l}^i\}_{l=1}^{m_i^3}$，$Z_4^i=\{z_{4l}^i\}_{l=1}^{m_i^4}$，利用非抢占式MLBM算法进行航迹起始，设起始航迹矩阵为

$$\mathbf{TR}^i=[\boldsymbol{X}_l^i\ \boldsymbol{P}_l^i]\quad (l=1,2,\cdots,mt^i) \tag{2-65}$$

式中，$mt^i$为起始航迹个数；$\boldsymbol{X}_l^i=[x_l^i\ v_{xl}^i\ y_l^i\ v_{yl}^i]^{\mathrm{T}}$和$\boldsymbol{P}_l^i$为第$l$条航迹的状态及状态协方差。

**2．同状态航迹编队预分割**

为了找出编队中真实目标航迹编队，本节将$\mathbf{TR}^i$中的每条航迹看作一个点，并用航迹速度的大小、方向代表该点，利用循环阈值模型进行同状态航迹编队的预分割。

设各航迹的速度估计误差是统计独立的，建立检验统计量为

$$\alpha_{l_1l_2}=[\boldsymbol{V}_{l_1}^i-\boldsymbol{V}_{l_2}^i]^{\mathrm{T}}[\boldsymbol{P}_{vl_1}^i-\boldsymbol{P}_{vl_2}^i][\boldsymbol{V}_{l_1}^i-\boldsymbol{V}_{l_2}^i] \tag{2-66}$$

式中，$\boldsymbol{V}_{l_1}^i=[v_{xl_1}^i\ v_{yl_1}^i]^{\mathrm{T}}$和$\boldsymbol{V}_{l_2}^i=[v_{xl_2}^i\ v_{yl_2}^i]^{\mathrm{T}}$分别为$\mathbf{TR}^i$中第$l_1$条和第$l_2$条航迹的速度矢量；$\boldsymbol{P}_{vl_1}^i$、$\boldsymbol{P}_{vl_2}^i$分别为对应速度的估计误差协方差，且

$$\begin{cases}\boldsymbol{P}_{vl_1}^i=\begin{bmatrix}\boldsymbol{P}_{l_1}^i(2,2) & \boldsymbol{P}_{l_1}^i(2,4)\\ \boldsymbol{P}_{l_1}^i(4,2) & \boldsymbol{P}_{l_1}^i(4,4)\end{bmatrix}\\ \boldsymbol{P}_{vl_2}^i=\begin{bmatrix}\boldsymbol{P}_{l_2}^i(2,2) & \boldsymbol{P}_{l_2}^i(2,4)\\ \boldsymbol{P}_{l_2}^i(4,2) & \boldsymbol{P}_{l_2}^i(4,4)\end{bmatrix}\end{cases} \tag{2-67}$$

若$\alpha_{l_1l_2}$低于使用$\chi^2$分布获得的某一门限$\gamma$，即

$$\alpha_{l_1l_2}\leqslant\gamma \tag{2-68}$$

则认为航迹$l_1$与航迹$l_2$属于同一子编队。

在此需要注意的是，不宜将位置信息加入式（2-66）中，因为编队中各目标航迹之间存在固有的位置差异，加入位置信息后，易将真实目标航迹看作虚假航迹剔除掉。

$\mathbf{TR}^i$ 基于式（2-68）利用循环阈值模型，可以得到多个同状态航迹子编队，设其中第 $j$ 个子编队表示为

$$G_j^i = \{T_l^i\} \quad (l = 1, 2, \cdots, n_j) \tag{2-69}$$

式中，$n_j$ 为子编队 $G_j^i$ 中航迹的个数；$T_l^i$ 为 $\mathbf{TR}^i$ 中的任意一条航迹。

### 3．量测重复航迹剔除模型

现实中，每个量测只能与一条航迹关联，所以需要剔除 $G_j^i$ 共用同一量测的冗余航迹。在此，基于各航迹之间重复量测的个数及航迹速度的一致性，建立量测重复航迹剔除模型实现该目的。

设 $G_j^i$ 中组成航迹 $T_{l_1}^i$ 与航迹 $T_{l_2}^i$ 的量测集分别为 $U_{l_1}^i$ 和 $U_{l_2}^i$，且经检验两航迹的共用量测集 $\widehat{U}_{l_1l_2}^i$ 为

$$\widehat{U}_{l_1l_2}^i = U_{l_1}^i \cap U_{l_2}^i = \{z_j^i\} \quad (j = 1, 2, \cdots, a) \tag{2-70}$$

式中，$a$ 为 $\widehat{U}_{l_1l_2}^i$ 中的量测个数。

若 $a = 3$，且其中一条航迹只包括 3 个量测，设 $U_{l_1}^i$ 的量测个数为 3，则说明 $T_{l_1}^i$ 被 $T_{l_2}^i$ 覆盖，需要剔除 $T_{l_1}^i$，保留 $T_{l_2}^i$。

若不满足上述条件，则需要根据航迹的速度一致性消除冗余航迹。设 $U_{l_1}^i = \{z_1, z_2, z_3, z_4\}$，基于相邻两个量测利用两点差分法可以获得 3 个速度值：

$$\boldsymbol{v}_1 = \frac{(z_2 - z_1)}{t_2 - t_1},\ \boldsymbol{v}_2 = \frac{(z_3 - z_2)}{t_3 - t_2},\ \boldsymbol{v}_3 = \frac{(z_4 - z_3)}{t_4 - t_3} \tag{2-71}$$

式中，$t_1$、$t_2$、$t_3$、$t_4$ 为各量测的时间。在航迹起始阶段，编队中目标航迹各量测间的速度比较接近，一致性较强，而虚假航迹不一定具备此特性，所以在此建立航迹速度一致性得分为

$$D_{l_1}^i = \frac{(r_3 - r_1) + (\theta_3 - \theta_1) + (r_2 - r_1) + (\theta_2 - \theta_1)}{2} \tag{2-72}$$

式中，$(r_1,\theta_1)$、$(r_2,\theta_2)$、$(r_2,\theta_2)$ 分别为 $\boldsymbol{v}_1$、$\boldsymbol{v}_2$、$\boldsymbol{v}_3$ 的极坐标。

若 $U_{l_1}^i = \{z_1, z_2, z_3\}$，则

$$D_{l_1}^i = (r_2 - r_1) + (\theta_2 - \theta_1) \tag{2-73}$$

利用式（2-72）或式（2-73），同理可以得到航迹 $T_{l_2}^i$ 的速度一致性得分 $D_{l_2}^i$。若 $D_{l_2}^i \geqslant D_{l_1}^i$，则剔除航迹 $T_{l_2}^i$；反之，剔除航迹 $T_{l_1}^i$。

**4．同状态航迹编队的确认**

经过量测重复航迹的剔除，子编队 $G_j^i$ 变成新的子编队 $\widehat{G}_j^i$，且

$$\widehat{G}_j^i = \{T_l^i\} \qquad (l = 1,2,\cdots,\widehat{n}_j) \tag{2-74}$$

式中，$\widehat{n}_j$ 为子编队 $\widehat{G}_j^i$ 中航迹的个数。若 $\widehat{n}_j \geqslant 2$，则 $\widehat{G}_j^i$ 为传感器 $i$ 的同状态航迹编队；否则，剔除 $\widehat{G}_j^i$。

### 2.5.2 多传感器同状态编队互联模型

基于同状态航迹编队获取模型，每个传感器可能得到多个子编队，其中很可能存在虚假子编队。对真实编队航迹而言，在同一坐标系中各传感器的探测信息十分相似，若利用各子编队的中心航迹状态代替该子编队，则各传感器对应编队目标的子编队状态差异很小；而各传感器虚假子编队与杂波一

样是随机形成的，各传感器间不存在固有的关联，所以可以利用全空域传感器探测编队的一致性和各传感器子编队中心航迹的状态，并利用循环阈值模型进行编队分割。

设 $\boldsymbol{X}_{j_1}^{i_1}$、$\boldsymbol{P}_{j_1}^{i_1}$ 分别为第 $i_1$ 个传感器第 $j_1$ 个同状态航迹编队 $G_{j_1}^{i_1}$ 中心航迹的状态和状态协方差，$\boldsymbol{X}_{j_2}^{i_2}$、$\boldsymbol{P}_{j_2}^{i_2}$ 分别为第 $i_2$ 个传感器第 $j_2$ 个同状态航迹编队 $G_{j_2}^{i_2}$ 中心航迹的状态和状态协方差；若

$$[\boldsymbol{X}_{j_1}^{i_1}-\boldsymbol{X}_{j_2}^{i_2}]^{\mathrm{T}}[\boldsymbol{P}_{j_1}^{i_1}-\boldsymbol{P}_{j_2}^{i_2}][\boldsymbol{X}_{j_1}^{i_1}-\boldsymbol{X}_{j_2}^{i_2}]\leqslant\gamma \tag{2-75}$$

则认为 $G_{j_1}^{i_1}$ 和 $G_{j_2}^{i_2}$ 属于同一个编队，状态相似。

当编队分割完成后，保留划入编队中的同状态航迹子编队，并剔除其他子编队。

### 2.5.3　编队内航迹精确关联合并模型

在得出各传感器对同一编队目标的同状态关联航迹编队后，需要进行编队内航迹的关联及合并，消除多传感器对编队内同一目标产生的冗余航迹。因为此前基于同状态航迹编队获取模型，已最大限度地剔除了编队中虚假航迹，降低了航迹关联的难度，所以在此采用加权法[7,8,38]实现编队内的精确航迹关联。

设 $G^1=\{T_i^1\}$ 和 $G^2=\{T_j^2\}$ 分别为传感器 1 和传感器 2 中对同一编队目标的同状态关联航迹编队。若与航迹 $T_i^1$ 满足加权法门限的航迹不止一条，则选取使式（2-76）成立的 $j^*$ 为 $i$ 的关联对[8]：

$$j^*=\min_{j\in\{j_1,\cdots,j_{n_2'}\}}\frac{1}{k}\left(\sum_{l=1}^{k}\left\|\tilde{x}_{ij}(l)\right\|\right) \tag{2-76}$$

式中，$\tilde{x}_{ij}(l)$ 为航迹 $i$、$j$ 在 $l$ 时刻的位置差；$\{j_1,\cdots,j_{n_2'}\}$ 为 $G^2$ 中与航迹 $T_i^1$ 满足加权法门限的航迹编号集合。若与航迹 $T_i^1$ 满足加权法门限的航迹数为零，则剔除航迹 $T_i^1$。

设经检验航迹 $T_i^1$ 与航迹 $T_j^2$ 成功关联，则合并后的航迹状态为

$$\hat{\boldsymbol{X}} = \frac{(\boldsymbol{P}_i^1)^{-1}\boldsymbol{X}_i^1 + (\boldsymbol{P}_j^2)^{-1}\boldsymbol{X}_j^2}{(\boldsymbol{P}_i^1)^{-1} + (\boldsymbol{P}_j^2)^{-1}} \tag{2-77}$$

式中，$\boldsymbol{X}_i^1$、$\boldsymbol{P}_i^1$ 与 $\boldsymbol{X}_j^2$、$\boldsymbol{P}_j^2$ 分别为 $T_i^1$ 与 $T_j^2$ 的状态和状态估计协方差。

## 2.6 仿真比较与分析

为了验证算法性能，本节采用 100 次 Monte-Carlo 仿真，对本章所提出的 CMS-FTGTI 算法、MS-CMS-FTTI 算法与分布式多传感器修正逻辑[7]（Distributed Multi-Sensor MLBM，DMS-MLBM）法及基于聚类和 Hough 变换的集中式多传感器多编队航迹起始算法[2]（Centralized Multi-Sensor Multi-Formation Track Initiation Algorithm Based on Clustering and Hough Transform，CMS-CHT-MFTTI）进行比较与分析。

### 2.6.1 仿真环境

假定传感器为 3 部 2D 雷达，其参数设置如表 2-7 所示。为了比较各算法在不同仿真环境中的航迹起始性能，设置了与 2.2.6 节相同的 3 种环境。

表 2-7 传感器参数设置表

| | 雷达 1 | 雷达 2 | 雷达 3 |
|---|---|---|---|
| 位置/m | (−1000, −1000) | (0, 0) | (−1000, 1000) |
| 测距误差/m | 20 | 40 | 60 |

续表

| | 雷达 1 | 雷达 2 | 雷达 3 |
|---|---|---|---|
| 测向误差/（°） | 0.1 | 0.3 | 0.5 |
| 检测概率 | 0.98 | 0.94 | 0.9 |
| 采样周期/s | 1 | 1 | 1 |

## 2.6.2　仿真结果与分析

（1）环境 1、环境 2 中各算法对两个编队目标的航迹起始比较图如图 2-31、图 2-32 所示，这两幅图各包含 8 个小图，其中图（a）、（b）对应 DMS-MLBM 算法，图（c）、（d）对应 CMS-CHT-MFTTI 算法，图（e）、（f）对应 CMS-FTGTI 算法，图（g）、（h）对应 MS-CMS-FTTI 算法。从图 2-31 可以看出，对编队量测而言，DMS-MLBM 算法起始出多条虚假航迹，航迹交错杂乱，已无法辨别出编队的真实运动态势；CMS-CHT-MFTTI 算法对每个编队只能建立 1 条航迹，且航迹精确度较低；CMS-FTGTI 算法和 MS-CMS-FTTI 算法可以较精确地起始出编队中各个航迹，其中后者的精确度较高。从图 2-32 中可以看出，环境 2 中 3 种算法的整体比较结果与环境 1 相似，只是 CMS-FTGTI 算法在起始第 1 编队时漏掉 1 条航迹。总之，与其他两种算法相比，CMS-FTGTI 算法和 MS-CMS-FTTI 算法的优势明显，其中后者略优于前者。

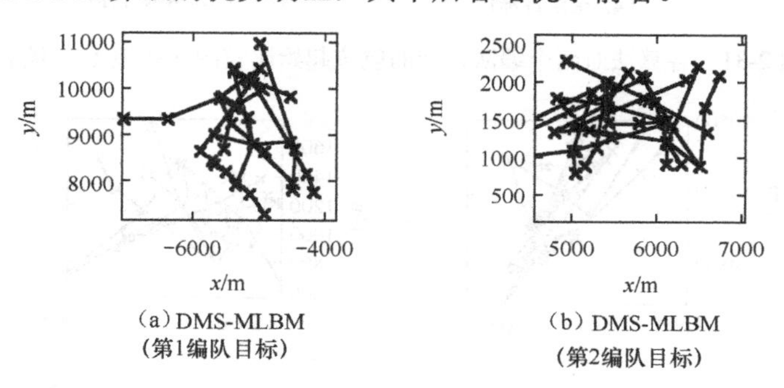


（a）DMS-MLBM（第1编队目标）　（b）DMS-MLBM（第2编队目标）

图 2-31　各算法对两个编队目标的航迹起始比较图（环境 1）

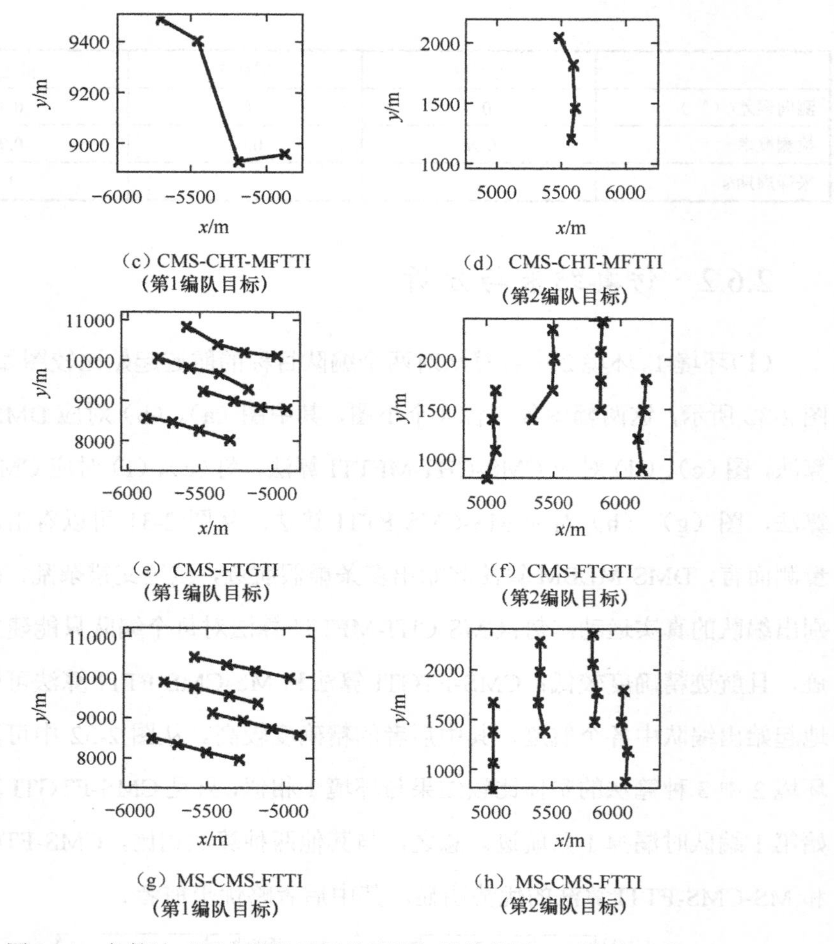


（c）CMS-CHT-MFTTI（第1编队目标）　（d）CMS-CHT-MFTTI（第2编队目标）

（e）CMS-FTGTI（第1编队目标）　（f）CMS-FTGTI（第2编队目标）

（g）MS-CMS-FTTI（第1编队目标）　（h）MS-CMS-FTTI（第2编队目标）

图 2-31　各算法对两个编队目标的航迹起始比较图（环境 1）（续）

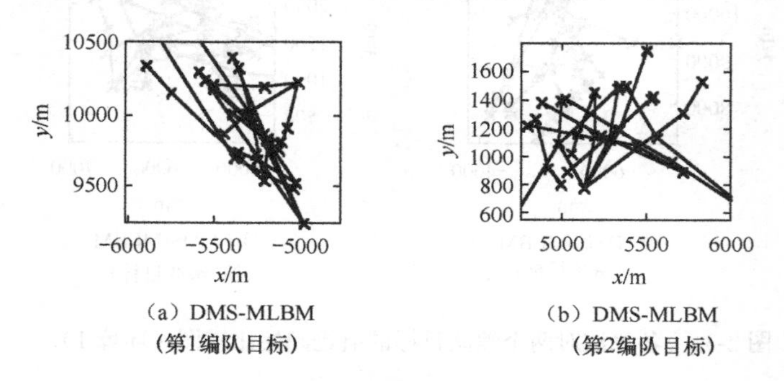


（a）DMS-MLBM（第1编队目标）　（b）DMS-MLBM（第2编队目标）

图 2-32　各算法对两个编队目标的航迹起始比较图（环境 2）

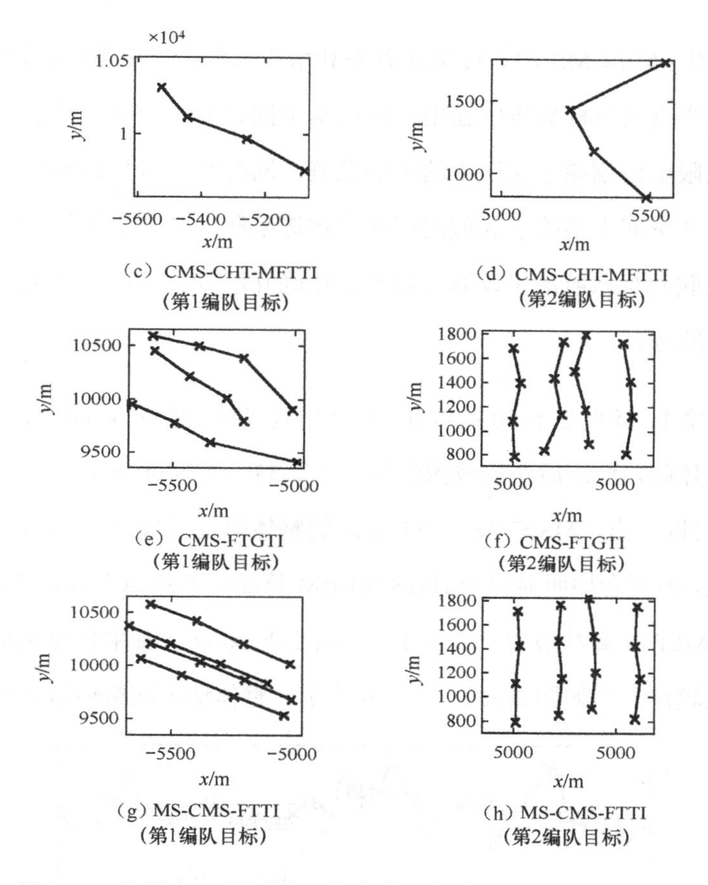


（c）CMS-CHT-MFTTI（第1编队目标）　（d）CMS-CHT-MFTTI（第2编队目标）

（e）CMS-FTGTI（第1编队目标）　（f）CMS-FTGTI（第2编队目标）

（g）MS-CMS-FTTI（第1编队目标）　（h）MS-CMS-FTTI（第2编队目标）

图 2-32　各算法对两个编队目标的航迹起始比较图（环境 2）（续）

造成上述结果的原因如下：DMS-MLBM 算法无法避免真实回波量测被虚假航迹占用，从而造成大量虚假航迹的产生；CMS-CHT-MFTTI 算法在未剔除杂波的情况下简单基于编队中心点进行起始，必然会丢失大量态势信息，且所起始航迹精度较低；而 CMS-FTGTI 算法首先基于灰色精确关联模型剔除了相同传感器预互联编队内的虚假量测，然后基于量测合并模型消除了编队内多传感器对应同一目标的冗余信息，并再次利用灰色精确关联模型完成编队内量测的精确关联，最后基于航迹得分输出真实航迹，最大限度地抑制了虚假航迹的产生；MS-CMS-FTGTI 算法首先利用非抢占式修正逻辑法起始航迹，保证了编队中真实目标航迹的输出，然后基于同状态航迹编队获取模型，从时间上最大限度地剔除了编队中的虚假航迹，同时基于多传感器同状态编队互联模型，从空间上消除了虚假的同状态航迹编队，并基于加权法完成了多传感器预互联同状态航迹子编队内航迹的精确互联及合并，同样最大限度地剔除了虚假航迹。

（2）环境 1、环境 2 下 50 次仿真（每次仿真包括 100 次 Monte-Carlo 仿真）中各算法整体起始航迹质量比较图分别如图 2-33、图 2-34 所示。从图 2-33 和图 2-34 中可以看出，MS-CMS-FTTI 算法的整体航迹质量最高，CMS-FTGTI 算法略次之，但两者均明显优于 DMS-MLBM 算法和 CMS-CHT-MFTTI 算法，其中 DMS-MLBM 算法最差。环境 1、环境 2 下 50 次仿真中各算法整体起始航迹精度比较图分别如图 2-35、图 2-36 所示，整体情况同整体航迹质量情况

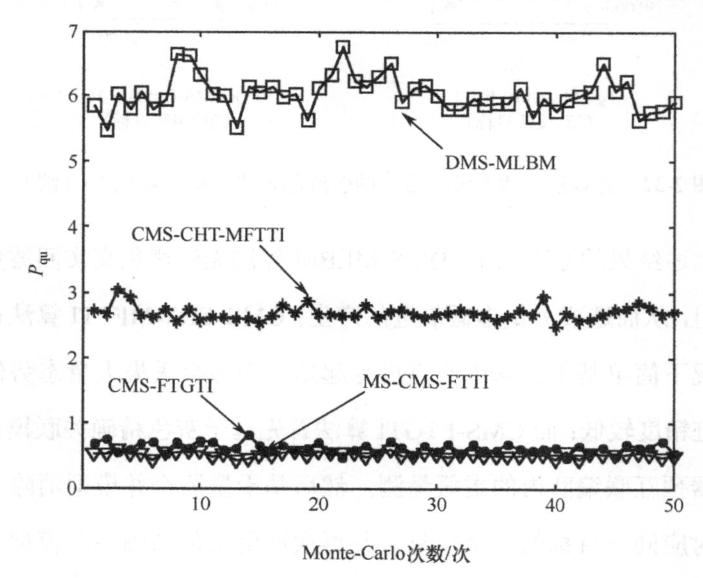


图 2-33　各算法整体起始航迹质量比较图（环境 1）

相似。总之，DML-MLMB 算法和 CMS-CHT-MFTTI 算法的航迹起始性能明显优于另外两种算法，其中 MS-CMS-FTTI 算法最优。

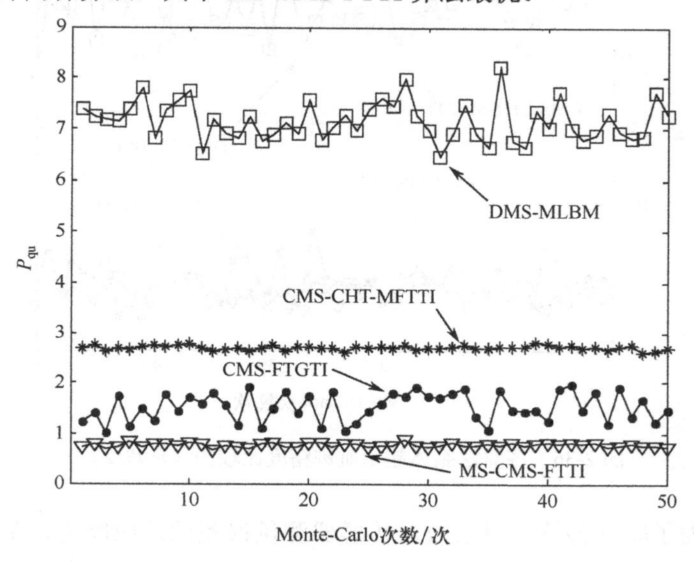


图 2-34 各算法整体起始航迹质量比较图（环境 2）

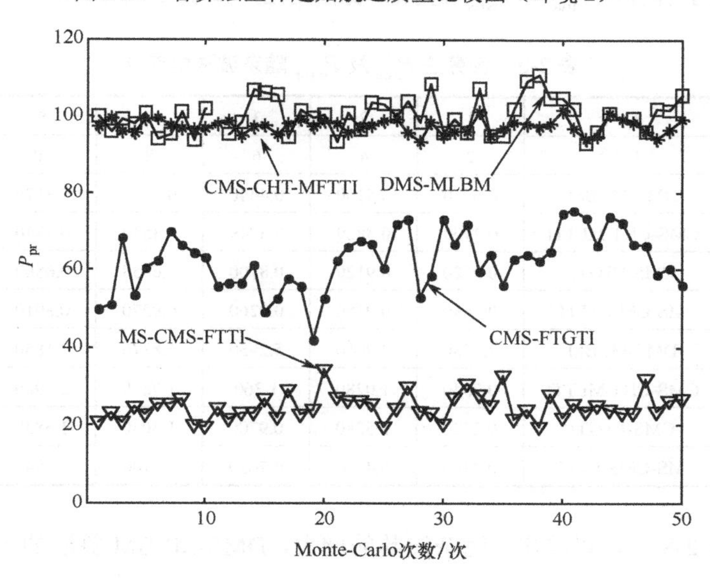


图 2-35 各算法整体起始航迹精度比较图（环境 1）

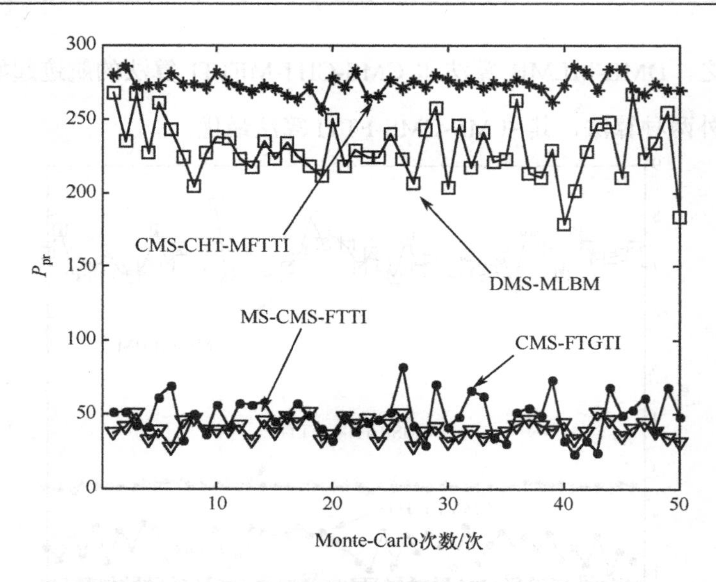


图 2-36　各算法整体起始航迹精度比较图（环境 2）

（3）为了验证各算法对杂波及传感器测量误差的适应能力，基于环境 3 分别给出了各算法 $P_{\text{true}}$ 和 $P_{\text{error}}$ 随杂波数的变化，如表 2-8 所示。

**表 2-8　各算法 $P_{\text{true}}$ 及 $P_{\text{error}}$ 随杂波数的变化**

| 杂波数 | $\lambda_1$/个 | 1 | 2 | 3 | 4 | 5 | 6 |
|---|---|---|---|---|---|---|---|
| | $\lambda_2$/个 | 2 | 4 | 6 | 8 | 10 | 12 |
| $P_{\text{true}}$ | DMS-MLBM | 0.6970 | 0.5160 | 0.4440 | 0.3910 | 0.3170 | 0.3140 |
| | CMS-CHT-MFTTI | 0.3909 | 0.3829 | 0.3749 | 0.3530 | 0.3340 | 0.3270 |
| | CMS-FTGTI | 0.9520 | 0.9120 | 0.8700 | 0.6950 | 0.6500 | 0.6130 |
| | MS-CMS-FTTI | 0.9680 | 0.9250 | 0.9260 | 0.9270 | 0.8910 | 0.8620 |
| $P_{\text{error}}$ | DMS-MLBM | 2.3480 | 3.9010 | 5.2950 | 5.8370 | 7.1850 | 8.5990 |
| | CMS-CHT-MFTTI | 0.7540 | 1.0280 | 1.360 | 1.7610 | 2.1980 | 2.7770 |
| | CMS-FTGTI | 0.2220 | 0.5280 | 0.9700 | 1.4050 | 1.5830 | 1.9660 |
| | MS-CMS-FTTI | 0.2400 | 0.4530 | 0.7620 | 1.1100 | 1.5940 | 1.8360 |

从表 2-8 中可以看出，随杂波数的增大，DMS-MLBM 算法的虚假航迹起始率一直最高，在杂波数为(6,12)时，其错误航迹起始率（虚假航迹起始率与

漏航迹起始率之和）高达 8.5990，即该算法起始出 80 多条虚假航迹，是其他算法的 3 倍以上；CMS-CHT-MFTTI 算法的正确起始率有所下降，且始终低于 40%，不能满足实际的工程需求；CMS-FTGTI 算法受杂波的影响较小，虽然正确航迹起始率略有下降，错误航迹起始率略有上升，但总体起始效果保持在一个较高水平；MS-CMS-FTTI 算法略优于 CMS-FTGTI 算法，正确航迹起始率始终高于 85%，当杂波数高达(6,12)时，其正确航迹起始率仍可高达 86.2%。总之，DMS-MLBM 算法和 MS-CMS-FTTI 算法对杂波的健壮性远优于其他两种算法，其中 MS-CMS-FTTI 算法的性能更优。

各算法 $P_{\text{true}}$ 及 $P_{\text{error}}$ 随量测误差的变化如表 2-9 所示。从表 2-9 中可以看出，随着测量误差的增大，CMS-CHT-MFTTI 算法的 $P_{\text{true}}$ 和 $P_{\text{error}}$ 变化幅度最小；DMS-MLBM 算法的变化幅度居中，正确航迹起始率略有下降；CMS-FTGTI 算法和 MS-CMS-FTTI 算法的变化幅度相对较大，因为这两种算法分别以编队中各目标相对位置的缓慢漂移特性和真实运动状态相似性为基础，当量测误差较大时航迹起始阶段同一编队内各目标航迹的状态差别变大，这种缓慢漂移特性和相似性会相应变差。

表 2-9　各算法 $P_{\text{true}}$ 及 $P_{\text{error}}$ 随量测误差的变化

| 测量 | $\sigma_\rho$ /m | 20 | 40 | 60 | 70 | 80 | 100 |
|---|---|---|---|---|---|---|---|
| 误差 | $\sigma_\theta$ /（°） | 0.1 | 0.3 | 0.5 | 0.7 | 0.9 | 1.2 |
| $P_{\text{true}}$ | DMS-MLBM | 0.5710 | 0.5990 | 0.5950 | 0.5640 | 0.5530 | 0.4820 |
| | CMS-CHT-MFTTI | 0.3709 | 0.3759 | 0.3749 | 0.3660 | 0.3750 | 0.3740 |
| | CMS-FTGTI | 0.9640 | 0.9420 | 0.9280 | 0.6530 | 0.6020 | 0.5510 |
| | MS-CMS-FTTI | 0.9630 | 0.9490 | 0.7790 | 0.5180 | 0.3540 | 0.2710 |
| $P_{\text{error}}$ | DMS-MLBM | 3.2520 | 3.0590 | 2.9980 | 2.9660 | 2.9830 | 3.1450 |
| | CMS-CHT-MFTTI | 0.8640 | 0.9500 | 0.8070 | 0.7930 | 0.8210 | 0.8510 |
| | CMS-FTGTI | 0.2010 | 0.4160 | 0.7650 | 1.6700 | 1.9880 | 2.1130 |
| | MS-CMS-FTTI | 0.8760 | 0.4090 | 0.4230 | 0.6850 | 0.8720 | 1.0120 |

（4）为了说明各算法的计算效率，给出了环境 1 和环境 2 中各算法耗时随杂波数的变化，如表 2-10 所示。

从表 2-10 中可以看出，随着杂波的增多，4 种算法的耗时均有所增加，其中 CMS-CHT-MFTTI 算法的耗时最少，CMS-FTGTI 算法的最大。在环境 1 中，当 $\lambda_1 < 6$ 且 $\lambda_2 < 12$ 时，CMS-CHT-MFTTI 算法的耗时最少，DMS-MLBM 算法和 MS-CMS-FTTI 算法的耗时相近，CMS-FTGTI 算法的耗时最多；在环境 2 中，当 $\lambda_1 \geqslant 2$ 且 $\lambda_2 \geqslant 4$ 时，CMS-FTGTI 算法和 MS-CMS-FTTI 算法的耗时多于 DMS-MLBM 算法和 CMS-CHT-MFTTI 算法的耗时，其中前者更大。总之，当杂波不是特别密集时，DMS-MLBM 算法和 MS-CMS-FTTI 算法的实时性能满足工程需求，而在密集杂波环境下，两者耗时较多，特别是 CMS-FTGTI 算法，实时性需要进一步提高。

表 2-10　环境 1 和环境 2 中各算法耗时随杂波数的变化

| 杂波数 | $\lambda_1$/个 | 1 | 2 | 3 | 4 | 5 | 6 |
|---|---|---|---|---|---|---|---|
| | $\lambda_2$/个 | 2 | 4 | 6 | 8 | 10 | 12 |
| 环境 1 | DMS-MLBM | 0.1552 | 0.2951 | 0.3623 | 0.4644 | 0.7781 | 0.8776 |
| | CMS-CHT-MFTTI | 0.0239 | 0.0581 | 0.0681 | 0.0308 | 0.0323 | 0.0404 |
| | CMS-FTGTI | 0.2646 | 0.5196 | 1.0627 | 2.6935 | 4.3443 | 9.5221 |
| | MS-CMS-FTTI | 0.1513 | 0.2684 | 0.4526 | 0.5814 | 0.8938 | 1.3388 |
| 环境 2 | DMS-MLBM | 0.3015 | 0.3312 | 0.3831 | 0.4959 | 1.1119 | 1.0386 |
| | CMS-CHT-MFTTI | 0.0386 | 0.0598 | 0.0697 | 0.0437 | 0.0399 | 0.0489 |
| | CMS-FTGTI | 0.2916 | 0.5347 | 1.2075 | 3.0024 | 5.7632 | 10.6839 |
| | MS-CMS-FTTI | 0.2760 | 0.4189 | 0.7418 | 1.3027 | 1.8773 | 3.2771 |

## 2.7 本章小结

本章基于航迹起始阶段编队内各目标相对位置的缓慢漂移特性和运动模式的相似性，研究了集中式多传感器编队目标航迹起始问题。

2.2 节研究了 RPV-FTGTI，该算法首先基于循环阈值模型、编队中心点进行编队的预分割、预互联，然后对预互联成功的编队搜索对应坐标系，并建立编队中各量测的相对位置矢量，进而基于灰色互联模型完成编队内量测的关联，最后基于航迹确认规则得到编队目标状态矩阵。经仿真数据验证，与 MLBM 算法、CHT-FTTI 算法相比，RPV-FTGTI 在起始真实航迹、抑制虚假航迹及杂波健壮性等方面的综合性能更优。2.3 节研究了在单传感器的部分可辨编队条件下的 PC 算法，并采用仿真证明了该算法具有更有效的起始效果。2.4 节研究了 CMS-FTGTI 算法，该算法将预互联成功的编队按传感器分成子编队，基于灰色互联模型剔除同一传感器子编队内的虚假量测，并利用量测合并模型消除编队内多传感器对同一目标的冗余信息，最后基于灰色互联模型、航迹得分完成编队内量测的精确互联和航迹输出。2.5 节研究了 MS-CMS-FTTI 算法，该算法基于非抢占式修正逻辑法和同状态航迹编队获取模型剔除单传感器形成的虚假航迹，并基于多传感器同状态编队互联模型消除各传感器虚假的同状态航迹编队，最后基于加权法实现同状态关联编队内航迹的精确互联及合并。2.6 节在统一的仿真环境下，对本章提出的两种集中式多传感器编队目标航迹起始算法与 DMS-MLBM 算法、CMS-CHT-MFTTI 算法进行综合比较分析，仿真结果表明，这两种算法的综合性能优势明显，其中 MS-CMS-FTTI 算法性能最优。

总之，本章提出的算法弥补了现有算法无法满足单传感器或多传感器探测时编队内目标精确航迹起始工程要求的不足，为实现多传感器编队目标的精确跟踪奠定了良好的基础。

# 第 3 章　复杂环境下的集中式多传感器编队目标跟踪算法

## 3.1　引言

随着传感器分辨率的提高，如何在云雨杂波、带状干扰等复杂环境下利用多传感器实现编队内目标的精确跟踪逐渐成为近年来目标跟踪领域的研究热点，然而传统的多传感器多目标跟踪算法和现有的编队目标跟踪算法均难以满足编队目标跟踪的工程需求。为弥补上述不足，基于第 2 章对编队目标航迹起始技术的研究，本章首先在 3.3 节中基于群分割中图像法[30]的思想，建立云雨杂波和带状干扰剔除模型，完成编队目标跟踪的杂波预处理；然后在 3.4 节和 3.5 节中分别提出基于模板匹配[151-154]的集中式多传感器编队目标跟踪（Centralized Multi-Sensor Formation Targets Tracking Based on Template Matching，TM-CMS-FTT）算法和基于形状和方位描述符[155]的集中式多传感器编队目标粒子滤波（Centralized Multi-Sensor Formation Targets Particle Filter Based on Shape and Azimuth Descriptor，SAD-CMS-FTPF）算法；最后在 3.6 节中设计几种与实际跟踪背景相近的仿真环境，对本章算法的跟踪性能进行验证和分析。

## 3.2　系统描述

集中式多传感器编队目标跟踪问题是在杂波中用 $N_s$ 个传感器上报到融合

中心的量测实现编队内每个目标的状态更新。在此假设：每个量测最多来自一个目标；每个目标在各个时刻最多有一个真实回波值；有些传感器也许在每个区间上都不提供量测。设系统的动态方程为

$$\boldsymbol{X}^t(k+1)=\boldsymbol{F}(k)\boldsymbol{X}^t(k)+\boldsymbol{\Gamma}(k)\boldsymbol{V}^t(k) \quad (k=1,2,\cdots;\ t=1,2,\cdots,T_g) \tag{3-1}$$

式中，$\boldsymbol{X}^t(k+1)\in\mathbf{R}^n$ 是 $k$+1 时刻目标的全局状态向量；$\boldsymbol{F}(k)\in\mathbf{R}^n$ 是状态转移矩阵；$T_g$ 为第 $g$ 个编队中的目标个数；$\boldsymbol{\Gamma}(k)\in\mathbf{R}^{n,h}$ 为噪声分布矩阵；$\boldsymbol{V}^t(k)$ 是离散时间白噪声序列，且 $E[\boldsymbol{V}^t(k)]=0$，$E[\boldsymbol{V}^t(k)\boldsymbol{V}^t(k)^{\mathrm{T}}]=\boldsymbol{Q}^t(k)$。

设 $m_{k_i}$（$i$=1,2,⋯,$N_s$）是 $k$ 时刻来自传感器 $i$ 的量测数，在多传感器环境下，量测方程被表示为

$$\boldsymbol{Z}_l^i(k)=\boldsymbol{H}_i(k)\boldsymbol{X}^t(k)+\boldsymbol{W}_l^i(k) \quad (t=1,2,\cdots,T,\ l=1,2,\cdots,m_{k_i}) \tag{3-2}$$

式中，$\boldsymbol{Z}_l^i(k)$ 表示 $k$ 时刻来自传感器 $i$ 的第 $l$ 个量测；$\boldsymbol{H}_i(k)$ 是传感器 $i$ 的量测矩阵；$\boldsymbol{W}_l^i(k)$ 是具有已知协方差且与所有其他噪声向量统计独立的零均值高斯噪声向量；$T$ 为目标个数。$k$ 时刻融合中心所获得的综合观测集合为

$$Z(k)=\{\boldsymbol{Z}_i^s(k)\} \quad (i=1,\cdots,m_s,\ s=1,\cdots,N_s) \tag{3-3}$$

并假定各传感器间的量测误差是统计独立的。

## 3.3　云雨杂波剔除模型和带状干扰剔除模型

当传感器探测区域中存在云雨杂波和带状干扰时，在对编队目标进行跟踪前，需要剔除云雨杂波和带状干扰引起的虚假量测，因此本节基于群分割中图解法[30]的思想分别建立云雨杂波剔除模型和带状干扰剔除模型。

### 3.3.1　云雨杂波剔除模型

当传感器升空工作或探测区域内存在云雨天气时，会面临强大的云雨杂波，尤其是当目标处于云雨杂波区时，传感器探测性能会受到严重影响。在数据处理层面，云雨杂波表现为一定区域内密度很高的量测点会在多个探测区域内存在，从而形成多条虚假航迹，不利于目标空间整体态势的形成，所以此处建立云雨杂波剔除模型剔除虚假量测，具体分为以下 4 步。

**1．量测区域矩阵的建立**

将 $Z(k)$ 中的所有量测变换到融合中心坐标系，并获取 $x$、$y$ 轴方向量测最大值和最小值的集合 $E_{xy}(k)=\{z_{\max}^{x}(k),z_{\min}^{x}(k),z_{\max}^{y}(k),z_{\min}^{y}(k)\}$，基于 $E_{xy}(k)$ 构建的如图 3-1 所示的矩形 $A$，并根据图 3-2 所示图形，将矩形 $A$ 分割成多个小块区域，即矩形 $B$，利用矩形 $B$ 定义量测区域集合为

$$R_e(k)=\{a_{ij}(k)\}\quad (i=1,2,\cdots,L_x(k),\ \ j=1,2,\cdots,L_y(k)) \tag{3-4}$$

式中，$L_x(k)$ 和 $L_y(k)$ 分别为矩形 $B$ 在 $x$、$y$ 轴方向上小块区域的个数，其取值取决于现实跟踪系统及任务要求[7]，具体确认过程同图解法。

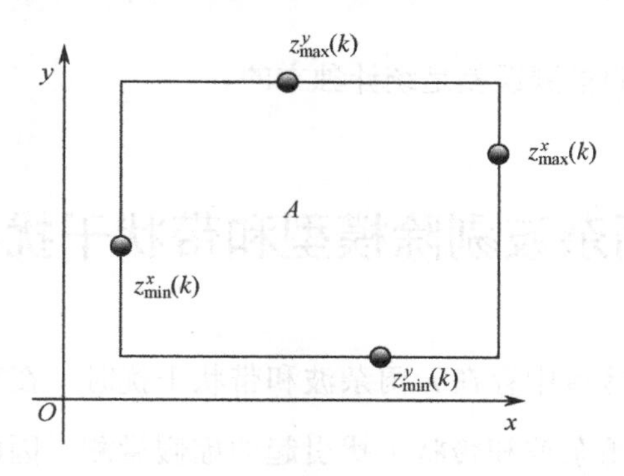


图 3-1　量测区域矩形 $A$ 示意图

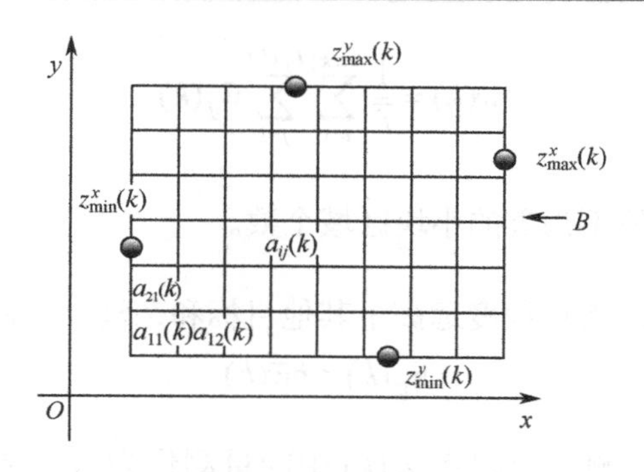


图 3-2　量测区域矩形 $B$ 示意图

**2．权值矩阵的建立**

基于 $a_{ij}(k)$ 中量测的个数确定权值，定义 $B$ 的权值集合为

$$W_e(k)=\{w_{ij}(k)\} \quad (i=1,2,\cdots,L_x(k),\ j=1,2,\cdots,L_y(k)) \tag{3-5}$$

式中，$w_{ij}(k)$ 的初始值为零。在对 $Z(k)$ 进行循环操作的过程中，若有一个量测落入 $a_{ij}(k)$ 中，则执行 $w_{ij}(k)=w_{ij}(k)+1$。

**3．进化权值矩阵的建立**

为便于区分云雨杂波和普通杂波，在此通过进化权值矩阵进一步放大云雨杂波的密集特性。定义 $a_{ij}(k)$ 的进化权值 $\widehat{w}_{ij}(k)$ 为 $w_{ij}(k)$ 与 $a_{ij}(k)$ 相邻区域的权值之和，即

$$\widehat{w}_{ij}(k)=\sum w_{(i+l_x)(j+l_y)}(k) \quad (l_x\in[-1,0,1],\ l_y\in[-1,0,1]) \tag{3-6}$$

因此，$B$ 的进化权值集合为

$$\widehat{W}_e(k)=\{\widehat{w}_{ij}(k)\} \quad (i=1,2,\cdots,L_x(k),\ j=1,2,\cdots,L_y(k)) \tag{3-7}$$

**4．剔除规则的建立**

定义平均进化权值为

$$\overline{w}(k)=\frac{1}{\overline{l}}\sum_{i=1}^{L_x(k)}\sum_{j=1}^{L_y(k)}\hat{w}_{ij}(k) \tag{3-8}$$

式中，$\overline{l}$ 为进化权值不为零的小块区域个数。

由于云雨杂波的密集程度远高于其他目标和杂波，因此若

$$\hat{w}_{ij}(k)<b\overline{w}(k) \tag{3-9}$$

则保留 $a_{ij}(k)$ 中的量测，否则将 $a_{ij}(k)$ 中的量测作为云雨杂波剔除。其中，$b$ 为剔除系数，通常情况下$1\leqslant b<\dfrac{\hat{w}_{\max}(k)}{\overline{w}(k)}$（$\hat{w}_{\max}(k)$ 为进化权值最大值），具体取值与目标环境有关。在此需要注意的是，当目标环境中存在编队目标时，为了避免把编队量测当作云雨杂波剔除掉，$b$ 的取值应当较大。

### 3.3.2　带状干扰剔除模型

电磁干扰作为一种降低传感器探测能力的重要实现方式，在现代战场中普遍存在。带状干扰是一种常用的干扰模式，表现为以传感器为中心的扇形量测密集区域，为了形成清晰的战场态势，需要消除其带来的不利影响。带状干扰剔除模型与云雨杂波剔除模型相似，但需要注意以下三点。

（1）带状干扰的剔除过程在各传感器的局部坐标系下完成。

（2）带状干扰剔除模型将探测区域划分成多个很窄小的扇形。

（3）在带状干扰剔除模型中，探测区域权值矩阵和进化权值矩阵的建立在极坐标下完成。

### 3.3.3　验证分析

**1．仿真数据验证分析**

为了验证本节算法的有效性，采用 Monte-Carlo 仿真进行验证。图 3-3 所

示为带有云雨杂波和带状干扰的量测态势图，图 3-4 所示为利用本节模型剔除杂波后的量测态势图。从图 3-3 和图 3-4 中可以看出，本节模型较好地剔除了云雨杂波和带状干扰，同时未对其他量测产生较大影响。

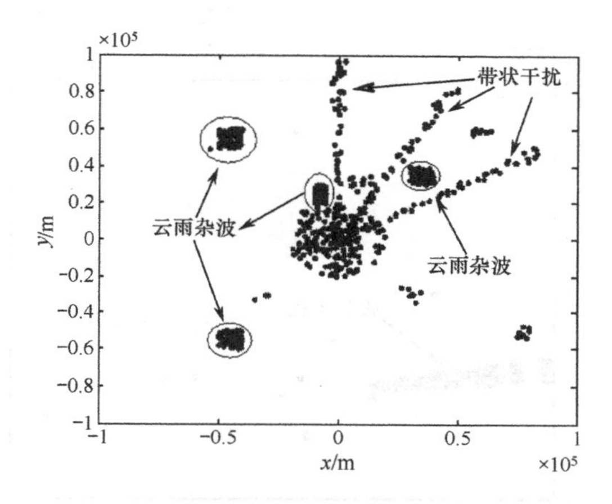


图 3-3　带有云雨杂波和带状干扰的量测态势图

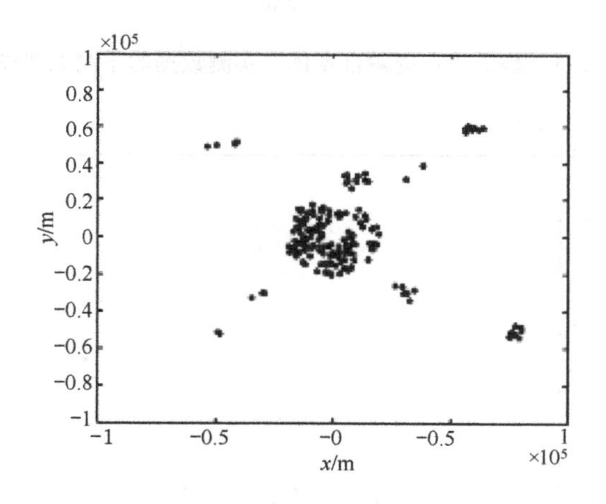


图 3-4　剔除杂波后的量测态势图 1

## 2．实测数据验证分析

为了进一步验证本节算法的有效性，采用实测数据进行验证。图 3-5 所示为基于“点迹融合竞优”实测数据的量测态势图；图 3-6 所示为利用本节模型剔除杂波后的量测态势图，从图中可以看出，带状干扰被剔除，效果比较理想。

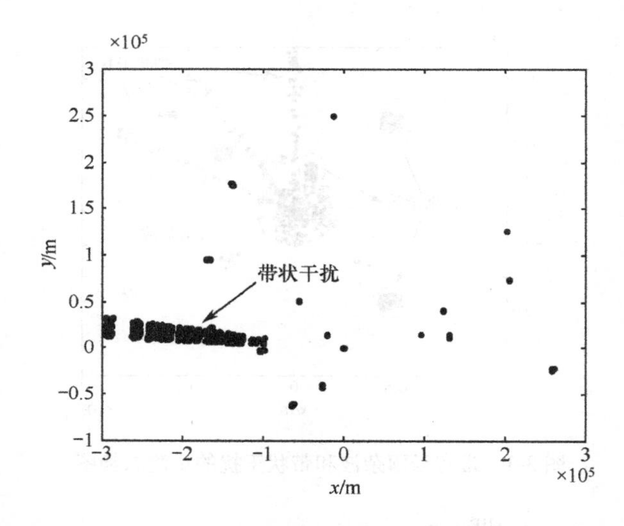


图 3-5　基于“点迹融合竞优”实测数据的量测态势图

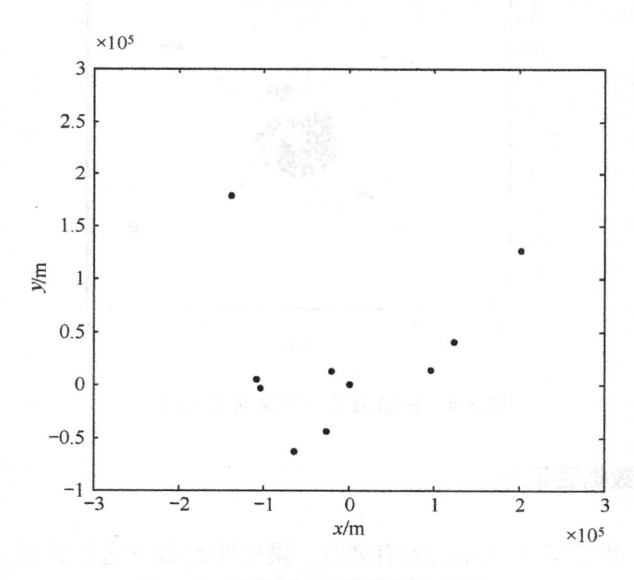


图 3-6　剔除杂波后的量测态势图 2

# 3.4　基于模板匹配的集中式多传感器编队目标跟踪算法

因编队内目标之间通常距离很近，且运动模式相似，杂波环境下易产生交叉关联，从而造成多跟、错跟等情况。要实现多传感器探测时编队内目标的精确跟踪，编队内目标与多传感量测值间的对应关联是重点、难点。本节基于非机动情况下各探测周期编队内目标真实回波位置相对固定的特性，利用模板匹配的方式区别目标真实量测和杂波，提出基于模板匹配的集中式多传感器编队目标跟踪（TM-CMS-FTT）算法。

## 3.4.1　基于编队整体的预互联

设 $G(k-1)$ 为 $k-1$ 时刻编队航迹状态更新值和协方差更新值的集合：

$$G(k-1)=\left\{\boldsymbol{X}_n^t(k-1),\boldsymbol{P}_n^t(k-1)\right\} \quad (t=1,\cdots,T_g(k-1),\ n=1,\cdots,N_g^t(k-1)) \tag{3-10}$$

式中，$T_g(k-1)$ 为 $k-1$ 时刻编队的个数；$N_g^t(k-1)$ 为 $k-1$ 时刻第 $t$ 个编队中的目标个数。

针对第 $i$ 个传感器上报的量测集合 $Z^i(k)$，利用循环阈值法进行编队的预分割（同 2.2.1 节），设 $g_l^i(k)=\{z_j^{il}(k)\}(j=1,\cdots,J_l^i(k))$ 为分割后获得的第 $l$ 个编队量测，$J_l^i(k)$ 为 $g_l^i(k)$ 中的量测个数。

设 $\overline{z}_l^i(k)$ 为 $g_l^i(k)$ 的中心点，$\overline{G}^t(k-1)=\{\overline{\boldsymbol{X}}^t(k-1),\overline{\boldsymbol{P}}^t(k-1)\}$ 为编队 $G^t(k-1)$ 中心航迹的状态更新值和协方差更新值。此时，编队量测与编队航迹的互联，暂时转变为 $\overline{z}_l^i(k)$ 与 $\overline{G}^t(k-1)$ 之间的关联。与传统目标相同，以 $\overline{\boldsymbol{X}}^t(k-1)$ 的一步预测值 $\overline{\boldsymbol{X}}^t(k|k-1)$ 为中心，建立关联波门。若 $\overline{z}_l^i(k)$ 满足式（3-11），则认为

落入$\overline{z}_l^i(k)$关联波门内。

$$[\overline{z}_l^i(k)-\boldsymbol{H}_i(k)\overline{\boldsymbol{X}}^t(k|k-1)]^{\mathrm{T}}\overline{\boldsymbol{S}}_{il}^{-1}(k)[\overline{z}_l^i(k)-\boldsymbol{H}_i(k)\overline{\boldsymbol{X}}^t(k|k-1)]\leqslant\gamma \tag{3-11}$$

式中，$\gamma$为常数阈值；$\overline{\boldsymbol{S}}_{il}(k)$为新息协方差。

通常情况下，编队与编队之间相距较远，落入同一关联波门的概率较小。如果同一传感器有多个编队量测落入同一关联波门内，基于最近领域的思想，选取最近的编队量测为关联量。设各传感器上报量测中与$G^t(k-1)$关联成功的编队量测集合为

$$\underline{g}^t(k)=\{\underline{g}_i^t(k)\}\quad (i=1,\cdots,N_s') \tag{3-12}$$

式中，$N_s'$为存在关联编队量测的传感器个数。

### 3.4.2　模板匹配模型的建立

基于预互联成功的$G^t(k-1)$和$\underline{g}^t(k)$，建立模板匹配模型，剔除杂波并实现编队内航迹与真实量测的关联，具体过程分为以下 4 步。

**1．模板形状矩阵的建立**

基于$G^t(k-1)$建立模板，具体过程与 3.3.1 节中云雨杂波剔除模型相似，获取图 3-1 中的矩形$A$。

$z_j^{il}(k)$可以描述为

$$z_j^{il}(k)=\begin{cases}H(\omega_i,\omega_t)+\boldsymbol{w}_j^{il}\ , & \text{量测源于目标}\\ \boldsymbol{a}_j^{il}\ , & \text{量测源于杂波}\end{cases} \tag{3-13}$$

式中，$\boldsymbol{w}_j^{il}=[w_{jx}^{il}\ \ w_{jy}^{il}]$为服从高斯分布的随机噪声；$\omega_i$为$k$时刻传感器$i$的位置；$\omega_t$为目标$t$的真实位置；$\boldsymbol{a}_j^{il}$在传感器探测区域内服从均匀分布。

当编队未发生机动时，编队内各目标真实位置构成的图形在相邻时刻是基本一致的；受量测误差 $\boldsymbol{w}_j^{il}$ 的影响，量测值会发生一定波动，由式（3-13）可知，在 $x$、$y$ 轴方向上波动的范围大致为 $2w_{jx}^{il}$、$2w_{jy}^{il}$。按图 3-7 所示的方式将矩形 $A$ 划分成多个小矩形，其中 $\mu_x$、$\mu_y$ 分别为 $x$、$y$ 轴方向上的划分依据，其定义为

$$\begin{cases}\mu_x = \min\{4\max\{w_{jx}^{il}\}, x_{\min}^c(k-1)\} \\ \mu_y = \min\{4\max\{w_{jy}^{il}\}, y_{\min}^c(k-1)\}\end{cases} \tag{3-14}$$

式中，$x_{\min}^c(k-1)$、$y_{\min}^c(k-1)$ 分别为 $G^t(k-1)$ 各目标在 $x$、$y$ 轴方向上的最小差值。

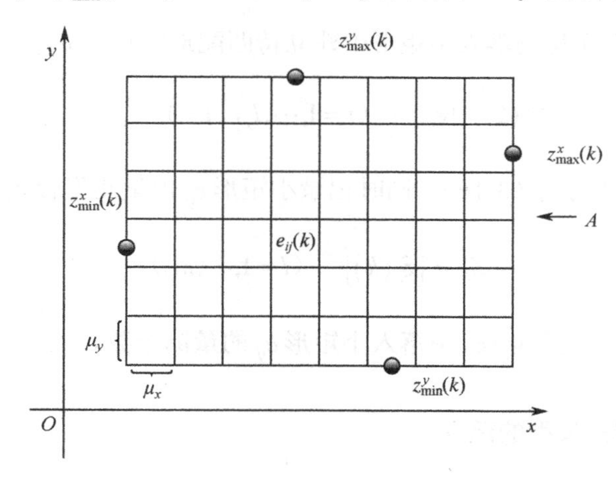


图 3-7 矩形 $A$ 划分示意图

定义矩形 $A$ 模板形状矩阵的集合为

$$E^t(k-1) = \{e_{ij}\} \quad (i = 1,\cdots,l_x,\ j = 1,\cdots,l_y) \tag{3-15}$$

式中，$l_x$、$l_y$ 分别为矩形 $A$ 在 $x$、$y$ 轴方向上的矩形个数；

$$e_{ij} = \begin{cases}1, & \text{对应小矩形中存在量测} \\ 0, & \text{对应小矩形中没有量测}\end{cases} \tag{3-16}$$

**2. 待匹配形状矩阵的建立**

以 $\underline{g}^{t}(k)$ 为待匹配对象，建立待匹配形状矩阵 $\boldsymbol{E}^{t}(k)$ 描述 $\underline{g}_{i}^{t}(k)$，具体分为以下 3 步。

（1）基于 $\underline{g}_{i}^{t}(k)$，找出 $x$、$y$ 轴方向上的最大值和最小值，按 3.3.1 节中的方式建立矩形 $B$。

（2）依据 $\mu_x$、$\mu_y$ 把矩形 $B$ 划分成多个小矩形，其中 $\mu_x$ 和 $\mu_y$ 的定义同式（3-14）。

（3）基于有无量测落入小矩形中建立待匹配形状矩阵 $\boldsymbol{E}^{t}(k)$ 为

$$\boldsymbol{E}^{t}(k)=[e_{ij}]\quad (i=1,\cdots,l_x,\ i=1,\cdots,l_y) \tag{3-17}$$

式中，$e_{ij}$ 的定义同式（3-16）。同时记录小矩形 $e_{ij}$ 内量测集合 $\widehat{Z}_{ij}^{t}$ 为

$$\widehat{Z}_{ij}^{t}=\left\{\widehat{z}_{l}\left(k\right)\right\}\quad (l=1,\cdots,\widehat{m}_{ij}) \tag{3-18}$$

式中，$\widehat{m}_{ij}$ 为量测集合 $\underline{g}_{i}^{t}(k)$ 中落入小矩形 $e_{ij}$ 的量测个数。

**3. 匹配搜索模型的建立**

如图 3-8 所示，以矩形 $B$ 在 $x$、$y$ 轴方向上最小的矩形为起点，将矩形 $A$ 嵌入矩形 $B$ 内，基于 $E^{t}(k-1)$ 与 $\boldsymbol{E}^{t}(k)$ 建立 $\boldsymbol{B}_{ij}$ 与矩形 $A$ 的匹配度矩阵为

$$\boldsymbol{P}^{t}=\left[p_{ij}\right]\quad (i=1,\cdots,m_x',\ j=1,\cdots,m_y') \tag{3-19}$$

式中，$m_x'$、$m_y'$ 分别为 $x$、$y$ 轴方向上进行匹配的次数，且

$$\begin{cases} m_x'=l_x-l_{x+1} \\ m_y'=l_y-l_{y+1} \end{cases} \tag{3-20}$$

$$p_{ij}=\sum_{i=1}^{l_x \cdot l_y} p_{i'j'}\quad (i'=1,\cdots,l_x,\ j'=1,\cdots,l_y) \tag{3-21}$$

式中，

$$P_{i'j'}=\begin{cases}1, & 若 e_{i'j'}=e_{[(i-1)l_x+i'][(j-1)l_y+j']}\\ 0, & 其他\end{cases} \tag{3-22}$$

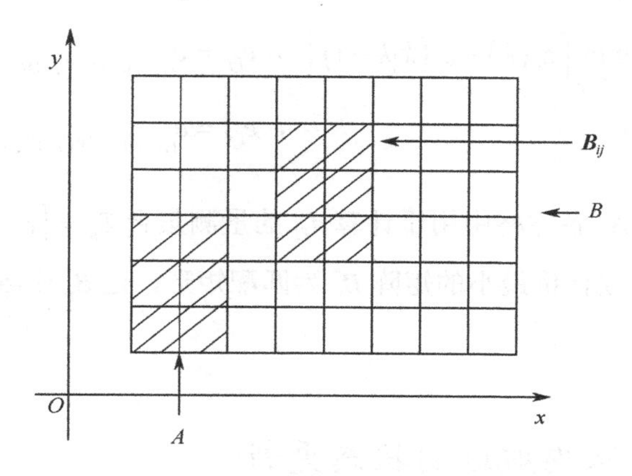


图 3-8　匹配搜索模型示意图

若 $p_{ij}=l_x l_y$，则认为 $\boldsymbol{B}_{ij}$ 与矩形 $A$ 匹配，即 $\boldsymbol{B}_{ij}$ 中各量测的内部结构与矩形 $A$ 中各量测的内部结构相似。

**4．匹配矩阵的确认**

矩形 $B$ 中满足匹配条件的 $\boldsymbol{B}_{ij}$ 可能有多个，在此通过建立匹配代价矩阵确定最终的匹配矩阵。基于传感器 $s$ 的匹配度矩阵 $\boldsymbol{P}_s^t$，定义匹配代价矩阵 $\boldsymbol{L}_s^t$ 为

$$\boldsymbol{L}_s^t=[\varsigma_{ij}^s]\quad (i=1,\cdots,m_x',\ j=1,\cdots,m_y') \tag{3-23}$$

$$
\varsigma_{ij}^{s}=\begin{cases}\sum_{i'=1}^{l_x}\sum_{j'=1}^{l_y}d_{i'j'} & ,\ p_{ij}=l_x l_y\\ 0 & ,\ p_{ij}\neq l_x l_y\end{cases} \tag{3-24}
$$

式中，$d_{i'j'}$ 为 $\boldsymbol{B}_{ij}$ 中第 $i'j'$ 个方格中量测与矩形 $A$ 对应方格中所包含目标状态一步预测值的差值，即

$$
d_{i'j'}=\begin{cases}\min\limits_{l=1:\hat{m}_{i'j'}}\left[\hat{z}_l(k)-\hat{z}^t(k|k-1)\right] & ,\ e_{i'j'}=e_{[(i-1)l_x+i'][(j-1)l_y+j']}=1\\ 0 & ,\ e_{i'j'}=e_{[(i-1)l_x+i'][(j-1)l_y+j']}=0\end{cases} \tag{3-25}
$$

同时，储存 $\boldsymbol{B}_{ij}$ 各方格中用于计算 $d_{i'j'}$ 的量测集合 $\tilde{Z}_{ij}=\left\{\tilde{z}_{i'j'}\right\}$。对 $s$ 个传感器，均建立 $\boldsymbol{L}_s^t$，取代价最小的矩阵 $\boldsymbol{B}_{ij}^*$ 为匹配矩形，记 $\boldsymbol{B}_{ij}^*$ 中各方格的关联量测集合为 $\tilde{Z}_{ij}^*$。

### 3.4.3 编队内航迹的状态更新

基于 $G^t(k-1)$ 和 $\tilde{Z}_{ij}^*$，利用矩形 $A$ 和匹配矩形 $\boldsymbol{B}_{ij}^*$，若 $\boldsymbol{X}_n^t(k-1)$ 落入矩形 $A$ 中的小矩形 $a_{i'j'}$ 中，则基于落入 $\boldsymbol{B}_{ij}^*$ 中的量测 $\tilde{z}_{i'j'}^*$，利用 Kalman 滤波完成 $\boldsymbol{X}_n^t(k-1)$ 状态和协方差更新。

需要注意的是，在完成编队内所有航迹的状态更新后，还需要利用当前时刻剩余的量测集合与前 3 个时刻剩余的量测集合进行航迹起始，并建立航迹终结原则，判断编队内各条航迹是否终结。

### 3.4.4 讨论

本节基于非机动模式下各时刻同一编队内目标真实回波整体结构的相似性，提出 TM-CMS-FTT 算法，其优点主要有以下两个。

（1）通过模板与待匹配区域的搜索匹配，最大限度地消除了杂波，并保证了编队内目标结构的稳定性，不会出现编队内目标交叉错误关联的情况。

（2）基于匹配矩阵确认模型，在所有传感器的匹配矩阵中，获取代价最小的匹配矩形完成编队内各目标的状态更新，既充分利用了多个传感器的探测信息，又避免了冗余航迹的产生。

## 3.5 基于形状方位描述符的集中式多传感器编队目标粒子滤波算法

由编队目标的定义可知，在非机动模式下相邻时刻编队内目标真实回波构成的图形相似，基于这一原理，本节利用形状方位描述符[155]分别表示出编队内各目标状态更新值和可能关联量测构成的图形，提出了基于形状方位描述符的集中式多传感器编队目标粒子滤波（SAD-CMS-FTPF）算法，具体由编队目标形状矢量、相似度模型及冗余图像剔除模型的建立和基于粒子滤波的状态更新组成。

### 3.5.1 编队目标形状矢量的建立

形状方位描述符是数字图像处理中描述空间图形的一种常用方法。它由图像方位框的高度、宽度、面积、比率，图像约束框的高度、宽度、面积、比率、最大半径、最小半径、最小半径角、最大半径角 12 个分量组成[155]。

设图 3-9 中的图形 $A$ 为 $G^t(k-1)$ 的形状示意图，$t_1$、$t_2$、$t_3$、$t_4$ 为编队内各目标的位置，则利用形状描述符建立图形 $A$ 的形状矢量为

$$\boldsymbol{\Omega}_t(k-1)=(\omega_1,\omega_2,\omega_3,\omega_4,\omega_5,\omega_6,\omega_7,\omega_8,\omega_9,\omega_{10},\omega_{11},\omega_{12}) \qquad (3\text{-}26)$$

式中，$\omega_1$ 为图像方位框的高度，图像方位框为沿图像行动方向围绕物体的最小矩形，如图 3-10 中的矩形 $B$ 所示；$\omega_2$ 为矩形 $B$ 的宽度；$\omega_3$ 为矩形 $B$ 的面积；$\omega_4$ 为矩形 $B$ 的比率，即矩形 $B$ 的面积与图形 $A$ 的面积之比；$\omega_5$ 为图像约束框的高度，图像约束框为沿图像主轴方位包围物体的最小矩形，如图 3-11 中的矩形 $C$ 所示；$\omega_6$ 为矩形 $C$ 的宽度；$\omega_7$ 为矩形 $C$ 的面积；$\omega_8$ 为矩形 $C$ 的比率，即矩形 $C$ 的面积与图形 $A$ 的面积之比；$\omega_9$ 为最小半径，即图形 $A$ 的重心与图形 $A$ 的边界元素之间的最小距离；$\omega_{10}$ 为最大半径，即图形 $A$ 的重心与图形 $A$ 的边界元素之间的最大距离；$\omega_{11}$ 为最小半径角，即最小半径向量相对于水平轴线的角度；$\omega_{12}$ 为最大半径角，即最大半径向量相对于水平轴线的角度。

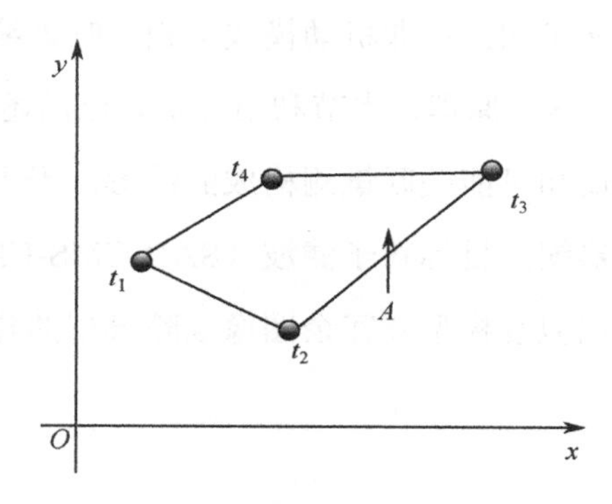


图 3-9　编队目标 $G^t(k-1)$ 的形状示意图

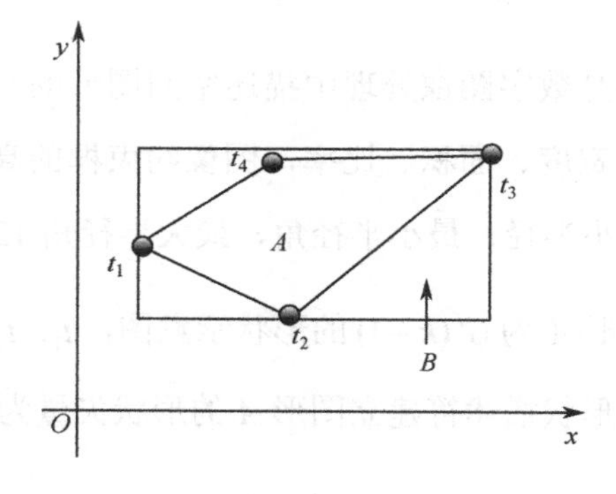


图 3-10　图像方位框示意图

在此需要注意的是，当处理直线等特殊图形时，$\boldsymbol{\Omega}_t(k-1)$ 中的有些分量可能无法获取，此时可去掉这些分量。由上述描述可知，形状矢量 $\boldsymbol{\Omega}_t(k-1)$ 唯一地表示了图形 $A$，若两个图形的图形矢量相同，则判定这两个图形一致。本节算法在每个时刻更新编队内各目标状态矢量的同时，更新各编队目标航迹的形状矢量，记 $k-1$ 时刻编队航迹 $t$ 的形状矢量为 $\boldsymbol{\Omega}_t(k-1)=(\omega_i^t(k-1))$，$i=1,\cdots,12$。

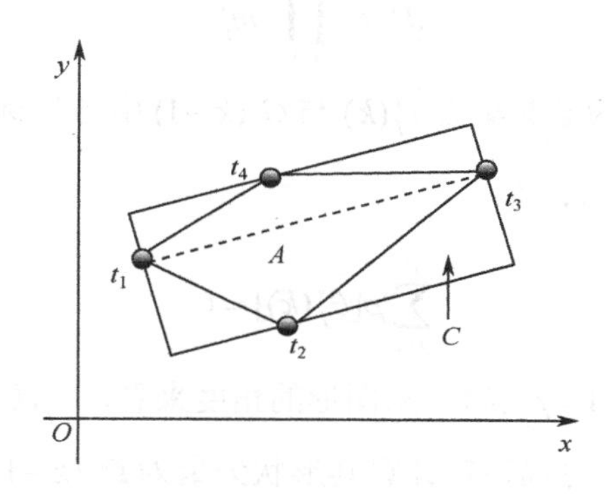


图 3-11　图像约束框示意图

### 3.5.2　相似度模型的建立

以 $G^t(k-1)$ 中各目标在 $k$ 时刻的一步预测值为中心建立关联波门，设 $Z(k)$ 中落入关联波门的量测集合为

$$\widehat{Z}^t(k)=\{\widehat{Z}_i^t(k)\} \quad (i=1,2,\cdots,N_g^t(k-1)) \tag{3-27}$$

式中，$\widehat{Z}_i^t(k)$ 为落入编队 $t$ 中第 $i$ 个目标关联波门内的量测集合。若按传感器的不同进行分类，则

$$\widehat{Z}_i^t(k)=\{z_{ij}^{\prime s}(k)\} \quad (s=1,2,\cdots,\widehat{N}_s,\ j=1,2,\cdots,\widehat{m}_i^s) \tag{3-28}$$

式中，$\widehat{N}_s$ 为 $\widehat{Z}_i^t(k)$ 源于传感器的个数；$\widehat{m}_i^s$ 为 $\widehat{Z}_i^t(k)$ 中源于传感器 $s$ 的量测个数。

针对传感器 $s$，基于式（3-29）建立矢量集合 $\tau$，

$$\tau_j^s(k)=\{\hat{z}_{ij}^s(k)\} \quad (i=1,2,\cdots,N_g^t(k-1),\ j=1,2,\cdots,J^s) \tag{3-29}$$

式中，$\hat{z}_{ij}^s(k)$ 为 $\hat{Z}_i^t(k)$ 中源于传感器 $s$ 的任一量测。若 $\hat{m}_i^s=0$，则用一步预测值 $\hat{z}_i^t(k|k-1)$ 代替，并定义 $\hat{m}_i^s=1$，则

$$J^s=\prod_{i=1}^{N_g^t(k-1)}\hat{m}_i^s \tag{3-30}$$

定义事件 $\theta_j^s(k)$ 为量测集合 $\tau_j^s(k)$ 与 $G^t(k-1)$ 中各目标航迹对应关联的事件。对单个传感器而言，有

$$\sum_{j=1}^{J^s}\rho[\theta_j^s(k)]=1 \tag{3-31}$$

为了方便，记 $\rho[\theta_j^s(k)]=\rho_j^s(k)$。从图形的角度来看，$\tau_j^s(k)$ 中的量测构成一个图形 $D_j^s$，基于形状方位描述符计算其形状矢量为 $\boldsymbol{\Omega}_j^s(k-1)$。在相邻时刻，非机动编队内目标真实回波构成的图形应与编队内各目标状态构成的图形相似。设 $G^t(k-1)$ 中各目标构成的图形为 $C^t$，在此通过构建相似度表征 $D_j^s$ 与 $C^t$ 所得图形的相似性，定义相似度 $q_j^s(k)$ 为

$$q_j^s(k)=\frac{1}{\sum_{i=1}^{12}|\omega_{ij}^s(k)-\omega_i^t(k-1)|} \tag{3-32}$$

基于式（3-32），构建相似度集合 $Q^s(k)=\{q_j^s(k)\}(j=1,2,\cdots,J^s)$。$q_j^s(k)$ 越大，说明 $\theta_j^s(k)$ 为真的概率越大。为了便于比较说明，需要进行归一化处理，在此定义 $\rho_j^s(k)$ 为

$$\rho_j^s(k)=\frac{q_j^s(k)}{\sum_{j=1}^{J^s}q_j^s(k)} \tag{3-33}$$

由式（3-32）和式（3-33）可知，$\rho_j^s(k)$ 只考虑了 $\tau_j^s(k)$ 与 $G^t(k-1)$ 所表示图形的内部结构一致性，没有考虑量测集合 $\tau_j^s(k)$ 与 $G^t(k-1)$ 中各目标状态更新值的关联性，因此单独基于 $\rho_j^s(k)$ 判断 $\tau_j^s(k)$ 与 $G^t(k-1)$ 关联的可能性不完善，此处进一步定义相似度概率 $\rho_j'^s(k)$ 为

$$\rho_j'^s(k) = \frac{q_j'^s(k)}{\sum_{j=1}^{J^s} q_j'^s(k)} \tag{3-34}$$

式中，

$$q_j'^s(k) = \frac{1}{\sum_{i=1}^{N_g^t(k-1)} [\hat{z}_{ij}^s(k) - \hat{z}_i^t(k \mid k-1)]} \tag{3-35}$$

式中，$\hat{z}_i^t(k \mid k-1)$ 为编队目标 $t$ 中第 $i$ 个目标在 $k$ 时刻的状态一步预测值。

最后，综合考虑 $\rho_j^s(k)$ 和 $\rho_j'^s(k)$，定义相似度概率 $\rho_j''^s(k)$ 为

$$\rho_j''^s(k) = \frac{\rho_j^s(k) + \rho_j'^s(k)}{2} \tag{3-36}$$

### 3.5.3　冗余图像的剔除

当利用多传感器对编队目标进行探测时，可以获得对应同一编队目标的多幅图像，所以需要进行冗余图像的剔除，在此基于选主站的思想解决该问题。

基于概率集合 $\{\rho_j''^s(k)\}$，定义

$$s^* = \arg\max_{s=1:N_s} \{\max_{j=1:J^s} \rho_j''^s(k)\} \tag{3-37}$$

则表示选择传感器 $s^*$ 为主站，并利用传感器 $s^*$ 上报的量测集合对 $G^t(k-1)$ 进行状态更新。

### 3.5.4 基于粒子滤波的状态更新

基于集合 $\{\boldsymbol{\tau}_j^{s^*}(k)\}$ 和 $\{\rho_j^{\prime\prime s^*}(k)\}$，利用粒子滤波对 $G^t(k-1)$ 中各条航迹进行状态更新，结果为

$$\hat{\boldsymbol{X}}_i^t(k|k)=\sum_{j=1}^{J^{s^*}}\rho_j^{\prime\prime s^*}(k)\hat{\boldsymbol{X}}_{ij}^t(k|k)\quad(i=1,2,\cdots,N_g^t(k-1))\tag{3-38}$$

$$\boldsymbol{P}_i^t(k|k)=\sum_{j=1}^{J^{s^*}}\rho_j^{\prime\prime s^*}(k)\boldsymbol{P}_{ij}^t(k|k)\quad(i=1,2,\cdots,N_g^t(k-1))\tag{3-39}$$

式中，$\hat{\boldsymbol{X}}_{ij}^t(k|k)$、$\boldsymbol{P}_{ij}^t(k|k)$ 分别为基于 $\{\boldsymbol{\tau}_j^{s^*}(k)\}$ 利用粒子滤波方法[7]得到的状态更新值和协方差更新值。

## 3.6 仿真比较与分析

为验证本章算法的有效性，本节设定两种典型的非机动编队目标运动情况，从算法跟踪精度、实时性、有效跟踪率三个方面分析本章两种算法的跟踪性能，并与传统的多传感器多目标跟踪算法中性能优越的基于数据压缩的集中式多传感器多假设（Centralized Multi-Sensor Multiple Hypothesis Transform，CMS-MHT）算法[8]进行比较。

### 3.6.1 仿真环境

假定传感器为 3 部 2D 雷达，参数设置同 2.5.1 节。为比较各算法在不同仿真环境中的跟踪性能，设定以下两种典型环境。

环境 1：模拟两个交叉运动的密集编队目标。设在一个二维平面上存在 8 个目标，构成 2 个编队，均做匀速直线运动。前 4 个目标组成第 1 个编队，

各目标的初始位置分别为(5000m,800m)、(5200m,1000m)、(5550m,1200m)、(5700m,1400m)，初始速度均为(−200m/s,300m/s)；第 5～8 个目标组成第 2 个编队，各目标的初始位置分别为(−5000m,8000m)、(−5200m,8200m)、(−5550m,8400m)、(−5700m,8600m)，初始速度均为(100m/s,300m/s)；杂波设置同 2.2.6 节所示。

环境 2：为验证各算法耗时和有效跟踪率随杂波的变化情况，在环境 1 的基础上，杂波的取值如表 3-1 所示。

**表 3-1　环境 2 中杂波的取值**

| $\lambda_1$/个 | 1 | 2 | 3 | 4 | 5 | 6 |
|---|---|---|---|---|---|---|
| $\lambda_2$/个 | 2 | 4 | 6 | 8 | 10 | 12 |

## 3.6.2　仿真结果与分析

图 3-12 所示为环境 1 中编队目标真实态势图，从图中可以看出两个编队目标交叉运动。环境 1 中 TM-CMS-FTT 算法、SAD-CMS-FTPF 算法和基于数据压缩的 CMS-MHT 算法的 $x$ 轴方向位置均方根误差比较图、速度均方根误差比较图分别如图 3-13 和图 3-14 所示，从图中可以看出，TM-CMS-FTT 算法、SAD-CMS-FTPF 算法均能对目标进行有效跟踪，位置均方根误差小于 60m，速度均方根误差小于 2m/s；而基于数据压缩的 CMS-MHT 算法的跟踪效果不理想，在 50 步以后位置均方根误差在 300m 以上，速度均方根误差在 12m/s 以上，在对跟踪精度要求较高的实际场合中已无法满足工程要求。就 3 种算法比较而言，SAD-CMS-FTPF 算法的跟踪精度最高，TM-CMS-FTT 算法略次之，两者均明显高于基于数据压缩的 CMS-MHT 算法。

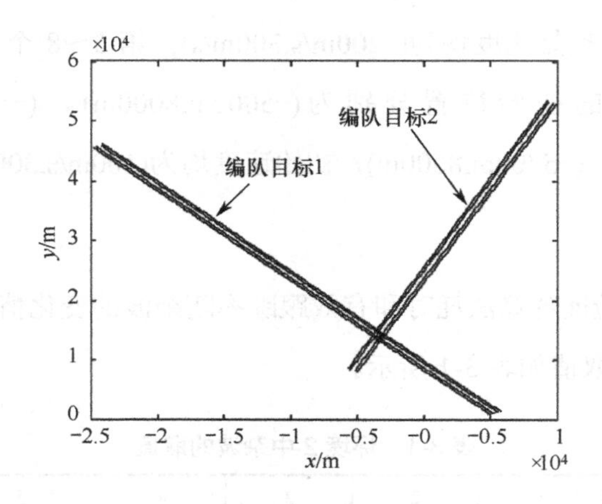


图 3-12　环境 1 中编队目标真实态势图

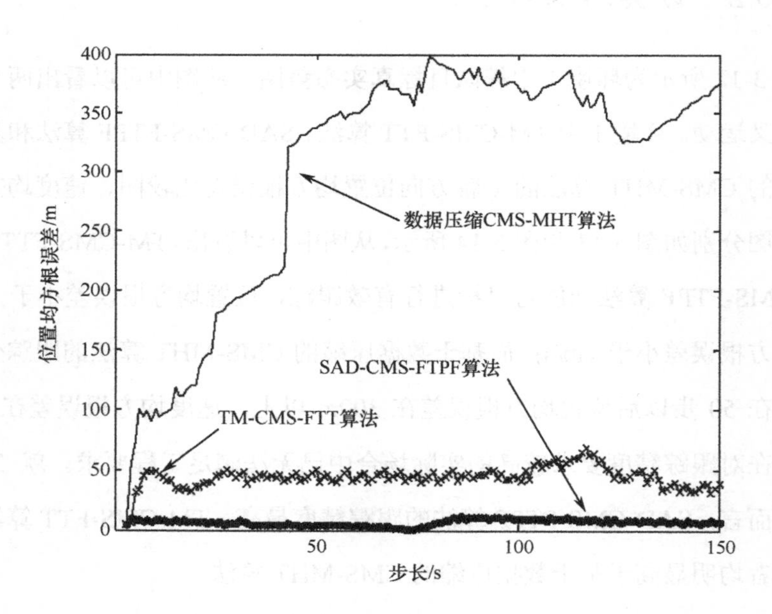


图 3-13　$x$ 轴方向位置均方根误差比较图

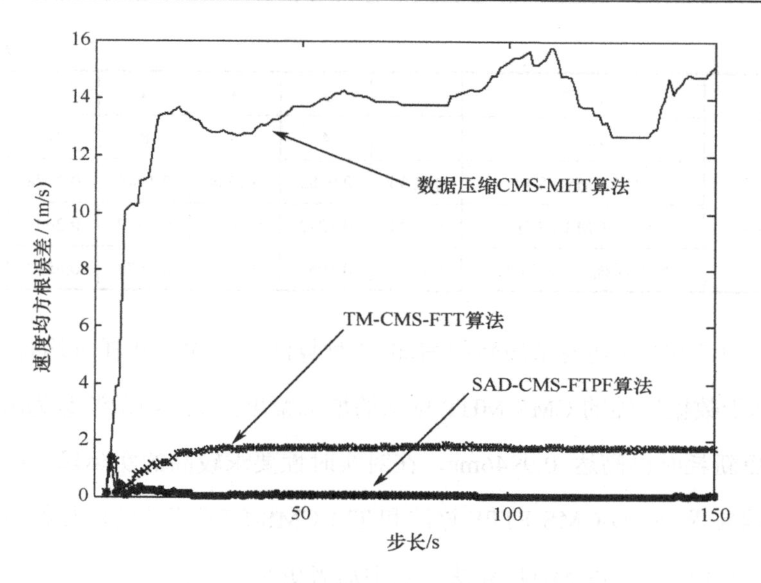


图 3-14　$x$ 轴方向速度均方根误差比较图

表 3-2 所示为环境 2 中各算法有效跟踪率及算法耗时随杂波数的变化。从表 3-2 中可以看出，对应于同样的杂波数，SAD-CMS-FTPF 算法和 TM-CMS-FTT 算法的有效跟踪率相近，其中前者略优，当杂波数为(6,12)时，两者的有效跟踪率均维持在 75%以上；基于数据压缩的 CMS-MHT 算法的有效跟踪率明显低于上述两种算法，当杂波数为(6,12)时，其有效跟踪率仅为 39.34%，已不能满足工程需求。此外，随着杂波数的增加，各算法的有效跟踪率均有所下降，其中基于数据压缩的 CMS-MHT 算法的下降幅度最大，TM-CMS-FTT 算法次之，SAD-CMS-FTPF 算法最小。

表 3-2　环境 2 中各算法有效跟踪率及算法耗时随杂波数的变化

| 杂波数 | $\lambda_1$ /个 | 1 | 2 | 3 | 4 | 5 | 6 |
|---|---|---|---|---|---|---|---|
| | $\lambda_2$ /个 | 2 | 4 | 6 | 8 | 10 | 12 |
| 有效跟踪率 | TM-CMS-FTT | 1 | 0.9875 | 0.9523 | 0.9034 | 0.8923 | 0.7534 |
| | SAD-CMS-FTPF | 1 | 1 | 0.9741 | 0.9632 | 0.9321 | 0.8832 |
| | 数据压缩 CMS-MHT | 0.8569 | 0.7746 | 0.6512 | 0.6058 | 0.5860 | 0.3934 |

续表

| 杂波数 | $\lambda_1$/个 | 1 | 2 | 3 | 4 | 5 | 6 |
| --- | --- | --- | --- | --- | --- | --- | --- |
| | $\lambda_2$/个 | 2 | 4 | 6 | 8 | 10 | 12 |
| 耗时/ms | TM-CMS-FTT | 0.0234 | 0.0783 | 0.1534 | 0.1946 | 0.2578 | 0.3208 |
| | SAD-CMS-FTPF | 0.1024 | 0.1272 | 0.1689 | 0.2517 | 0.2943 | 0.4023 |
| | 数据压缩 CMS-MHT | 0.1480 | 0.1956 | 0.2525 | 0.3678 | 0.6502 | 0.9946 |

由表3-2可知，随着杂波数的增加，3种算法的单次更新耗时均有所增加。其中，基于数据压缩的CMS-MHT算法的增加幅度最大，当杂波数为(6,12)时，其单次更新耗时已高达0.9946ms，在对实时性要求较高的实际场合中已不能满足工程要求；SAD-CMS-FTPF算法和TM-CMS-FTT算法的增加幅度远小于基于数据压缩的CMS-MHT算法，其中后者更小一些。此外，对于同样的杂波数，TM-CMS-FTT算法的单次更新耗时最少，SAD-CMS-FTPF算法略多，基于数据压缩的CMS-MHT算法最多。

综上所述，与基于数据压缩的CMS-MHT算法相比，TM-CMS-FTT算法和SAD-CMS-FTPF算法在跟踪精度、有效跟踪率和算法耗时三个方面的性能均有较大程度的提高，能更好地解决多传感器探测下编队内目标的精确跟踪问题；虽然TM-CMS-FTT算法的单次更新耗时略少，但跟踪精度和有效跟踪率均低于SAD-CMS-FTPF算法，综合比较而言，SAD-CMS-FTPF算法的性能更加优越。

## 3.7　本章小结

本章基于相邻时刻同一非机动编队内目标真实回波空间结构相对固定的特性，研究了复杂环境下的集中式多传感器编队目标跟踪问题。

本章的 3.3 节基于群分割中图解法的思想分别建立了云雨杂波剔除模型和带状干扰剔除模型，并分别利用仿真数据和实测数据验证了两种模型的有效性。3.4 节研究了 TM-CMS-FTT 算法，该算法首先基于编队整体进行预互联，然后基于预互联成功的编队状态集合与量测集合分别建立模板形状矩阵和待匹配形状矩阵，并通过匹配搜索模型和匹配矩阵确认规则选出代价最小的匹配矩阵，最后基于模板和对应的匹配矩阵，利用 Kalman 滤波完成编队内各目标航迹的状态更新。3.5 节研究了 SAD-CMS-FTPF 算法，该算法首先利用形状方位描述符表示编队内各目标状态更新值所构成的图形，然后基于落入编队内各目标相关波门内的量测集合，利用形状方位描述符表示出编队内各目标可能关联量测构成的所有图形，并利用形状相似程度和量测与目标状态一步预测值的空间距离建立相似度模型，计算编队目标和量测集对应互联的概率，同时利用选主站的思想实现多传感器探测下冗余信息的剔除，最后基于量测集合与对应的权值集合，利用粒子滤波完成编队内各目标的状态估计。3.6 节在统一的仿真环境下，对本章提出的两种算法与基于数据压缩的 CMS-MHT 算法进行了综合比较分析，仿真结果表明本章算法能实现多传感器探测下编队目标的跟踪，且性能优越，其中 SAD-CMS-FTPF 算法的性能最优，但是本章算法在编队目标发生机动时不再适用。

# 第 4 章　部分可辨条件下的稳态编队跟踪算法

## 4.1　引言

稳态编队主要指编队在运动过程中成员个数不变、拓扑结构变化缓慢、整体运动态势较为稳健的编队状态。在机群完成某个战术目的的过程中，稳态编队占据了绝大部分的时间，因此对部分可辨条件下稳态编队的研究具有广泛的应用前景及重要的科学意义和实际意义。

由于稳态编队的队形拓扑改变缓慢，以往的许多研究都希望尽量简化跟踪过程，将编队当作一个整体进行跟踪，但由于战场态势的需要，该类整体跟踪算法远远达不到获取战场信息的要求。因此，在整体跟踪的基础上，又有许多研究致力将编队当作扩展目标进行跟踪，这样不仅可以跟踪整体态势，还可以对编队的成员个数和整体形状等进行估计。虽然跟踪结果的信息量增多，但随着传感器分辨率的提升，以及高层决策时对目标态势评估的准确率越来越高，编队跟踪的结果需要精确到编队内每个成员的航迹。目前在编队的精细跟踪方面，除了少量基于多目标跟踪改进的编队跟踪算法，还没有十分有效的算法可应用于实际工程中。

为了解决这个问题，本章针对稳态编队的特点，采用了两种思路：①考虑到编队成员的整体运动矢量相似，利用编队成员运动过程中的序贯信息获取航迹的外推点，根据运动特点结合到滤波更新中，降低跟踪过程中误关联概率；②采用整体图像匹配思路，利用迭代就近点（Iterative Closest Point，ICP）算法将编队的整体结构外推至下一时刻，获取各成员位置对应的关联量测，再进行后续滤波。由于该算法基于编队整体进行量测匹配，又基于个体进行关联滤波，因此其跟踪效果显著。在本章的研究中，基于上述两种思路，分别提出了基于序贯航迹拟合的稳态编队精细跟踪算法和基于 ICP 的稳态部分可辨编队精细跟踪算法，并对两种算法与已有算法进行了仿真对比。

本章内容组织如下：4.2 节提出了基于序贯航迹拟合的稳态编队精细跟踪算法；4.3 节提出了基于 ICP 的稳态部分可辨编队精细跟踪算法；4.4 节对这两种算法进行仿真比较与分析；4.5 节对本章进行小结。

## 4.2　基于序贯航迹拟合的稳态编队精细跟踪算法

### 4.2.1　问题描述

编队成员的精细跟踪与多目标跟踪的最大区别在于，编队中各成员之间位置相近、速度矢量相似，在跟踪过程中极易出现关联错误，从而造成“成员归一”，即由于多时刻的误关联，多条航迹慢慢变成一条。因此，为了避免这种情况的发生，特别需要在点迹–航迹互联环节根据编队的特点做出调整，以适应成员的精细跟踪环境。

对于单传感器编队跟踪与集中式多传感器编队跟踪，从本质上讲，这两类跟踪形式的难点相似：在融合中心，同一时刻接收到若干目标回波，且其中参杂了某种概率分布的杂波。点迹–航迹互联的难点在于根据已跟踪航迹确定下一时刻编队量测中的真正目标回波，从而代入后续的航迹滤波中。

在处理器端，任意时刻获得的某一个量测仅来源于某一个传感器。其中，设传感器的采样周期相同，且被跟踪的 $N$ 个目标在每个周期都产生量测值。设目标的系统动态方程为

$$\boldsymbol{X}^t(k+1)=\boldsymbol{F}^t(k)\boldsymbol{X}^t(k)+\boldsymbol{G}(k)\boldsymbol{V}^t(k) \tag{4-1}$$

式中，$k$ 表示观测时刻，取值 $k=1,2,\cdots$；$t$ 表示编队中的成员序号，取值 $t=1,\cdots,N$；$\boldsymbol{X}^t(k+1)\in\mathbf{R}^n$ 表示 $k+1$ 时刻目标的全局状态向量；$\boldsymbol{F}^t(k)\in\mathbf{R}^n$ 表示状态转移矩阵；$\boldsymbol{G}(k)\in\mathbf{R}^{n,h}$ 为噪声分布矩阵；$\boldsymbol{V}^t(k)$ 是离散时间白噪声序列，并且

$$E[\boldsymbol{V}^t(k)]=0,\ E[\boldsymbol{V}^t(k)\boldsymbol{V}^t(k)']=\boldsymbol{Q}^t(k) \tag{4-2}$$

在杂波环境下，设系统的量测方程为

$$\boldsymbol{Z}^t(k)=\boldsymbol{H}(k)\boldsymbol{X}^t(k)+\boldsymbol{W}(k) \tag{4-3}$$

式中，$\boldsymbol{H}(k)$ 表示量测矩阵；$\boldsymbol{W}(k)$ 表示具有已知协方差的零均值、白色高斯量测噪声序列。因此，处理中心在 $k$ 时刻获得综合观测集合为

$$Z(k)=\{\boldsymbol{Z}^1,\cdots,\boldsymbol{Z}^N,\boldsymbol{Z}^c,\cdots\} \tag{4-4}$$

式中，$\boldsymbol{Z}^c$ 表示不定个数的杂波。

在编队跟踪过程中，如何根据已起始或已跟踪的航迹从下一时刻编队观测点中选取一个或多个点作为某成员跟踪滤波的输入，将直接影响到后续的跟踪效果。在编队精细跟踪条件下，由于各成员波门极有可能存在重合，因此问题变得十分复杂。特别是当编队中存在两个或多个成员交叉飞行时，如何解决点航归属关联问题显得尤为重要。

### 4.2.2　最小二乘法简述及外推方法

在点航归属判决时，适当地引入已跟踪编队所有成员的航迹信息，增加

关联信息的多样性，能够更有效地判别相关波门内量测点的归属。

在点航数据互联中，主要通过滤波预测点对量测数据进行归属判断，因此预测点的外推方法也将对整体的关联性能产生重要影响。在统计学中，预测问题主要通过对样本数据的分析归纳，找到数据内部的相互依赖和发展关系，从而对未知数据进行预测。因此，借鉴该思想，将已确定的目标状态数据代入某种方法进行目标运动趋势分析，并量化为方法模型参数，用于后续预测。

最小二乘法作为一种重要的统计优化技术，是众多数理统计学分支的理论基础，其通过最小化误差的平方和来确定一组数据的最佳预设函数匹配。在目标跟踪中，由于噪声等因素的影响，量测点随机分布在真实航迹的周围，在大样本条件下，通常分布是对称的。因此，将最小二乘法应用于航迹处理中，可去掉由噪声或相邻成员等因素产生的随机波动，使航迹更加平滑，更直观地反应出目标的运动趋势。

通过最小二乘法将已确定的目标状态进行预设函数的最佳匹配，可获得各函数的权值参数，其加权的函数代数和，即为平滑后的目标运动趋势。至此，代入需要预测的时间参数，便可进行有效的组合函数外推，具体过程在下一节详述。

假设已锁定跟踪编队中所有成员 $m$ 个时刻的系统状态值，则可通过采用最小二乘拟合重新模拟出编队的整体运动趋势。设雷达系统为三坐标雷达，即

$$\boldsymbol{X}^t(k)=[x_t\ \ \dot{x}_t\ \ \ddot{x}_t\ \ y_t\ \ \dot{y}_t\ \ \ddot{y}_t\ \ z_t\ \ \dot{z}_t\ \ \ddot{z}_t]' \tag{4-5}$$

为了使位置信息与时间信息能有效对准，将三维位置信息拆分成三组

位置–时间的二维向量，提取 $\boldsymbol{X}(k)$ 中的位置坐标与观测时刻，构建新的状态向量：

$$\begin{cases} \boldsymbol{K}_x^t(k)=[x_t \ k]' \\ \boldsymbol{K}_y^t(k)=[y_t \ k]' \\ \boldsymbol{K}_z^t(k)=[z_t \ k]' \end{cases} \tag{4-6}$$

为了对编队运动趋势进行拟合，这里首先获取编队在各个时刻的质心：

$$\boldsymbol{W}_{\text{center}}(k)=\frac{1}{\psi}[\sum_{i=1}^{\psi}x_i \ \ \sum_{j=1}^{\psi}y_j \ \ \sum_{w=1}^{\psi}z_w]' \tag{4-7}$$

且

$$\begin{cases} \boldsymbol{W}_x(k)=\dfrac{1}{\psi}\sum_{i=1}^{\psi}\boldsymbol{K}_x^i(k) \\ \boldsymbol{W}_y(k)=\dfrac{1}{\psi}\sum_{j=1}^{\psi}\boldsymbol{K}_y^j(k) \\ \boldsymbol{W}_z(k)=\dfrac{1}{\psi}\sum_{w=1}^{\psi}\boldsymbol{K}_z^w(k) \end{cases} \tag{4-8}$$

将式（4-8）中向量数据 $\boldsymbol{W}_x(k)$ 在 $k-m+1$ 时刻至 $k$ 时刻的 $(x(k),k)$ 看作拟合问题中的已知数据 $(x_i,y_i)(i=1,\cdots,m)$，在给定函数类 $\Phi=\text{span}\{\phi_0,\phi_1,\cdots,\phi_n\}$ 中找一个函数

$$S^*(x)=\sum_{k=0}^{n}a_k^*\phi_k(x) \tag{4-9}$$

使 $S^*(x)$ 满足

$$\begin{aligned} \sum_{i=1}^{m_p}\delta_i^2 &= \sum_{i=1}^{m_p}[s^*(x)-f(x_i)]^2 \\ &= \min_{s(x)\in\Phi}\sum_{i=1}^{m}[s(x)-f(x_i)]^2 \end{aligned} \tag{4-10}$$

式中，$s(x)=\sum_{k=0}^{n}a_k\phi_k(x)$。因此，需要找到函数

$$
\begin{aligned}
I(a_0,a_1,\cdots,a_n)&=\sum_{i=1}^{m_p}[s(x)-f(x_i)]^2\\
&=\sum_{i=1}^{m_p}[\sum_{k=0}^{m_p}a_k\phi_k(x_i)-f(x_i)]^2
\end{aligned}
\tag{4-11}
$$

的极小值点$(a_0^*,a_1^*,\cdots,a_n^*)$。由多元函数取极值必要条件$\dfrac{\partial I}{\partial a_j}=0$得到矩阵

$$
\begin{bmatrix}
(\phi_0,\phi_0) & (\phi_0,\phi_1) & \cdots & (\phi_0,\phi_n)\\
(\phi_1,\phi_0) & (\phi_1,\phi_1) & \cdots & (\phi_1,\phi_n)\\
\vdots & \vdots & & \vdots\\
(\phi_n,\phi_0) & (\phi_n,\phi_1) & \cdots & (\phi_n,\phi_n)
\end{bmatrix}
\begin{bmatrix}a_0\\a_1\\\vdots\\a_n\end{bmatrix}
=
\begin{bmatrix}(f,\phi_0)\\(f,\phi_1)\\\vdots\\(f,\phi_n)\end{bmatrix}
\tag{4-12}
$$

式中，

$$(\phi_k,\phi_j)=\sum_{i=1}^{m}\phi_k(x_i)\cdot\phi_j(x_i) \tag{4-13}$$

$$(f,\phi_j)=\sum_{i=1}^{m}f(x_i)\cdot\phi_j(x_i) \tag{4-14}$$

采用较为普遍使用的多项式作为基底，即

$$
\begin{cases}
\phi_0=1\\
\phi_1=x^1\\
\quad\vdots\\
\phi_n=x^n
\end{cases}
\tag{4-15}
$$

则通过代入$(x_i,y_i)$数据点即可求出相应的多项式系数向量$[a_0,a_1,\cdots,a_n]$。至此，已拟合出$\boldsymbol{W}_x(k)$在$k-m+1$时刻至$k$时刻的$x(k)$随时间$k$的位置拟合关系

$$\hat{x}(k)=a_n^x k^n+a_{n-1}^x k^{n-1}+\cdots+a_0^x \tag{4-16}$$

同理可获得$\boldsymbol{W}_y(k)$、$\boldsymbol{W}_z(k)$的位置拟合关系

$$\hat{y}(k) = a_n^y k^n + a_{n-1}^y k^{n-1} + \cdots + a_0^y \tag{4-17}$$

$$\hat{z}(k) = a_n^z k^n + a_{n-1}^z k^{n-1} + \cdots + a_0^z \tag{4-18}$$

根据式（4-16）～式（4-18），某一外推点在$k+1$时刻的位置向量为

$$\widehat{\boldsymbol{Z}}(k+1|k,\cdots,k-m+1) = [\hat{x}(k+1)\ \ \hat{y}(k+1)\ \ \hat{z}(k+1)]' \tag{4-19}$$

虽然该外推点$\widehat{\boldsymbol{Z}}(k+1|k,\cdots,k-m+1)$并不是贝叶斯类概率统计意义上的最优外推点，但该点继承了编队质心的历史序贯信息，是对编队整体运动位置趋势推演的有效表达，在后文中简写为$\widehat{\boldsymbol{Z}}(k+1)$。因此，根据编队成员$t$在编队拓扑结构中与质心间的相对位置关系，可认为根据编队成员$t$的序贯信息外推航迹点为

$$\widehat{\boldsymbol{Z}}^t(k+1) = \hat{\boldsymbol{X}}^t(k) + \widehat{\boldsymbol{Z}}(k+1) - \boldsymbol{W}_{\text{center}}(k) \tag{4-20}$$

### 4.2.3 状态更新与协方差更新

借鉴概率最近邻域关联方法的思想，设置相关波门来筛选回波。此时，存在两个外推点：滤波预测点$\hat{\boldsymbol{Z}}^t(k+1|k)$与拟合外推点$\widehat{\boldsymbol{Z}}^t(k+1)$。因此，对这两点分别设置相关波门。设以$\hat{\boldsymbol{Z}}^t(k+1|k)$为中心的相关波门半径为$\gamma_l$、以$\widehat{\boldsymbol{Z}}^t(k+1)$为中心的相关波门半径为$\gamma_h$。

计算目标$t$在$k+1$时刻每个候选量测的统计距离，即

$$^i d_l^t(k+1) = [\boldsymbol{Z}^i(k+1) - \hat{\boldsymbol{Z}}^t(k+1|k)]'\boldsymbol{S}^t(k+1)[\boldsymbol{Z}^i(k+1) - \hat{\boldsymbol{Z}}^t(k+1|k)] \tag{4-21}$$

$$^i d_h^t(k+1) = [\boldsymbol{Z}^i(k+1) - \widehat{\boldsymbol{Z}}^t(k+1)]'\boldsymbol{S}^t(k+1)[\boldsymbol{Z}^i(k+1) - \widehat{\boldsymbol{Z}}^t(k+1)] \tag{4-22}$$

式中，$\boldsymbol{S}^t$是在$k+1$时刻的新息协方差。

分别取其中统计距离最小的量测及对应候选量测点

$$\tilde{d}_l^t(k+1) = \min_{i=1:m_{k+1}} \{{}^i d_l^t\} \tag{4-23}$$

$$\tilde{d}_h^t(k+1) = \min_{i=1:m_{k+1}} \{{}^i d_h^t\} \tag{4-24}$$

式中，$m_{k+1}$ 为 $k+1$ 时刻所有候选量测点的个数。同时，记对应的量测点为 $\boldsymbol{Z}_l^t(k+1)$ 与 $\boldsymbol{Z}_h^t(k+1)$ 。

定义以下 5 种事件。

（1）事件 $M_1$，条件为

$$\begin{cases} \tilde{d}_l^t(k+1) < {\gamma_l}^2 \\ \tilde{d}_h^t(k+1) < {\gamma_h}^2 \\ \boldsymbol{Z}_l^t(k+1) = \boldsymbol{Z}_h^t(k+1) \end{cases} \tag{4-25}$$

（2）事件 $M_2$，条件为

$$\begin{cases} \tilde{d}_l^t(k+1) < {\gamma_l}^2 \\ \tilde{d}_h^t(k+1) < {\gamma_h}^2 \\ \boldsymbol{Z}_l^t(k+1) \neq \boldsymbol{Z}_h^t(k+1) \end{cases} \tag{4-26}$$

（3）事件 $M_3$，条件为

$$\begin{cases} \tilde{d}_l^t(k+1) \geqslant {\gamma_l}^2 \\ \tilde{d}_h^t(k+1) < {\gamma_h}^2 \end{cases} \tag{4-27}$$

（4）事件 $M_4$，条件为

$$\begin{cases} \tilde{d}_l^t(k+1) < {\gamma_l}^2 \\ \tilde{d}_h^t(k+1) \geqslant {\gamma_h}^2 \end{cases} \tag{4-28}$$

（5）事件 $M_5$，条件为

$$\begin{cases} \tilde{d}_l^t(k+1) \geqslant {\gamma_l}^2 \\ \tilde{d}_h^t(k+1) \geqslant {\gamma_h}^2 \end{cases} \tag{4-29}$$

当事件 $M_1$ 发生时，即两个外推点关联到了同一候选量测点，此时取量测对应的新息为

$$\boldsymbol{v}^*(k+1)=\boldsymbol{Z}_l^t(k+1)-\hat{\boldsymbol{Z}}^t(k+1|k) \tag{4-30}$$

当事件 $M_2$ 发生时，即两个外推点关联到了不同候选量测点，则对应的新息为

$$\boldsymbol{v}^*(k+1)=\boldsymbol{Z}_{M_2}^t(k+1)-\hat{\boldsymbol{Z}}^t(k+1|k) \tag{4-31}$$

式中，$\boldsymbol{Z}_{M_2}^t(k+1)=\beta_{M_2}\boldsymbol{Z}_h^t(k+1)+(1-\beta_{M_2})\boldsymbol{Z}_l^t(k+1)$。

当事件 $M_3$ 发生时，即拟合外推点关联到了候选量测点，而滤波预测点没有关联到量测点，此时新息为

$$\boldsymbol{v}^*(k+1)=\boldsymbol{Z}_{M_3}^t(k+1)-\hat{\boldsymbol{Z}}^t(k+1|k) \tag{4-32}$$

式中，$\boldsymbol{Z}_{M_3}^t(k+1)=\beta_{M_3}\hat{\boldsymbol{Z}}^t(k+1|k)+(1-\beta_{M_3})\boldsymbol{Z}_h^t(k+1)$。

当事件 $M_4$ 发生时，即拟合外推点没有关联到量测点，而滤波预测点关联到了量测点，此时新息为

$$\boldsymbol{v}^*(k+1)=\boldsymbol{Z}_{M_4}^t(k+1)-\hat{\boldsymbol{Z}}^t(k+1|k) \tag{4-33}$$

式中，$\boldsymbol{Z}_{M_4}^t(k+1)=\beta_{M_4}\widehat{\boldsymbol{Z}}^t(k+1)+(1-\beta_{M_4})\boldsymbol{Z}_l^t(k+1)$。

当事件 $M_5$ 发生时，即两个外推点都没有关联到候选量测点，此时直接将拟合外推点看作量测关联点，新息为

$$\boldsymbol{v}^*(k+1)=\widehat{\boldsymbol{Z}}^t(k+1)-\hat{\boldsymbol{Z}}^t(k+1|k) \tag{4-34}$$

上述式中 $\beta_{M_2}$、$\beta_{M_3}$ 与 $\beta_{M_4}$ 为发生对应事件 $M_2$、$M_3$ 与 $M_4$ 时的加权系数，具体计算方法将会在 4.2.4 节介绍。

将上述互斥事件中获得的 $\boldsymbol{v}^*(k+1)$ 代入滤波模型中，可得目标状态更新方程的表达式：

$$\hat{\boldsymbol{X}}(k+1|k+1)=\hat{\boldsymbol{X}}(k+1|k)+\boldsymbol{K}(k+1)\boldsymbol{v}^*(k+1) \tag{4-35}$$

当 $\{M_1,M_2,M_4\}$ 中的某个事件发生时，与更新状态估计对应的误差协方差[200]为

$$\begin{aligned}\boldsymbol{P}(k+1|k+1)=\boldsymbol{P}(k+1|k)+&\frac{\alpha_0 P_D P_R(D)[1-C_\tau(D)]}{1-P_D P_R(D)}-\\ &\alpha_1\boldsymbol{K}(k+1)\boldsymbol{S}(k+1)\boldsymbol{K}'(k+1)+\\ &\alpha_0\alpha_1\boldsymbol{K}(k+1)\boldsymbol{v}^*(k+1)\boldsymbol{v}^{*\prime}(k+1)\boldsymbol{K}'(k+1)\end{aligned} \tag{4-36}$$

式中，$P_D$ 是目标检测概率；$P_R(D)$ 为目标存在于以 $\sqrt{D}$ 为大小的波门内的概率；$C_\tau(D)$ 为参数 $D$ 的 $C_{\tau g}$ 值；$\alpha_1$ 为量测源于目标的概率，且 $\alpha_0=1-\alpha_1$。

当 $\{M_3,M_5\}$ 中的某个事件发生时，与更新状态估计对应的误差协方差为

$$\boldsymbol{P}(k+1|k+1)=\boldsymbol{P}(k+1|k)+\frac{P_D P_G(1-C_{\tau g})}{1-P_D P_G}\boldsymbol{K}(k+1)\boldsymbol{S}(k+1)\boldsymbol{K}'(k+1) \tag{4-37}$$

式中，$P_G$ 是门概率；$C_{\tau g}=\dfrac{\int_0^\gamma q^{m/2}\exp(-q/2)\mathrm{d}q}{n\int_0^\gamma q^{m/2-1}\exp(-q/2)\mathrm{d}q}$。

## 4.2.4　加权系数的确定

由于本节算法在常规滤波外推点的基础上，加入了根据拟合运动趋势的外推信息，因此如何将两种信息有效地结合起来成为算法的关键问题之一。

在事件 $M_2$、$M_3$、$M_4$ 中，新息的计算均采用合成量测点与预测点的差值，而合成量测点中各分量的比例加权系数借鉴 PDAF 思想，使用参数泊松模型对其进行计算。由于在这 3 种事件中的参数计算方法类似，因此以事件 $M_2$ 的参数计算为例进行讲述，其余不再赘述。

在事件 $M_2$ 中，定义

$$\boldsymbol{v}_1(k+1)=\boldsymbol{Z}_h^t(k+1)-\hat{\boldsymbol{Z}}^t(k+1|k) \tag{4-38}$$

$$\boldsymbol{v}_2(k+1)=\boldsymbol{Z}_l^t(k+1)-\hat{\boldsymbol{Z}}^t(k+1|k) \tag{4-39}$$

$$e_1=\exp\{-\frac{1}{2}\boldsymbol{v}_1'(k+1)\boldsymbol{S}^{-1}(k+1)\boldsymbol{v}_1(k+1)\} \tag{4-40}$$

$$e_2=\exp\{-\frac{1}{2}\boldsymbol{v}_2'(k+1)\boldsymbol{S}^{-1}(k+1)\boldsymbol{v}_2(k+1)\} \tag{4-41}$$

则

$$\beta_{M_2}=e_1(e_1+e_2)^{-1} \tag{4-42}$$

### 4.2.5　算法流程框架

图 4-1 所示为本节关联方法的算法流程图。由于本节的方法是在概率最近邻域关联方法的基础上融入了滑窗历史趋势信息，因此在图 4-1 中的关联模块标注为最小二乘-概率最近邻域滤波（Least Square-Probabilistic Nearest Neighbor Filtering，LS-PNNF）。LS-PNNF 关联模块的关联流程图如图 4-2 所示。

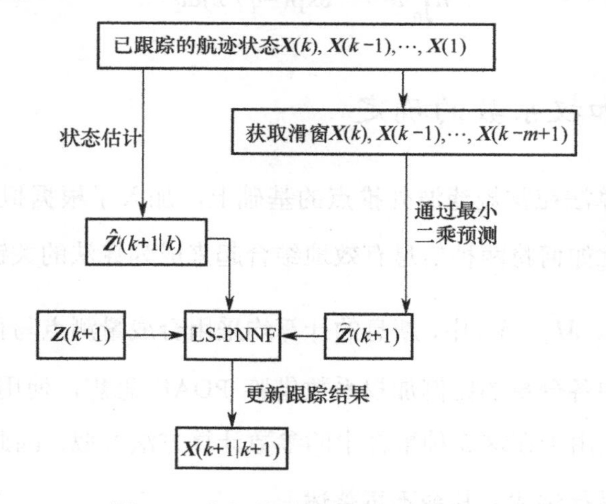


图 4-1　本节关联方法的算法流程图

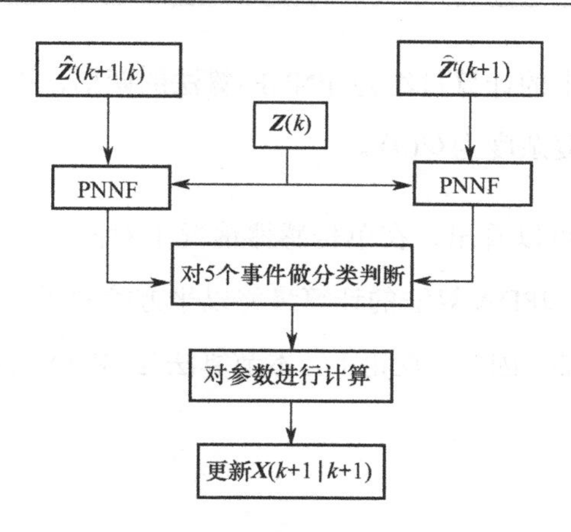


图 4-2　LS-PNNF 关联模块的关联流程图

### 4.2.6　时间复杂度分析

时间复杂度是衡量一个算法优劣的重要指标之一，因此这里通过对联合概率数据互联（Joint Probabilistic Data Association，JPDA）算法、概率最近邻滤波（Probabilistic Nearest Neighbor Filtering，PNNF）算法及本节算法的时间复杂度分析，为后续仿真结果提供理论参考。这里，假设在单传感器条件下，目标个数为$t$，杂波个数为$n$。

JPDA 算法的计算量主要集中在确认矩阵的拆分、滤波过程和可行矩阵权值的确定上，JPDA 算法的时间复杂度为$O((t+n)^2)$。

PNNF 算法属于单目标关联算法，因此对每一个目标而言，其时间复杂度为$O(n)$。本节算法本质上也属于单目标关联算法，对所有回波的关联均为非抢占式的，与 PNNF 算法的区别如下。

（1）增加了一个对已滤波航迹的最小二乘拟合过程，单步增加的计算量级为常数阶$O(1)$。

（2）将拟合外推点与所有目标回波做关联，其增加的时间复杂度为$O(n)$。

本节算法总体上的计算量约为 PNNF 算法的两倍，但仍属于线性阶，因此本节算法的时间复杂度为$O(n)$。

从上面的分析可以看出，在单传感器情况下对两个目标进行跟踪时，随着杂波个数的增多，JPDA 算法的计算量将以平方阶数增加，而 PNNF 算法与本节算法仅线性增加。因此，理论上，本节算法与 JPDA 算法相比在处理效率上具有一定的优势。

# 4.3　基于 ICP 的稳态部分可辨编队精细跟踪算法

## 4.3.1　ICP 的基本思想

作为一种刚体图形匹配[147-197]算法，ICP 算法最早用于深度图像的精确拼合，核心思路是采用循环迭代的方式，不断地更新模型数据与待匹配数据之间的旋转与平移关系，使两个集合可在某种度量条件下达到最优贴合。

设模型数据点集$A=\{\boldsymbol{a}^1,\boldsymbol{a}^2,\cdots,\boldsymbol{a}^m\}$和待匹配数据点集$B=\{\boldsymbol{b}^1,\boldsymbol{b}^2,\cdots,\boldsymbol{b}^n\}$，其中$m$和$n$分别表示$A$与$B$中数据点的个数。为了获取$A$与$B$之间的旋转和平移刚体变换参数，通过不断的迭代方式来逼近有效值。

设在$l-1$步时获得的旋转与平移估计分别为$\hat{\boldsymbol{R}}_{l-1}$、$\hat{\boldsymbol{T}}_{l-1}$，则定义第$l$步的点集为$A_l=\hat{R}_{l-1}A_{l-1}+\hat{\boldsymbol{T}}_{l-1}$，且对于任意$\boldsymbol{a}_l^i\in A_l$，有$\boldsymbol{a}_l=\hat{\boldsymbol{R}}_{l-1}\boldsymbol{a}_{l-1}+\hat{\boldsymbol{T}}_{l-1}$。因此，对于$\boldsymbol{a}_l^i\in A_l$中的各点，在点集$B$中搜索距离该点的最近邻点，即

$$S_B(\boldsymbol{a}_l^i)=\underset{\boldsymbol{b}^j\in B}{\arg\min}\left\|\boldsymbol{a}_l^i-\boldsymbol{b}^j\right\|^2 \tag{4-43}$$

式中，$\|\ \|$表示欧氏统计距离。

由上述可知，在第$l$步时点集$A_l$在$B$中寻找了每个相对应的点$S_B(\boldsymbol{a}_l^i)$，即对于每个$\boldsymbol{a}_l^i \in A_l$，都有$S_B(\boldsymbol{a}_l^i) \in B$与之对应。定义$S_B(A_l)$为满足式（4-43）最近邻条件的所有点构成的新点集，即

$$S_B(A_l) = \{S_B(\boldsymbol{a}_l^1), S_B(\boldsymbol{a}_l^2), \cdots, S_B(\boldsymbol{a}_l^m)\} \tag{4-44}$$

为了衡量旋转与平移参数使$A_l$与$S_B(A_l)$的贴合效果，定义代价函数，即第$l$步点集变换后的不相似度为

$$N_l(\boldsymbol{R}, \boldsymbol{T}) = \sum_{i=1}^{m} \left\| \boldsymbol{R}\boldsymbol{a}_l + \boldsymbol{T} - S_B(\boldsymbol{a}_l^i) \right\|^2 \tag{4-45}$$

通过最小化代价函数$N_l(\boldsymbol{R}, \boldsymbol{T})$，获得刚体变换参数$\boldsymbol{R}$和$\boldsymbol{T}$的最优估计，即

$$(\hat{\boldsymbol{R}}_l, \hat{\boldsymbol{T}}_l) = \arg\min_{\boldsymbol{R}, \boldsymbol{T}} N_l(\boldsymbol{R}, \boldsymbol{T}) \tag{4-46}$$

这也表示了在参数$\hat{\boldsymbol{R}}_l$和$\hat{\boldsymbol{T}}_l$条件下，$A_l$与$S_B(A_l)$具有图形点集的最大贴合度。

通过上述可以看出，ICP算法的实质是将模型数据点集$A$通过重复地进行“图形刚体变换、映射比对、获取最优估计”，一步步地逼近待匹配数据点集$B$，直到满足正确匹配的收敛准则，其实质是一种基于最小二乘准则的点集最优匹配方法。

对于稳态的编队目标，其队形结构的形状拓扑变换缓慢，因此相邻时刻的队形拓扑的位置变换可采用刚体图形匹配来表示，有利于成员航迹的对应对航关联。因此，在进行编队精细跟踪时，将ICP算法应用于编队成员的精细点航数据互联可起到理想的效果。

### 4.3.2　点航映射关联

编队目标在稳态条件下，成员之间的距离较近，且拓扑结构变换缓慢，

相邻时刻的编队结构变换甚微，各成员运动速度的大小、方向相近，采用传统的多目标关联算法易造成航迹交叉、航迹模糊等误关联问题。因此，需要采用针对编队特征的关联算法将回波点划分对应于已跟踪航迹，才能有效地对编队进行精细跟踪。

设某重点关注编队在经过编队精细起始及跟踪滤波后的航迹，在$k$时刻的位置状态估计记为$\{\boldsymbol{X}_i^k\}_{i=1}^n$，其中$\boldsymbol{X}_i^k=[\hat{x}_i(k)\ \ \hat{y}_i(k)]^{\mathrm{T}}$，$i$表示编队中成员序号，$n$表示编队中成员个数。在$k+1$时刻，经过整体群分割及编队预互联后，关于该编队的回波量测集定义为$\{\boldsymbol{Z}_j^{k+1}\}_{j=1}^p$，其中$p$为量测点个数。这里要说明的是，由于编队部分可辨，因此可能出现目标漏观测，同时回波中可能存在不确定个数的杂波，所以$p$与$n$存在以下关系。

（1）若$p<n$，则编队目标一定存在漏观测。

（2）若$p=n$，则不能确定关系。

（3）若$p>n$，则量测中一定存在杂波。

在理想情况下，$k$时刻与$k+1$时刻编队目标拓扑存在旋转量$\varphi$、平移量$(T_x,T_y)$的刚体变换关系，即

$$\boldsymbol{Z}_j^{k+1}=\boldsymbol{R}\boldsymbol{X}_i^k+\boldsymbol{T} \tag{4-47}$$

式中，$\boldsymbol{R}=\begin{bmatrix}\cos\varphi & \sin\varphi\\ -\sin\varphi & \cos\varphi\end{bmatrix}$，$\boldsymbol{T}=\begin{bmatrix}T_x\\ T_y\end{bmatrix}$。

设在第$l$步时，已经获得的第$l-1$步迭代的旋转与平移估计为$\hat{\boldsymbol{R}}_{l-1}$和$\hat{\boldsymbol{T}}_{l-1}$，则$k$时刻位置状态估计在第$l$步为

$$\boldsymbol{X}_{i,l}^k=\hat{\boldsymbol{R}}_{l-1}\boldsymbol{X}_{i,l-1}^k+\hat{\boldsymbol{T}}_{l-1} \tag{4-48}$$

为了使$k$时刻刚体变换后的航迹与$k+1$时刻的量测在对比关联时具有一定的容错能力，以适应部分可辨条件所带来的漏观测难题，这里采用双门限思想进行对比关联。

设定粗关联波门（第一门限）的距离阈值为$D_{\max}$，在量测集合$\{\boldsymbol{Z}_j^{k+1}\}$中搜索对应于$\{\boldsymbol{X}_{i,l}^k\}$中每一个元素的集合：

$$M_{\boldsymbol{Z}}^l(\boldsymbol{X}_{i,l}^k)=\underset{\{\boldsymbol{Z}_j^{k+1}\}}{\arg\min}\left\|\boldsymbol{X}_{i,l}^k-\boldsymbol{Z}_j^{k+1}\right\| \tag{4-49}$$

且满足条件

$$D_{\boldsymbol{X},\boldsymbol{Z}}^l<D_{\max} \tag{4-50}$$

式中，$D_{\boldsymbol{X},\boldsymbol{Z}}^l=\left\|\boldsymbol{X}_{i,l}^k-\boldsymbol{Z}_j^{k+1}\right\|$。同时满足式（4-49）和式（4-50）的量测点，被确定为$\boldsymbol{X}_{i,l}^k$的最近邻点。

设定计数器$\lambda_l$与计数门限值$\lambda_{\min}$（第二门限），$\lambda_{\min}$的取值与目标发现概率和容错率有关，通常情况下，取$\lambda_{\min}=n-1$或$n-2$。变量$i$的值从 1 至$n$，当$\boldsymbol{X}_{i,l}^k$能搜索到对应的最近邻点时，$\lambda_l=\lambda_{l+1}$。

完成搜索后，若满足

$$\lambda_l \geqslant \lambda_{\min} \tag{4-51}$$

则判断为关联成功，当各条航迹在后续滤波时取对应的$k+1$时刻的量测；若某个航迹没有关联到对应量测，则借鉴概率最近邻的思想，取滤波预测值代替。若$\lambda_l<\lambda_{\min}$，则判断为关联失败，需要进行第$l+1$步迭代。

### 4.3.3　旋转与平移参数估计

若第$l$步关联失败，则需要获得第$l$步关联后的$\{\boldsymbol{X}_{i,l}^k\}$与$M_{\boldsymbol{Z}}^l(\boldsymbol{X}_{i,l}^k)$之间的

旋转与平移参数估计值$(\hat{\boldsymbol{R}}_l,\hat{\boldsymbol{T}}_l)$，进而继续下一步迭代。由于关联失败意味着能关联到的点迹太少，因此$M_{\boldsymbol{Z}}^l(\boldsymbol{X}_{i,l}^k)$对应取仅满足式（4-49）的量测点。

为简化表达方式，两个点迹集合表示为

$$\begin{cases}E_{\boldsymbol{X}}^l=\{\boldsymbol{X}_{i,l}^k\}\\E_{\boldsymbol{Z}}^l=\{\boldsymbol{Z}_i^{\boldsymbol{X}}\}\end{cases}\tag{4-52}$$

式中，$\boldsymbol{Z}_i^{\boldsymbol{X}}=M_{\boldsymbol{Z}}^l(\boldsymbol{X}_{i,l}^k)$。

计算两个集合的重心为

$$\begin{cases}\bar{\boldsymbol{E}}_{\boldsymbol{X}}^l=\dfrac{1}{n}\sum\limits_{i=1}^{n}\boldsymbol{X}_{i,l}^k\\\bar{\boldsymbol{E}}_{\boldsymbol{Z}}^l=\dfrac{1}{n}\sum\limits_{i=1}^{n}\boldsymbol{Z}_i^{\boldsymbol{X}}\end{cases}\tag{4-53}$$

因此，代价函数可表示为

$$\begin{aligned}N(\hat{\boldsymbol{R}}_l,\hat{\boldsymbol{T}}_l)&=\left\|\hat{\boldsymbol{R}}_l\bar{\boldsymbol{E}}_{\boldsymbol{X}}^l+\hat{\boldsymbol{T}}_l-\bar{\boldsymbol{E}}_{\boldsymbol{Z}}^l\right\|^2\\&=\frac{1}{n}\sum_{i=1}^{n}\left\|\hat{\boldsymbol{R}}_l\boldsymbol{X}_{i,l}^k+\hat{\boldsymbol{T}}_l-\boldsymbol{Z}_i^{\boldsymbol{X}}\right\|^2\\&=\frac{1}{n}\sum_{i=1}^{n}\left\|\hat{\boldsymbol{R}}_l(\boldsymbol{X}_{i,l}^k-\bar{\boldsymbol{E}}_{\boldsymbol{X}}^l+\bar{\boldsymbol{E}}_{\boldsymbol{X}}^l)+\hat{\boldsymbol{T}}_l-\boldsymbol{Z}_i^{\boldsymbol{X}}+\bar{\boldsymbol{E}}_{\boldsymbol{Z}}^l-\bar{\boldsymbol{E}}_{\boldsymbol{Z}}^l\right\|^2\end{aligned}\tag{4-54}$$

设

$$\begin{cases}\tilde{\boldsymbol{X}}_{i,l}^k=\boldsymbol{X}_{i,l}^k-\bar{\boldsymbol{E}}_{\boldsymbol{X}}^l\\\tilde{\boldsymbol{Z}}_i^{\boldsymbol{X}}=\boldsymbol{Z}_i^{\boldsymbol{X}}-\bar{\boldsymbol{E}}_{\boldsymbol{Z}}^l\\\boldsymbol{T}_l'=\hat{\boldsymbol{T}}_l+\hat{\boldsymbol{R}}_l\bar{\boldsymbol{E}}_{\boldsymbol{X}}^l-\bar{\boldsymbol{E}}_{\boldsymbol{Z}}^l\end{cases}\tag{4-55}$$

则式（4-54）可表示为

$$N(\hat{\boldsymbol{R}}_l,\hat{\boldsymbol{T}}_l)=\frac{1}{n}\sum_{i=1}^{n}\left\|\hat{\boldsymbol{R}}_l\tilde{\boldsymbol{X}}_{i,l}^{k}-\tilde{\boldsymbol{Z}}_i^{X}+\boldsymbol{T}_l'\right\|^2 \tag{4-56}$$

将其展开，可得

$$\begin{aligned}N(\hat{\boldsymbol{R}}_l,\hat{\boldsymbol{T}}_l)=&\frac{1}{n}\sum_{i=1}^{n}\left\|\boldsymbol{T}_l'\right\|^2+\frac{1}{n}\sum_{i=1}^{n}\left\|\tilde{\boldsymbol{Z}}_i^{X}\right\|^2+\frac{1}{n}\sum_{i=1}^{n}\left\|\hat{\boldsymbol{R}}_l\tilde{\boldsymbol{X}}_{i,l}^{k}\right\|^2-\\&\frac{2(\boldsymbol{T}_l')^{\mathrm{T}}}{n}\sum_{i=1}^{n}(\tilde{\boldsymbol{Z}}_i^{X}-\hat{\boldsymbol{R}}_l\tilde{\boldsymbol{X}}_{i,l}^{k})-\frac{2}{n}\sum_{i=1}^{n}[(\tilde{\boldsymbol{Z}}_i^{X})^{\mathrm{T}}\hat{\boldsymbol{R}}_l\tilde{\boldsymbol{X}}_{i,l}^{k}]\end{aligned} \tag{4-57}$$

当$\boldsymbol{T}_l'=0$时，即

$$\hat{\boldsymbol{T}}_l=\overline{\boldsymbol{E}}_{\boldsymbol{Z}}^{l}-\hat{\boldsymbol{R}}_l\overline{\boldsymbol{E}}_{\boldsymbol{X}}^{l} \tag{4-58}$$

则式（4-57）中的第 1 项为零。同时，第 4 项也为零。

在式（4-57）中第 3 项满足旋转关系

$$\frac{1}{n}\sum_{i=1}^{n}\left\|\hat{\boldsymbol{R}}_l\tilde{\boldsymbol{X}}_{i,l}^{k}\right\|^2=\frac{1}{n}\sum_{i=1}^{n}\left\|\tilde{\boldsymbol{X}}_{i,l}^{k}\right\|^2 \tag{4-59}$$

因此，第 3 项与旋转变量无关；同理，第 2 项也与旋转变量无关。

至此，为了最小化代价函数$N(\hat{\boldsymbol{R}}_l,\hat{\boldsymbol{T}}_l)$，仅需使式（4-57）中的第 5 项取极大值。对该项展开，可得

$$\begin{aligned}\sum_{i=1}^{n}((\tilde{\boldsymbol{Z}}_i^{X})^{\mathrm{T}}\hat{\boldsymbol{R}}_l\tilde{\boldsymbol{X}}_{i,l}^{k})=&\left\{\sum_{i=1}^{n}\hat{x}_i^{l}(k)x_i^{\boldsymbol{Z}}(k)+\sum_{i=1}^{n}\hat{y}_i^{l}(k)y_i^{\boldsymbol{Z}}(k)\right\}\cos\varphi_l+\\&\left\{\sum_{i=1}^{n}\hat{y}_i^{l}(k)x_i^{\boldsymbol{Z}}(k)-\sum_{i=1}^{n}\hat{x}_i^{l}(k)\hat{y}_i^{\boldsymbol{Z}}(k)\right\}\sin\varphi_l\\=&(\varLambda_{xx}+\varLambda_{xy})\cos\varphi_l+(\varLambda_{yx}+\varLambda_{xy})\sin\varphi_l\end{aligned} \tag{4-60}$$

式中，$x_i^{\boldsymbol{Z}}(k)$、$y_i^{\boldsymbol{Z}}(k)$分别表示第$l$步时$\boldsymbol{X}_{i,l}^{k}$对应$M_{\boldsymbol{Z}}^{l}(\boldsymbol{X}_{i,l}^{k})$的$x$、$y$轴坐标；$\varLambda_{xx}$等分别为对应项的简写表示。

为使式（4-60）取极大值，可取第 $l$ 步的 $\varphi_l$ 估计值为

$$\hat{\varphi}_l = \arccos\frac{\Lambda_{xx}+\Lambda_{xy}}{\sqrt{(\Lambda_{xx}+\Lambda_{xy})^2+(\Lambda_{yx}+\Lambda_{xy})^2}} \tag{4-61}$$

获得 $\hat{\varphi}_l$ 即取得了旋转估计量 $\hat{\boldsymbol{R}}_l$，通过式（4-58）即可获得平移估计量 $\hat{\boldsymbol{T}}_l$，在此不再赘述。

### 4.3.4　关联算法流程

综上所述，基于 ICP 的关联算法流程可大致分为以下几个步骤。

步骤 1，初始化。设定一组初始的旋转与平移量 $(\hat{\boldsymbol{R}}_0,\hat{\boldsymbol{T}}_0)$，这里可设置初始旋转角为 0，初始平移量为 $\{\boldsymbol{X}_i^k\}_{i=1}^n$ 与 $\{\boldsymbol{Z}_j^{k+1}\}_{j=1}^p$ 两个点迹重心位置差。

步骤 2，点航映射。基于第 $l-1$ 步的旋转与平移估计量 $(\hat{\boldsymbol{R}}_{l-1},\hat{\boldsymbol{T}}_{l-1})$，根据式（4-48）获取第 $l$ 步迭代的映射状态估计 $\boldsymbol{X}_{i,l}^k$。

步骤 3，最近邻关联。针对每个状态估计点 $\boldsymbol{X}_{i,l}^k$，利用最近邻法，在量测集合 $\{\boldsymbol{Z}_j^{k+1}\}$ 中搜索满足式（4-49）条件的对应点，组成新的集合 $\{M_{\boldsymbol{Z}}^l(\boldsymbol{X}_{i,l}^k)\}$。

步骤 4，更新旋转与平移量。采用 4.3.3 节所述方法求取 $\{\boldsymbol{X}_{i,l}^k\}$ 与 $\{M_{\boldsymbol{Z}}^l(\boldsymbol{X}_{i,l}^k)\}$ 之间能使代价函数 $N(\hat{\boldsymbol{R}}_l,\hat{\boldsymbol{T}}_l)$ 取极小值，且可用于第 $l$ 步迭代的旋转与平移估计量 $(\hat{\boldsymbol{R}}_l,\hat{\boldsymbol{T}}_l)$。

步骤 5，终止与迭代。采用双门限准则，若满足式（4-50）与式（4-51）的条件，则终止迭代，确定 $\{\boldsymbol{X}_i^k\}_{i=1}^n$ 中每个元素在 $\{\boldsymbol{Z}_j^{k+1}\}_{j=1}^p$ 中的对应量测（关联成功）；若不能满足条件，则取 $l=l+1$，跳转至步骤 2，迭代更新。

为了防止在特殊情况下出现无限循环的情况，若在某步迭代更新后，

$\{M_Z^{l-1}(X_{i,l-1}^k)\}$ 与 $\{M_Z^l(X_{i,l}^k)\}$ 相同，则终止迭代，取仅满足式（4-50）条件的 $\{X_i^k\}_{i=1}^n$ 的对应量测。

若算法在第 $l$ 步迭代终止，则 $k$ 时刻的位置状态估计 $\{X_i^k\}_{i=1}^n$ 与 $k+1$ 时刻量测集合 $\{Z_j^{k+1}\}_{j=1}^p$ 之间最终的旋转角与平移量估计为

$$\begin{cases} \hat{\varphi} = \sum_{l=0}^{L} \hat{\varphi}_l \\ \hat{T} = \sum_{l=0}^{L} \hat{T}_l \end{cases} \tag{4-62}$$

由于量测条件为部分可辨，因此该关联算法的处理结果易出现漏关联情况，即未能对 $\{X_i^k\}_{i=1}^n$ 中的每个元素关联到对应量测。出现这种情况是正常的，会在本节算法的后续过程中对其进行针对处理。

### 4.3.5　漏关联量测填补

经过编队内点航关联后，可获得 $k+1$ 时刻量测与 $k$ 时刻 $n$ 条航迹不完全一一对应的关系。部分可辨条件下的编队回波特征为目标发现概率低，即目标的航迹时有时无，航迹信息不完全，因此在量测集中不一定存在与成型航迹相对应的目标回波。为了解决这个问题，需要对没有回波的目标进行量测填补，从而用于后续的状态更新滤波。

这里借鉴概率最近邻的思想，未关联到对应量测的航迹，采用 $k+1$ 时刻的状态预测作为其更新值，即

$$M_Z^l(X_{i,l}^k) = \hat{X}(k+1|k) \tag{4-63}$$

对应的误差协方差为

$$\boldsymbol{P}(k+1|k+1)=\boldsymbol{P}(k+1|k)+\frac{P_D P_G(1-C_{\tau g})}{1-P_D P_G}\boldsymbol{K}(k+1)\boldsymbol{S}(k+1)\boldsymbol{K}'(k+1) \quad (4\text{-}64)$$

式中，$P_D$ 为目标检测概率；$P_G$ 为门概率；$C_{\tau g}=[1-\exp(-\gamma/2)(1+\gamma/2)]/[1-\exp(-\gamma/2)]$，$\sqrt{\gamma}$ 为跟踪波门大小 $D_{\max}$。

为了防止对航迹过度填补而形成的虚假航迹，这里需要对同一条航迹的填补频次加以制约。采用滑窗 $\alpha/\beta$ 逻辑准则对单个成员航迹进行逐点判断。在窗口长度为 $\beta$ 的时间滑窗内，若填补量测的个数大于 $\beta-\alpha$，则认为该条航迹为不可信任，将该航迹终结；若填补个数不大于 $\beta-\alpha$，则认为该航迹在填补量测后仍然为可信任航迹，维持并更新该航迹。

### 4.3.6 基于多模型的滤波更新

编队目标在稳态条件下，各成员目标的运动状态相似，且编队拓扑结构变换缓慢。因此，每个编队成员的运动状态为匀速直线运动或加速度较小的大半径转弯。采用单一的滤波模型不能较好地对航迹进行滤波贴合，因此本节采用多模型算法对编队成员航迹滤波。

设置 3 个过程噪声级，给每个过程噪声级建立一个滤波器，根据似然函数计算各个模型的贴合度，然后求它们的加权和。由于目标运动的机动幅度不大，因此在过程噪声级设置时采用较小的过程噪声协方差系数。这里不再赘述多模型滤波的具体流程，但需要注意的是，由于编队具有稳态特征，可以通过监视各成员与 3 个模型之间的贴合系数，判断编队拓扑结构是否改变。

设某时刻编队成员对于各噪声模型的贴合度集合为 $\{M_w^{\sigma}\}_{w=1}^{n}$，$w$ 为编队成员序号，$\sigma$ 取值 $\{1,2,3\}$，表示对应 3 个过程噪声模型，则该时刻编队的模型平均值和成员模型平均值分别为

$$\bar{M}=\sum_{\sigma=1}^{3}\sum_{w=1}^{n}\sigma M_{w}^{\sigma} \tag{4-65}$$

$$\bar{M}_{w}=\sum_{\sigma=1}^{3}\sigma M_{w}^{\sigma} \tag{4-66}$$

设定阈值系数$\kappa_M$，若

$$\bar{M}_{w}>(\kappa_M+1)\bar{M} \tag{4-67}$$

则认为成员$w$在编队内的相对移动幅度较大，将改变编队的拓扑结构。需要注意的是，由于成员$w$在编队内的相对移动幅度较大，可能产生编队内的交叉航迹，此时编队成员关联可能出现$M_{\boldsymbol{Z}}^{l}(\boldsymbol{X}_{i,l}^{k})=M_{\boldsymbol{Z}}^{l}(\boldsymbol{X}_{j,l}^{k})$的情况，即两条航迹关联到同一个量测点。这里采用非抢占式的滤波更新，即两条航迹均将采用该量测做滤波更新。由于航迹的速度矢量不同，因此在后续关联滤波中航迹可自动分离。

## 4.4　仿真比较与分析

为了验证本章所提出的两种算法的性能及有效性，本节采用 1000 次 Monte-Carlo 仿真对本章提出的基于序贯航迹拟合的稳态编队精细跟踪算法（该算法由于采用 LS-PNN 思路，因此下文简称为 LS 算法）、基于 ICP 的稳态编队精细跟踪算法（Refined Tracking Algorithm for Steady Partly Resolvable Group Targets Based on ICP，下文简称为 ICP 算法）、基于模版匹配的编队目标跟踪算法（Group Targets Tracking Algorithm Based on Template Matching，下文简写为 TM 算法）、传统多目标跟踪算法中性能优越的多假设跟踪（Multiple Hypothesis Tracking，MHT）算法（下文简称为 MHT 算法）在多环境下对已起始的航迹进行跟踪，并对跟踪结果进行性能比较与分析。

### 4.4.1 仿真环境

设雷达的采样周期$T=1\text{s}$。为了多角度比较分析各算法的航迹跟踪性能，设置了以下 3 种经典仿真环境。

环境 1：模拟杂波条件下稳态稀疏编队与稳态密集编队的目标环境。稀疏编队目标环境下，编队成员之间的距离一般处于区间[600m,1000m]内；密集编队目标环境下，距离一般在区间[100m,300m]内。设在雷达视域内，存在两个稳态编队。第一个为稀疏编队，做小机动参数的大半径转弯，由 5 个成员组成，各成员的初始位置为(10000m,15000m)、(9000m,15400m)、(9000m,14600m)、(10000m,15800m)、(10000m,14200m)，初始速度为(−392m/s,0m/s)；第二个为密集编队，做匀速直线运动，由 4 个成员组成，各成员的初始位置为(5000m,−4200m)、(5200m,−4150m)、(5350m,−4100m)、(5550m,−4170m)，初始速度为(0m/s, 300m/s)。

仿真中设置雷达视域范围为$x\in[-16000\ \ 12000]$，$y\in[-10000\ \ 26000]$，雷达位于坐标原点$(0,0)$。雷达的测向误差$\sigma_\theta=0.2°$，测距误差$\sigma_\rho=20\text{m}$。设置雷达对目标的发现概率为$P_{\text{d}}=0.83$。杂波的产生方式为，在雷达视域范围内，每时刻随机均匀产生 1000 个杂波。

环境 2：模拟杂波条件下稳态编队成员的相对位置发生缓慢变化（编队拓扑结构变化）条件下的目标环境。设雷达视域内存在一个编队，由 5 个成员组成，各成员初始位置为(10900m,−4100m)、(10450m,−4550m)、(10000m,−5000m)、(9550m,−5450m)、(9100m,−5900m)，初始速度为(−200m/s,300m/s)。在 16～31s 间，成员 2 与成员 3 做小机动交错飞行；在 41～71s 间，成员 2、成员 4、成员 5 同时做小机动交错飞行，机动参数略。其他雷达与杂波等参数同环境 1。

环境 3：为了验证各个算法的时间复杂度在实际运行速度上的差别，在环境 1 的条件下，针对稀疏编队和密集编队，分别对各个算法的处理时间进行对比。对该条件下的处理过程进行 1000 次 Monte-Carlo 仿真，记录运行时间并取平均值。

### 4.4.2　仿真结果与分析

（1）在仿真环境 1 中，雷达视域内共存在两个编队，合计 9 批目标，所有目标的真实运动态势图如图 4-3 所示。

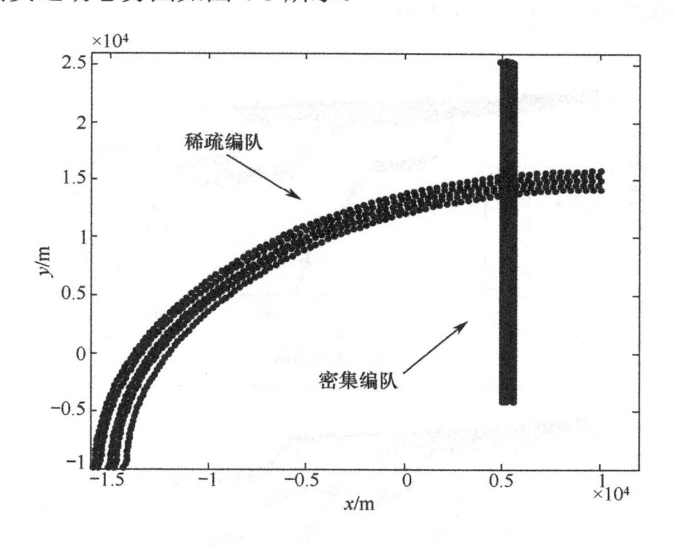


图 4-3　所有目标的真实运动态势图（环境 1）

由于编队目标成员距离较近，因此跟踪过程中极易出现航迹模糊现象（两条或多条航迹合并为一条航迹，从而另一条航迹丢失）与航迹错误交叉等误跟踪问题。为了对算法性能进行有效评估，结合工程中对数据准确度的要求，这里只对可行航迹[202]（航迹批号始终对应正确的起始航迹批号）进行衡量统计。为了有效评价航迹跟踪的可靠性，这里定义平均可行航迹批数为

$$\Psi(\alpha)=\frac{\sum_{i=1}^{\beta}T_i(\alpha)+T_{\mathrm{end}}(n_{\mathrm{monte}}-\beta)}{n_{\mathrm{monte}}} \tag{4-68}$$

式中，$\alpha$ 表示可行航迹批数；$T_i(\alpha)$ 表示在第 $i$ 次仿真中出现 $\alpha$ 批可行航迹的时刻；$n_{\mathrm{monte}}$ 表示 Monte-Carlo 仿真次数；$\beta$ 表示 $n_{\mathrm{monte}}$ 次 Monte-Carlo 仿真中出现 $\alpha$ 批可行航迹的次数；$T_{\mathrm{end}}$ 为仿真中的总时刻数。在本节仿真中，$\alpha\in\{1,2,3,4,5\}$，$n_{\mathrm{monte}}=1000$，$T_{\mathrm{end}}=100$，ICP 算法的滑窗长度 $m=4$。因此，在环境 1 条件下，仿真后 4 种算法对稀疏编队与密集编队的处理结果中的平均可行航迹批数比较图如图 4-4 所示。

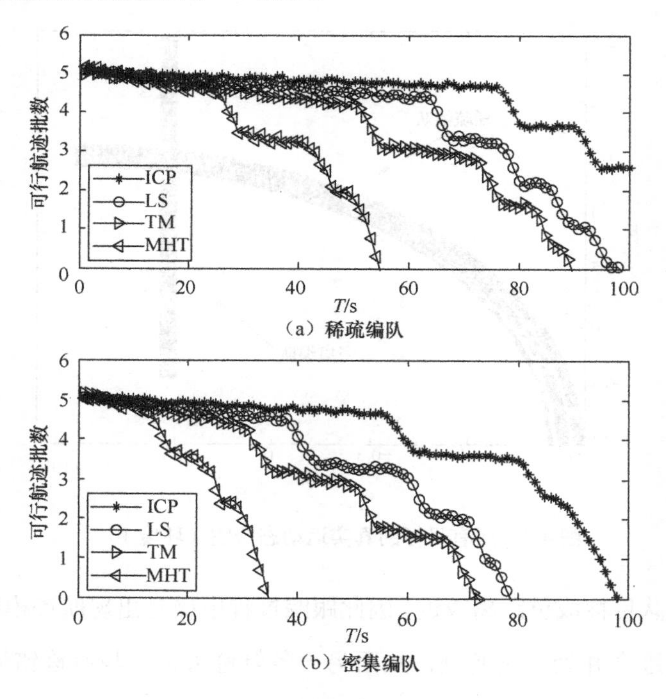


图 4-4　平均可行航迹批数比较图（环境 1）

从图 4-4 可以看出，ICP 算法和 LS 算法对两种编队条件的跟踪处理，平均可行航迹批数均显著优于其他两种算法，这说明本章算法对部分可辨条件下的编队跟踪具有更高的可靠性。对比图 4-4（a）与图 4-4（b），在密集编队条件下，各算法的可行航迹批数有所下降，特别是 MHT 算法。通过对算法理论分析可知，MHT 算法没有对编队整体拓扑的关联，因此在多目标同速同向运动时，极易出现错误关联，从而降低跟踪的正确率。而当编队成员较密集时，该现象尤为显著。由于 LS 算法利用了编队整体的序贯特性，在跟踪时不易出现误跟踪到相邻的编队成员航迹上的情况，因此该算法的性能略好于 TM 算法。对于 ICP 算法和 TM 算法，当可行航迹批数小于 2 时，曲线迅速降至零。通过分析可知，由于 LS 算法与 TM 算法均对编队整体拓扑进行了关联，当可行航迹批数小于 2 时，编队整体的拓扑对准受到了严重的影响，关联错误率大大上升，因此导致该现象的发生。另外，由于 ICP 算法针对目标低可观测条件，采用了漏关联量测填补技术，可进一步提高算法的正确关联率，因此 ICP 算法具有最高的跟踪可靠性，LS 算法次之。

为了衡量各算法的跟踪精度，对跟踪时可行航迹的位置与速度精度进行了统计。由于在密集编队条件下，MHT 算法的可行航迹太少，Monte-Carlo 仿真时没有成功跟踪到一条完整的可行航迹。因此，这里仅对稀疏编队条件下的跟踪精度进行统计。各算法跟踪航迹的 $y$ 轴方向位置均方根误差、速度均方根误差比较图分别如图 4-5、图 4-6 所示。

从图 4-5 中可以看出，ICP 算法的位置均方根误差曲线显著低于其他算法，LS 算法次之，这两种算法均具有较高的位置跟踪精度。ICP 算法的 $y$ 轴方向位置均方根误差为 21.4m，LS 算法的为 24.3m，TM 算法的为 27.6m，MHT 算法的为 53.7m，因此较高的跟踪精度也是跟踪可靠性的保证。在图 4-6 中，ICP 算法的速度均方根误差曲线也显著低于其他算法。由图 4-5、图 4-6 可知，用于多目标跟踪的 MHT 算法显然不适用于编队目标的跟踪，误差较大。ICP 算法具有最高的跟踪精度，LS 算法次之，TM 算法再次。

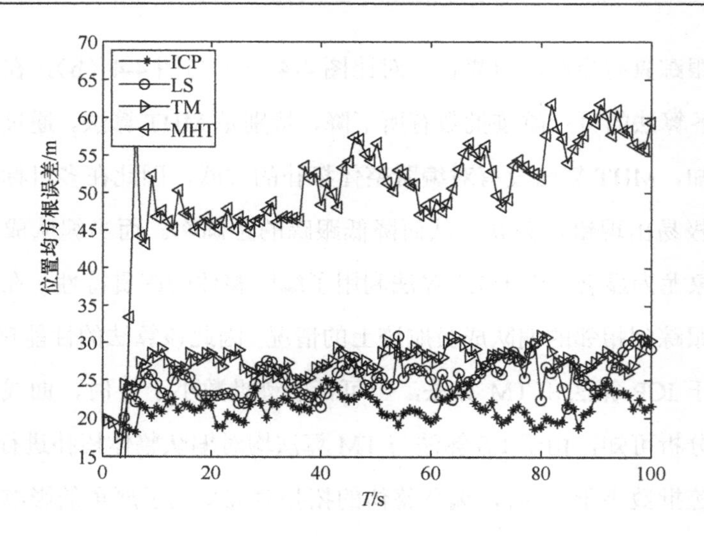


图 4-5　$y$ 轴方向位置均方根误差比较图（环境 1）

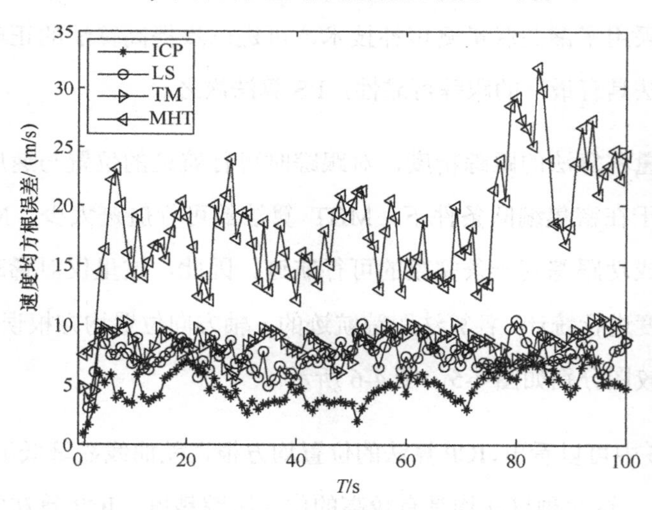


图 4-6　$y$ 轴方向速度均方根误差比较图（环境 1）

从环境 1 的仿真结果可以看出，ICP 算法、LS 算法在跟踪可靠性、位置精度和速度精度上都显著优于 TM 算法与 MHT 算法，算法有效性显著。

（2）在仿真环境 2 中，雷达视域内共存在一个编队，合计 5 批目标，所有目标的真实运动态势图如图 4-7 所示。

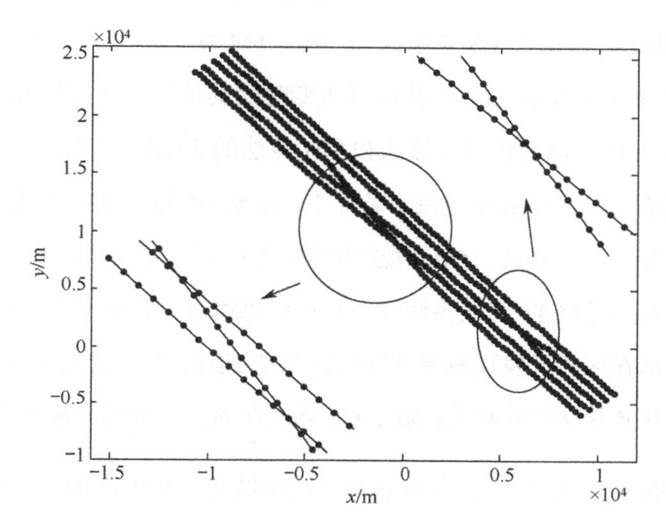


图 4-7　所有目标的真实运动态势图（环境 2）

从图 4-7 中可以看到，该编队经历过两次编队拓扑变化：第一次为成员 2 与成员 3 互换位置，第二次为成员 2 与成员 4 一起与成员 5 互换位置。在这种情况下，编队的精细跟踪极易出现错误。为了验证算法在该环境下的跟踪能力，鉴于在环境 1 的仿真中已经验证过算法的可靠性与跟踪精度，这里仅验证成员航迹交错时的正确跟踪率（即航迹与批号正确对应），如表 4-1 所示。

**表 4-1　各算法的正确跟踪率（环境 2）**

| 算法 | 正确跟踪率 | |
|---|---|---|
| | 第一次交叉 | 第二次交叉 |
| ICP | 88.5% | 63.4% |
| LS | 83.0% | 46.8% |
| TM | 81.2% | 45.5% |
| MHT | 84.9% | 50.7% |

在表 4-1 中需要说明的是，在第一次拓扑改变正确跟踪的前提下，才对第二次拓扑改变进行正确跟踪率统计。ICP 算法在两次拓扑改变时的正确跟踪率

均为最高。对于整个航迹的跟踪率，ICP 算法的正确跟踪率为 56.1%（88.5%×63.4%），远高于 LS 算法的 38.8%、TM 算法的 36.9%和 MHT 算法的 43.0%，说明 ICP 算法在编队拓扑缓慢改变时比其他算法具有较高的跟踪可靠性。从表 4-1 中还可以看出，LS 算法和 TM 算法的正确跟踪率不如 MHT 算法。通过分析算法可知，在低发现概率条件下，点迹–航迹互联在航迹交错时易出现多航迹对应同一量测点，TM 算法的模版建立在区域矩形划分的基础上，匹配模糊性较大；而 MHT 算法多假设全临最优思路可使关联跟踪的正确性增大。但这 3 种算法在应对低发现概率的编队目标精细跟踪时，在关联与滤波的各个环节均不如 ICP 算法有针对性，因此 ICP 算法在该背景下具有最优的跟踪效能。

（3）在仿真环境 3 中，各算法对稀疏编队与密集编队的平均处理时间如表 4-2 所示。

**表 4-2 各算法对稀疏编队与密集编队的平均处理时间（环境 3）**

| 算法 | 平均处理时间/ms | |
|---|---|---|
| | 稀疏编队 | 密集编队 |
| ICP | 0.516 | 0.477 |
| LS | 0.255 | 0.214 |
| TM | 0.438 | 0.401 |
| MHT | 0.985 | 0.794 |

从表 4-2 中可以看出，MHT 算法在对两种编队的处理时间上显著多于其他算法，ICP 算法略多于 TM 算法，但相差不到 0.1ms。LS 算法的处理时间则显著少于其他算法，具有最高的算法运行效率。

综合以上仿真结果可以看出，本章所提的 ICP 算法和 LS 算法相比于已有的多目标跟踪算法和编队精细跟踪算法，ICP 算法具有显著的跟踪精度优势、LS 算法具有显著的处理效率优势，使用时可根据实际需求的不同，采用对应的编队跟踪算法。

## 4.5　本章小结

为了解决部分可辨条件下的稳态编队跟踪问题，本章提出了两种优势互补的稳态编队跟踪算法，可总结如下。

（1）在提出的 LS 算法中，利用编队航迹的序贯信息，对航迹进行拟合外推，并与编队成员滤波更新时的滤波外推点进行结合，可使个体成员航迹更协调于编队整体，有利于稳态编队的成员航迹跟踪。且该算法的结构简单，相较于传统的多目标跟踪算法在算法时间复杂度上具有优势。仿真结果表明，该算法的跟踪精度虽然不及 ICP 算法，但相较于其他算法还是具有很高的跟踪精度；在处理效率方面，该算法显著优于其他算法，是一种高效且兼顾精度的稳态编队跟踪算法。

（2）在提出的 ICP 算法中，利用稳态编队拓扑改变缓慢的特性，利用图形匹配的思路，将编队的整体拓扑进行量测的关联，具有显著的整体关联优势；采用循环迭代方式实现点航关联的最优匹配，提高了编队成员关联的准确性；在编队成员航迹的状态更新中采用滑窗 $\alpha/\beta$ 逻辑的漏关联量测填补技术，有效提高了在部分可辨条件下的航迹维持问题；采用非抢占式的多模型滤波更新方法，有效提高了编队内对交叉航迹的正确跟踪率。经过仿真验证，该算法对稳态部分可辨编队具有较高的跟踪可靠性与跟踪精度，且在编队出现交叉航迹时仍具有较高的有效性。

综上所述，本章所提出的两种算法都具有较高的跟踪精度，但又特点鲜明，在多环境下表现出良好的可靠性，可为实际工程应用提供新的思路。

# 第 5 章　部分可辨条件下的机动编队跟踪算法

## 5.1　引言

编队队形根据战术目的或不可控因素，通过战术机动变换队形，常见的有编队的分裂和合并，在跟踪过程中，只有掌握了各成员在多变的战术机动中的航迹，才能真正有效地掌握战场态势。因此，对机动编队的精细跟踪在要地放空、战场态势的精确获取等方面具有重要意义。

目前已有的单传感器跟踪算法分为两类：一类是将编队当作多目标来处理，将传统的多目标跟踪算法推广至编队目标；另一类是将编队当作整体来处理，仅对整体的战场态势进行跟踪。这些算法的思路结构都过于简单，效果较差，不能有效地解决部分可辨条件下的机动编队精细跟踪问题。编队在进行分裂或合并时，编队的成员结构将发生改变，成员的编队归属也将发生变化。因此，首先需要对机动过程建立一个完整的模型，用来合理地解决机动前后个体的出处及归属问题；然后在这个模型的基础上研究如何进行编队成员的航迹跟踪，这才是解决机动编队跟踪的有效手段。

本章的 5.2 节提出了基于复数域拓扑描述的编队分裂机动跟踪算法（Group Tracking Algorithm-Split Maneuvering Based on Complex Domain Topological Descriptions ，GTA-SMCDTD）。该算法首先在对编队分裂模型进行分析的基础上，通过滑窗反馈机制对分裂的形式进行判断分类，建立编队分裂模型；然后采用不同方法对单目标离群及编队整体分裂两种分裂形式的滑窗内航迹进行确定；最后采用 Singer 法对已关联的航迹进行滤波更新。5.3 节提出了基于拓扑模糊对准的编队合并机动跟踪算法（Formation Merging Maneuver Tracking Algorithm Based on Topology Fuzzy Alignment，FMTA-TFA）。该算法首先根据编队合并的特点，通过判决滑窗内外航迹的对比，对合并或交叉的类型进行判断分类，并以此建立编队合并模型；然后采用模糊理论对编队成员的相对位置、速度、加速度等拓扑信息进行表达，有效地将跟踪的对象聚焦在群成员个体上；最后利用同源航迹的对准关联方法，可有效对合并前后的航迹进行对接关联。5.4 节对本章进行小结。

# 5.2　基于复数域拓扑描述的编队分裂机动跟踪算法

## 5.2.1　编队分裂机动模式分析

设传感器在 $k$ 时刻对第 $m$ 个编队的目标量测为

$$Z^m(k)=\{z_i^m(k)\}\quad (i=1,2,\cdots,\alpha_m) \tag{5-1}$$

式中，$\alpha_m$ 为该编队的成员个数。编队跟踪分为 3 个主要步骤，如图 5-1 所示。当编队处于稳态时，步骤 1 采用常规算法处理较为有效；但当编队出现整体机动时，群分割后的编队易出现预互联不完全一一对应的情况，因此将无法正确进行后续的跟踪步骤。此时，需要在步骤 1 中建立合理有效的机动编队模型，判别编队的运动状态，从而准确地完成后续的编队跟踪。

当编队发生分裂时，即从某时刻开始，编队整体拓扑发生改变，经历若干时刻后逐渐分为两个或多个编队（或单目标）。就所关注编队而言，在分裂机动开始前后，最显著的变化为编队成员数量的改变，以及整体观测区域内编队（或单目标）数量的改变。编队分裂具有两种经典的类型：编队整体分裂和编队单目标离群。如图 5-2 所示，观测区域内存在两个编队：编队 $m$ 与编队 $n$，两个编队均发生了编队分裂，经过若干时刻完成分裂机动，分裂后的编队及单目标回归稳态，如编队 $m$−1 表示由编队 $m$ 分裂后的 1 号编队。编队 $m$ 的分裂方式为编队整体分裂，即编队数量增加，单目标数量没有增加；编队 $n$ 为编队单目标离群，即分裂后编队数量没有增加，单目标数量增加。在实际战场上，这两种分裂方式常常混合出现，在研究过程中可分别对其进行分析。

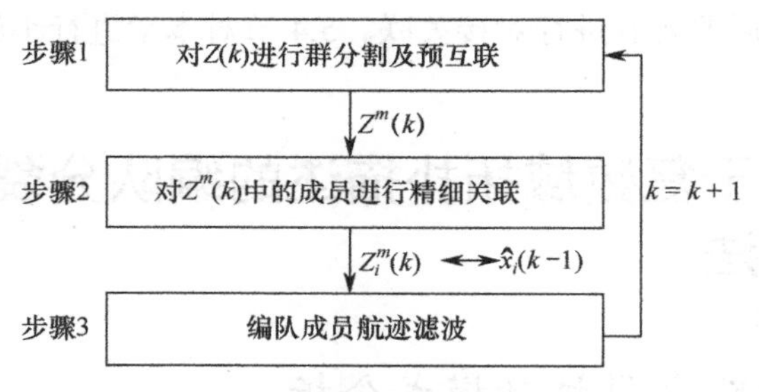


图 5-1　编队跟踪的主要步骤

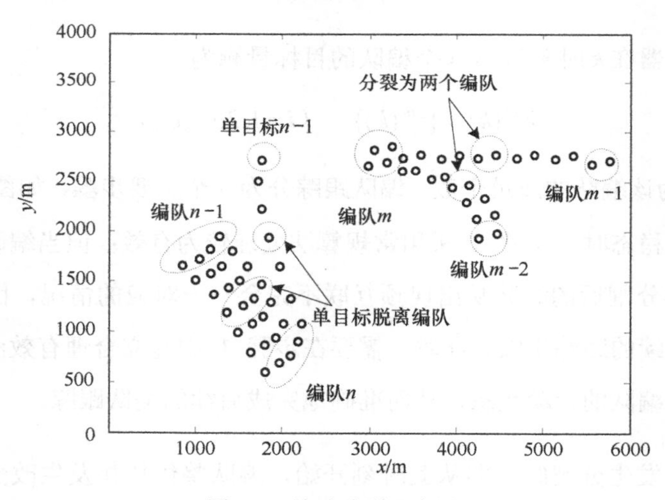


图 5-2　编队分裂示意图

在完成编队精细跟踪的过程中，必须先确定量测的编队归属，进而才能进行点迹–航迹互联的归属判决。对于编队分裂机动，必须先获得分裂后编队的原编队互联信息，才能完成编队成员的整体航迹互联。

对于编队整体分裂方式，根据群的定义，群内目标间的距离远大于群之间的距离，如图 5-2 所示，随着编队 $m-1$ 与编队 $m-2$ 的逐渐远离，设在 $k$ 时刻的群分割后，它们将完全划分为两个编队。但由于编队整体速度矢量相似且位置相近，$k$ 时刻的编队 $m-1$ 与编队 $m-2$ 在预互联环节理论上均能与 $k-1$ 时刻的编队 $m$ 关联成功，因此将该依据作为分裂关联的基础，确定分裂前后编队的从属关系。

对于单目标离群分裂方式，随着单目标运动轨迹的远离，在 $k$ 时刻，它与原编队成员的距离将远大于成员之间的距离，因此在群分割时不再将其量测划分在编队内部。但此时在编队跟踪的步骤 1 中并不能检测出该情况，这是因为局部观测区域内的编队数量并没有明显改变，所以只能继续对编队 $n-1$ 的量测数据进行跟踪。

经过上述分析，编队分裂造成的成员数量减少在群分割与预互联阶段并不能完全准确判定。同时，当编队发生分裂机动时，编队拓扑的变化也使得稳态编队跟踪算法在成员精细关联环节的处理准确率大大下降。因此，在编队出现该机动方式时，建立一个准确有效的机动模型，对编队状态做出及时判定将成为成员航迹关联的重要基础。

## 5.2.2　编队分裂机动建模与主要步骤

鉴于分裂过程并不是某一时刻的独立行为，而是连续时长内的渐变过程，因此采用滑窗后验反馈模型对编队分裂进行建模判决。首先建立一个长度为 $l$ 的判决滑窗，$l$ 的取值应能包含从分裂开始到完成分裂的所有时刻，如图 5-3 所示，其中每个小方格表示该时刻观测区域的所有量测集合。当 $k$ 时刻的判决编队完成分裂时，认为判决滑窗内 $l$ 个时刻为分离的渐进过程。由于编队拓扑的变化，在此过程中的成员航迹跟踪易出现错误，因此，对于判决滑窗内的成员航迹，应采取相应方法重新确定。

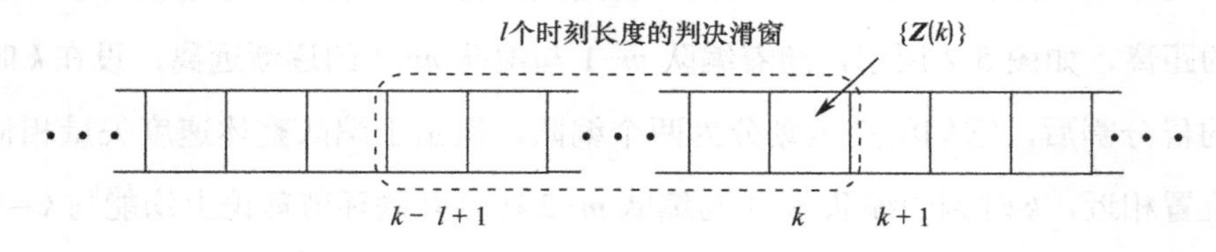


图 5-3　分裂模型判决滑窗示意图

设编队 $m$ 为所关注编队，编队分裂模型的处理流程图如图 5-4 所示，具体步骤如下。

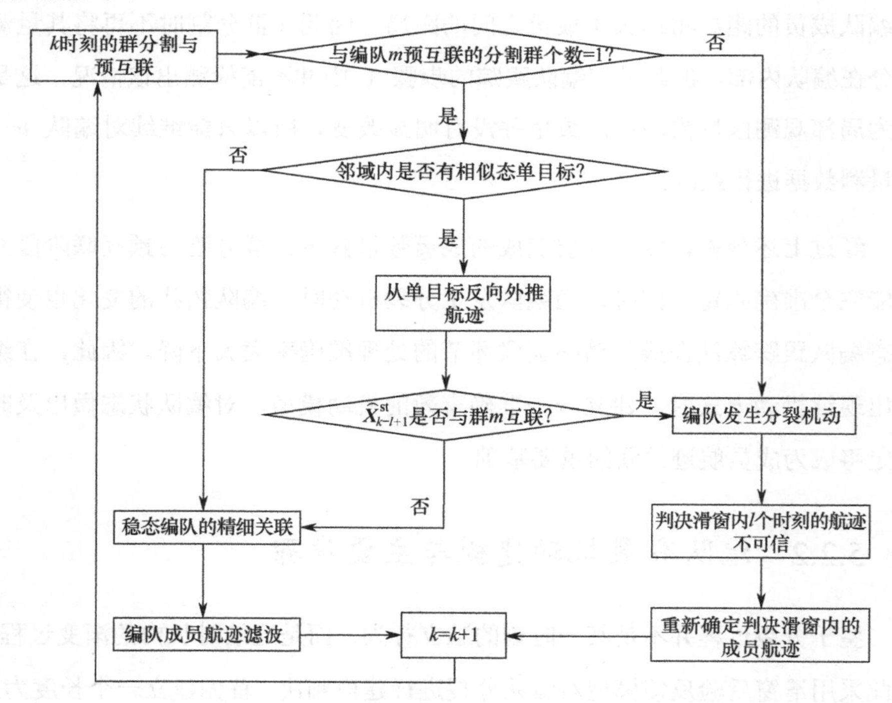


图 5-4　编队分裂模型的处理流程图

步骤 1，将 $k$ 时刻的所有量测 $Z(k)$ 进行群分割与预互联，判断与编队 $m$ 预互联成功的分割群个数，若个数为 1，则进行步骤 2；若个数不为 1，则跳至步骤 6。通过该步骤来确定编队是否发生了整体分裂。

步骤 2，将编队量测以外的其他量测进行单目标起始，搜索编队 $m$ 的附近邻域是否存在成功起始的单目标，若存在满足条件的单目标，则进行步骤 3；若不存在，则跳至步骤 5。通过该步骤来判断是否有可能发生了单目标离群分裂。

步骤 3，将该单目标的航迹进行反向外推，外推长度为 $l$，获得 $k-l+1$ 时刻的外推值 $\hat{\boldsymbol{X}}_{k-l+1}^{\text{st}}$。

步骤 4，设立阈值 $\psi$，判断 $\hat{\boldsymbol{X}}_{k-l+1}^{\text{st}}$ 与 $k-l+1$ 时刻编队中心之间的距离 $d_{k-l+1}^{\text{st,group}}$ 的大小关系，若 $d_{k-l+1}^{\text{st,group}} > \psi$，则进行步骤 5；若 $d_{k-l+1}^{\text{st,group}} \leqslant \psi$，则跳至步骤 6。通过该步骤来判断编队附近的单目标是否由群分割产生。

步骤 5，判决编队 $m$ 仍处于稳态，按照稳态编队的处理方式进行成员的精细关联及航迹滤波等技术环节，并进行步骤 6。

步骤 6，判决编队 $m$ 在前 $l$ 时刻内发生了分裂机动，此时认为判决滑窗内的已跟踪航迹是不可信的，并采用相关技术重新确定判决滑窗内的成员航迹，进行步骤 7。该步骤需要采用 5.2.3 节的滑窗内航迹重建方法。

步骤 7，滑窗跟随更新 $k=k+1$ 向前移动，重复步骤 1。

通过上述步骤，可有效确定群是否发生了群分割，以及发生了哪种类型的分裂。同时，可根据判决滑窗确定群分割的渐进时段，并采用本章的方法确定群分割过程中的所有航迹。

## 5.2.3　单目标离群的判决滑窗内航迹重建

### 1．离群单目标的个体确定

在该分裂模式下，首先需要确定的是编队中离群成员的属性，即编队中具体哪个成员发生了机动离群行为。根据常见飞行战术，一般为外侧顺向离群，如编队右侧成员向右侧机动离群，基本不会出现错向机动离群的情况。因此，设 $k$ 时刻已成功起始的单目标所用的起始量测为

$$Z^{\mathrm{st}}=\{\boldsymbol{Z}_{k-\varepsilon+1}^{\mathrm{st}},\boldsymbol{Z}_{k-\varepsilon+2}^{\mathrm{st}},\cdots,\boldsymbol{Z}_{k}^{\mathrm{st}}\} \tag{5-2}$$

式中，$\varepsilon$ 表示起始单目标所需的时刻，且 $\boldsymbol{Z}_k^{\mathrm{st}}=[x_k^{\mathrm{st}}\ \ y_k^{\mathrm{st}}]^{\mathrm{T}}$。将其中每个量测的二维量测信息拆分成两组位置–时间的二维向量，提取 $\boldsymbol{Z}_k^{\mathrm{st}}$ 中的位置坐标与观测时刻，构建新的状态向量

$$\begin{cases}\boldsymbol{K}_x^{\mathrm{st}}(k)=[x^{\mathrm{st}}\ \ k]^{\mathrm{T}}\\ \boldsymbol{K}_y^{\mathrm{st}}(k)=[y^{\mathrm{st}}\ \ k]^{\mathrm{T}}\end{cases} \tag{5-3}$$

为了将已起始的航迹反向外推到 $k-l+1$ 时刻，将式（5-3）中的状态向量 $\boldsymbol{K}_x^{\mathrm{st}}(i)$ 与 $\boldsymbol{K}_y^{\mathrm{st}}(i)$（$i=k-\varepsilon+1,\cdots,k$）分别作为最小二乘拟合的已知数据，在给定的函数类 $\varPhi=\mathrm{span}\{\phi_0,\phi_1,\cdots,\phi_n\}$（$n\leqslant\varepsilon+1$）中找一个函数

$$s^*(x)=\sum_{k=0}^{n}a_k^*\phi_k(x) \tag{5-4}$$

使 $s^*(x)$ 满足

$$\begin{aligned}\sum_{i=1}^{m_p}\delta_i^2&=\sum_{i=1}^{m_p}[s^*(x)-f(x_i)]^2\\&=\min_{s(x)\in\varPhi}\sum_{i=1}^{m_p}[s(x)-f(x_i)]^2\end{aligned} \tag{5-5}$$

式中，$s(x)=\sum_{k=0}^{n}a_k\phi_k(x)$。因此，需要找到函数

$$\begin{aligned}I(a_0,a_1,\cdots,a_n)&=\sum_{i=1}^{m_p}[s(x)-f(x_i)]^2\\&=\sum_{i=1}^{m_p}[\sum_{k=0}^{m_p}a_k\phi_k(x_i)-f(x_i)]^2\end{aligned} \tag{5-6}$$

的极小值点$(a_0^*, a_1^*, \cdots, a_n^*)$。由多元函数取极值必要条件$\partial I/\partial a_j = 0$得到矩阵

$$\begin{bmatrix} (\phi_0,\phi_0) & (\phi_0,\phi_1) & \cdots & (\phi_0,\phi_n) \\ (\phi_1,\phi_0) & (\phi_1,\phi_1) & \cdots & (\phi_1,\phi_n) \\ \vdots & \vdots & & \vdots \\ (\phi_n,\phi_0) & (\phi_n,\phi_1) & \cdots & (\phi_n,\phi_n) \end{bmatrix} \begin{bmatrix} a_0 \\ a_1 \\ \vdots \\ a_n \end{bmatrix} = \begin{bmatrix} (f,\phi_0) \\ (f,\phi_1) \\ \vdots \\ (f,\phi_n) \end{bmatrix} \tag{5-7}$$

式中

$$\begin{cases} (\phi_k,\phi_j) = \sum\limits_{i=1}^{m} \phi_k(x_i)\phi_j(x_i) \\ (f,\phi_j) = \sum\limits_{i=1}^{m} f(x_i)\phi_j(x_i) \end{cases} \tag{5-8}$$

采用较为普遍使用的多项式作为基底，即

$$\begin{cases} \phi_0 = 1 \\ \phi_1 = x^1 \\ \vdots \\ \phi_n = x^n \end{cases} \tag{5-9}$$

则通过代入$[x_i\ y_i] = [\boldsymbol{K}_x^{\mathrm{st}}(i)]^{\mathrm{T}}$和$[x_i\ y_i] = [\boldsymbol{K}_y^{\mathrm{st}}(i)]^{\mathrm{T}}$，可求得系数向量$[a_0^x, a_1^x, \cdots, a_n^x]$和$[a_0^y, a_1^y, \cdots, a_n^y]$，因此可获得单目标在$k-\varepsilon$时刻的反向外推点为$\widehat{\boldsymbol{Z}}_{k-\varepsilon}^{\mathrm{st}} = [\widehat{x}_{k-\varepsilon}^{\mathrm{st}}\ \widehat{y}_{k-\varepsilon}^{\mathrm{st}}]$，其中

$$\begin{cases} \widehat{x}_{k-\varepsilon}^{\mathrm{st}} = a_n^x(k-\varepsilon)^n + a_{n-1}^x(k-\varepsilon)^{n-1} + \cdots + a_0^x \\ \widehat{y}_{k-\varepsilon}^{\mathrm{st}} = a_n^y(k-\varepsilon)^n + a_{n-1}^y(k-\varepsilon)^{n-1} + \cdots + a_0^y \end{cases} \tag{5-10}$$

该反向外推点$\widehat{\boldsymbol{Z}}_{k-\varepsilon}^{\mathrm{st}}$虽不是贝叶斯类概率统计意义上的最优外推点，但其具有已起始的单目标序贯信息，可有效对单目标运动的位置信息进行表达。进而将$\widehat{\boldsymbol{Z}}_{k-\varepsilon}^{\mathrm{st}}$与$k-\varepsilon$时刻的所有量测点进行最近邻关联，将所获得的关联量测作为单目标在$k-\varepsilon$时刻的量测$\boldsymbol{Z}_{k-\varepsilon}^{\mathrm{st}}$，从而扩充单目标量测集合$Z^{\mathrm{st}} = \{\boldsymbol{Z}_{k-\varepsilon}^{\mathrm{st}}, \cdots, \boldsymbol{Z}_k^{\mathrm{st}}\}$。循环上述外推过程，逐个时刻反向外推，直到获得$k-l+1$时

刻的外推点 $\hat{\boldsymbol{Z}}_{k-l+1}^{\mathrm{st}}$。由于该时刻的航迹是可信的，因此将 $\hat{\boldsymbol{Z}}_{k-l+1}^{\mathrm{st}}$ 与所有成员航迹的位置信息 $\{\hat{\boldsymbol{Z}}_{k-l+1}^{\mathrm{id}}\}_{\mathrm{id}=1}^{K}$ 遍历计算距离，取 $\min\limits_{\mathrm{id}}\left\|\hat{\boldsymbol{Z}}_{k-l+1}^{\mathrm{id}}-\hat{\boldsymbol{Z}}_{k-l+1}^{\mathrm{st}}\right\|$ 所对应的成员，即离群的单目标。由此可获得从 $k-l+1$ 时刻至 $k$ 时刻单目标的所有量测集合 $Z^{\mathrm{st}}=\{\boldsymbol{Z}_{k-l+1}^{\mathrm{st}},\cdots,\boldsymbol{Z}_{k}^{\mathrm{st}}\}$，进而易获得单目标的航迹。

**2．编队其他成员的航迹**

在获得了单目标的所有量测集合 $Z^{\mathrm{st}}$ 后，为了避免单目标对其他成员的航迹干扰，首先在各时刻的编队量测集合中剔除 $Z^{\mathrm{st}}$，从而获得编队其他成员的量测集合 $Z^{\mathrm{group}}$。由于编队其他成员在判决滑窗内的航迹结构较为稳定，编队拓扑变化缓慢，因此相邻时刻的编队拓扑结构存在整体的平移与旋转关系。这里采用构建稳定拓扑结构的方式来实现编队成员的量测关联与航迹重建。

由于 $k-l+1$ 时刻的编队航迹是可信的，因此在剔除单目标后，采用其他成员的可信航迹和编队拓扑的稳定性逐时刻关联对应量测，从而形成编队航迹。所以，在每个时刻的量测关联中，设 $k$ 时刻为编队成员的航迹点，$k+1$ 时刻为待关联的分割群量测。由于杂波的存在，量测点的个数大于编队成员个数。

定义 $k$ 时刻编队成员 $i$ 的点迹复数域拓扑描述为

$$\boldsymbol{C}_k^i=\sum_{n=1}^{\eta}\rho_k^{in}\,\mathrm{e}^{\mathrm{j}\theta_k^{in}} \tag{5-11}$$

式中，$\rho_k^{in}$ 表示 $k$ 时刻编队成员 $i$ 的点迹与成员 $n$ 的点迹之间的距离；$\theta_k^{in}$ 表示 $k$ 时刻编队成员 $i$ 的点迹到成员 $n$ 的点迹的矢量方向与成员 $i$ 的运动方向间的夹角（顺时针方向）；$\eta$ 为编队成员个数；j 为虚数单位。需要指出的是，$\rho_k^{ii}\,\mathrm{e}^{\mathrm{j}\theta_k^{ii}}=0$。同理可得 $k+1$ 时刻编队成员 $p$ 的点迹复数域拓扑描述为

$$C_{k+1}^{p}=\sum_{n=1}^{\eta}\rho_{k+1}^{pn}\,\mathrm{e}^{\mathrm{j}\theta_{k+1}^{pn}} \tag{5-12}$$

图 5-5 所示为一个由 4 名成员组成的编队在 $k$ 时刻的航迹点，以及 $k+1$ 时刻的分割群量测，且存在一个杂波点 $Z_{k+1}^{5}$，编队正在做大半径拐弯运动。下面以编队成员 3 为例列举该成员在这两个时刻的复数域拓扑描述：

$$\begin{cases}C_{k}^{3}=\rho_{k}^{31}\,\mathrm{e}^{\mathrm{j}\theta_{k}^{31}}+\rho_{k}^{32}\,\mathrm{e}^{\mathrm{j}\theta_{k}^{32}}+\rho_{k}^{34}\,\mathrm{e}^{\mathrm{j}\theta_{k}^{34}}\\C_{k+1}^{3}=\rho_{k+1}^{31}\,\mathrm{e}^{\mathrm{j}\theta_{k+1}^{31}}+\rho_{k+1}^{32}\,\mathrm{e}^{\mathrm{j}\theta_{k+1}^{32}}+\rho_{k+1}^{34}\,\mathrm{e}^{\mathrm{j}\theta_{k+1}^{34}}+\rho_{k+1}^{35}\,\mathrm{e}^{\mathrm{j}\theta_{k+1}^{35}}\end{cases} \tag{5-13}$$

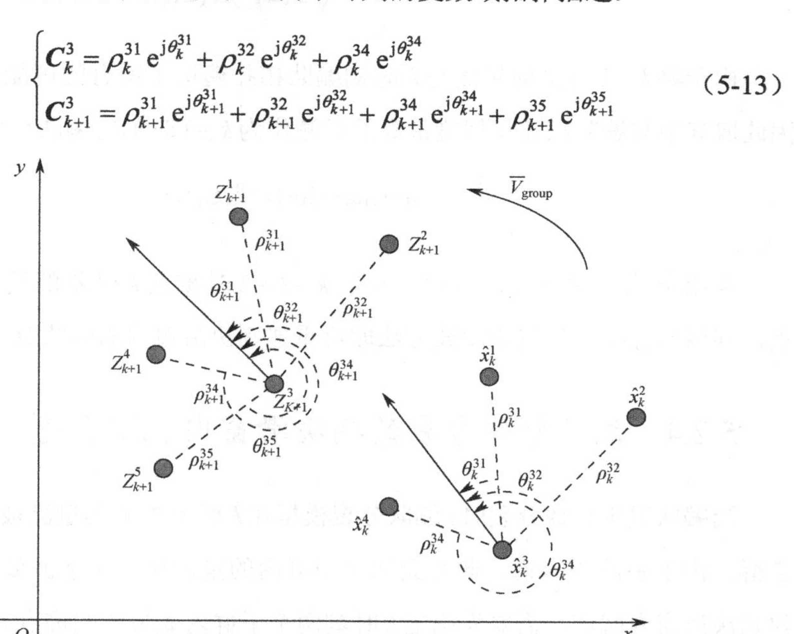


图 5-5　航迹点复数域拓扑描述

由此可得编队目标在 $k$ 和 $k+1$ 时刻队形拓扑的复数域描述为

$$\begin{cases}\overline{C}_{k}^{\mathrm{all}}=[C_{k}^{1},C_{k}^{2},\cdots,C_{k}^{\varepsilon}]\\\overline{C}_{k+1}^{\mathrm{all}}=[C_{k+1}^{1},C_{k+1}^{2},\cdots,C_{k+1}^{\varepsilon},\cdots,C_{k+1}^{\varsigma}]\end{cases} \tag{5-14}$$

式中，$\varsigma$ 为 $k+1$ 时刻的杂波个数。

为了剔除杂波，找到 $\overline{C}_{k+1}^{\mathrm{all}}$ 中与 $k$ 时刻编队拓扑最为相似的量测点集合，从

$\overline{C}_{k+1}^{\text{all}}$ 中遍历取 $\varepsilon$ 个元素的所有组合 $\{\overline{C}_{k+1}^{\varepsilon,i}\}_{i=1}^{C_{\varepsilon+\varsigma}^{\varepsilon}}$，与 $\overline{C}_{k}^{\text{all}}$ 进行相似度的计算，其中 $C_{\varepsilon+\varsigma}^{\varepsilon}$ 表示遍历的组合个数。定义编队在 $k$ 时刻编队拓扑与 $k+1$ 时刻的量测组合 $\overline{C}_{k+1}^{\varepsilon,i}$ 之间的相似度为

$$\mathrm{Cor}(\overline{C}_{k}^{\text{all}},\overline{C}_{k+1}^{\varepsilon,i})=\frac{\mathrm{cov}(\overline{C}_{k}^{\text{all}},\overline{C}_{k+1}^{\varepsilon,i})}{\sqrt{D(\overline{C}_{k}^{\text{all}})D(\overline{C}_{k+1}^{\varepsilon,i})}} \tag{5-15}$$

由于将 $k+1$ 时刻的量测与 $k$ 时刻编队拓扑遍历了所有的可能关联关系，因此取其中与编队拓扑相似度最高的量测作为 $k+1$ 时刻的编队目标回波，即

$$\hat{C}_{k+1}^{\text{all}}=\arg\max_{i}\mathrm{Cor}(\overline{C}_{k}^{\text{all}},\overline{C}_{k+1}^{\varepsilon,i}) \tag{5-16}$$

采用上述关联方式，可逐一获取 $k-l+2$ 时刻至 $k$ 时刻的编队成员量测点，利用稳态编队的航迹滤波方法即可重建判决滑窗内的编队航迹。

### 5.2.4　编队整体分裂的判决滑窗内航迹重建

当编队发生整体分裂时，编队分裂模型在 $k$ 时刻检测到量测被分割为两个子群。由于杂波等因素，此时无法对子群内的量测进行去杂波处理。为了重建判决滑窗内航迹，需要先确定 $k$ 时刻两个子群内成员的航迹点。

由于编队分裂机动产生的拓扑改变，采用 $k$ 时刻之前的信息无法获得 $k$ 时刻子群内成员的有效信息。因此，从 $k$、$k$+1、$k$+2、$k$+3 这 4 个时刻，利用 2.3 节提出的基于相位相关的部分可辨编队航迹起始算法对两个子群分别进行航迹起始。通过已起始的子群航迹可知 $k$ 时刻两个子群内成员的航迹状态。

定义 $k$ 时刻两个子群成员的位置状态估计集合分别为 $\{\hat{Z}_{k,i}^{1}\}_{i=1}^{\text{Num1}}$、$\{\hat{Z}_{k,i}^{2}\}_{i=1}^{\text{Num2}}$，其中，$\hat{Z}_{k,i}^{1}$ 表示 $k$ 时刻第 1 个子群的第 $i$ 个目标的位置状态向量，Num1、Num2 分别表示两个子群的成员个数。当 $\text{Num1}\neq\text{Num2}$ 时，由于拓

扑描述的成员个数不同，因此较易区别分裂前的量测归属。而当 Num1 = Num2 时，尤其在 Num1 = Num2 = 2 时，如图 5-2 中的编队 $m$，整体分裂后子群的成员个数少，拓扑结构简单相似，极易混淆，进行拓扑关联时易与原编队中多个不同成员组成的拓扑结构关联，造成误关联。为了有效解决这个问题，可分为以下两种情况进行处理。

（1）当 Num1 ≠ Num2 时，采用 $k$ 时刻子群 1 的位置状态估计集合 $\{\hat{\boldsymbol{Z}}_{k,i}^{1}\}_{i=1}^{\text{Num1}}$ 形成的队形拓扑复数域描述 $\bar{\boldsymbol{C}}_k^{\text{group1}}$ 与子群 2 的队形拓扑复数域描述 $\bar{\boldsymbol{C}}_k^{\text{group2}}$，采用抢占式机制对 $k-1$ 时刻原编队的所有量测形成的 $\bar{\boldsymbol{C}}_{k-1}^{\text{all}}$ 利用式（5-15）进行相似度计算。

设 $k-1$ 时刻分割群内的量测个数为 $N_{k-1}$，则 $\bar{\boldsymbol{C}}_{k-1}^{\text{all}}$ 中 Num1 个元素的所有可能的组合为 $\{\bar{\boldsymbol{C}}_{k-1}^{\text{Num1},i}\}_{i=1}^{C_{N_{k-1}}^{\text{Num1}}}$，其中 $C_{N_{k-1}}^{\text{Num1}}$ 表示集合中元素的个数。遍历其与 $\bar{\boldsymbol{C}}_k^{\text{group1}}$ 的相似度为

$$\psi_{k-1}^{i} = \text{Cor}(\bar{\boldsymbol{C}}_k^{\text{group1}}, \bar{\boldsymbol{C}}_{k-1}^{\text{Num1},i}) \tag{5-17}$$

若从该集合中取某个组合 $\bar{\boldsymbol{C}}_{k-1}^{\text{Num1},i}$，根据抢占式机制，在 $k-1$ 时刻从分割群量测中剔除该 Num1 个量测，从剩余量测的复数域拓扑中遍历 Num2 个元素 $\{\bar{\boldsymbol{C}}_{k-1}^{\text{Num2},j}\}_{j=1}^{C_{N_{k-1}-\text{Num1}}^{\text{Num2}}}$ 的组合，求其与 $\bar{\boldsymbol{C}}_k^{\text{group2}}$ 的相似度，即

$$\xi_{k-1}^{j} = \text{Cor}(\bar{\boldsymbol{C}}_k^{\text{group2}}, \bar{\boldsymbol{C}}_{k-1}^{\text{Num2},j}) \tag{5-18}$$

为了协调两个子群都具有较高相似度的可靠关联，根据两个子群的相似度之和来进行量测的选取关联，即

$$\hat{\bar{\boldsymbol{C}}}_{k-1}^{\text{group1}}, \hat{\bar{\boldsymbol{C}}}_{k-1}^{\text{group2}} = \arg\max_{i,j}(\psi_{k-1}^{i} + \xi_{k-1}^{j}) \tag{5-19}$$

（2）当 Num1 = Num2 时，由于子群的成员个数一致，如果成员数量较少，

那么两子群之间的拓扑结构就容易因相似而混淆，因此需要对该情况采用附加条件进行约束，降低错误关联率。

在采用上述抢占式机制的关联方式下，融合子群距离属性进行归属判决。设通过复数域拓扑描述后出现若干组可能的对应量测，且

$$\begin{cases}\bar{\boldsymbol{Z}}_{k,\text{center}}^{1}=\dfrac{1}{\text{Num1}}\sum\limits_{i=1}^{\text{Num1}}\hat{\boldsymbol{Z}}_{k,i}^{1}\\ \bar{\boldsymbol{Z}}_{k,\text{center}}^{2}=\dfrac{1}{\text{Num2}}\sum\limits_{i=1}^{\text{Num2}}\hat{\boldsymbol{Z}}_{k,i}^{2}\\ {}^{\gamma}\bar{\boldsymbol{Z}}_{k-1,\text{center}}^{1}=\dfrac{1}{\text{Num1}}\sum\limits_{i=1}^{\text{Num1}}{}^{\gamma}\hat{\boldsymbol{Z}}_{k-1,i}^{1}\\ {}^{\gamma}\bar{\boldsymbol{Z}}_{k-1,\text{center}}^{2}=\dfrac{1}{\text{Num2}}\sum\limits_{i=1}^{\text{Num2}}{}^{\gamma}\hat{\boldsymbol{Z}}_{k-1,i}^{2}\end{cases} \tag{5-20}$$

式中，$\bar{\boldsymbol{Z}}_{k,\text{center}}^{1}$、$\bar{\boldsymbol{Z}}_{k,\text{center}}^{2}$ 分别表示子群 1、子群 2 在 $k$ 时刻的中心点；${}^{\gamma}\hat{\boldsymbol{Z}}_{k-1,i}^{1}$、${}^{\gamma}\hat{\boldsymbol{Z}}_{k-1,i}^{2}$ 分别表示两个子群在 $k-1$ 时刻对应的第 $\gamma$ 组可能的对应量测，${}^{\gamma}\bar{\boldsymbol{Z}}_{k-1,\text{center}}^{1}$、${}^{\gamma}\bar{\boldsymbol{Z}}_{k-1,\text{center}}^{2}$ 表示 $k$–1 时刻其对应的中心点。根据编队整体分裂时两个子群不会出现交叉飞行的原则（若出现交叉，则属于稳态编队内成员关联问题的范畴），即满足

$$\begin{aligned}\hat{\boldsymbol{Z}}_{k,i}^{1},\hat{\boldsymbol{Z}}_{k,i}^{2}=\arg\min_{\gamma}(&\left\|\bar{\boldsymbol{Z}}_{k,\text{center}}^{1}-{}^{\gamma}\bar{\boldsymbol{Z}}_{k-1,\text{center}}^{1}\right\|+\\&\left\|\bar{\boldsymbol{Z}}_{k,\text{center}}^{2}-{}^{\gamma}\bar{\boldsymbol{Z}}_{k-1,\text{center}}^{2}\right\|)\end{aligned} \tag{5-21}$$

采用上述结合子群中心点距离属性的关联归属判决方式，可有效解决相邻时刻因子群拓扑结构相似所带来的误关联问题。

采用上述关联方式，可先由 $k$ 时刻自后向前逐一获取分裂编队的子群量测信息，逐步完成对判决滑窗内编队分裂的量测归属判决，然后对各个子群利用稳态编队的航迹滤波方法重建判决滑窗内的子群编队航迹。

## 5.2.5　仿真比较与分析

为了验证本节算法的性能及有效性，采用 1000 次 Monte-Carlo 仿真对提出的 GTA-SMCDTD 算法与变结构 JPDA 机动编队目标跟踪算法（Group Tracking Algorithm Based on Different Structure-Joint Probabilistic Data Association，以下简称 DS-JPDA 算法）、经典的多目标跟踪算法 MHT-Singer 模型（采用 MHT 做点迹–航迹互联、Singer 做成员航迹滤波，以下简称 MHT-Singer 算法）在多环境条件下进行编队精细跟踪性能的比较与分析。

### 1．仿真环境

设雷达的采样周期$T=1\text{s}$。为了多角度比较分析各算法的编队精细跟踪性能，设置了以下几种经典仿真环境。

环境 1：为了验证本节算法的有效性，模拟杂波条件下稀疏编队分裂机动的目标环境。在稀疏编队目标环境下，编队成员之间的距离一般在区间(600m,1000m)内。设在雷达视域内，初始时刻存在一个由 9 名成员组成的稳态编队，成员拓扑为一字排开，初始速度($v_x$，$v_y$)和加速度($a_x$，$a_y$)分别为(0m/s,400m/s)、(3m/s$^2$,0m/s$^2$)。编队成员在特定时刻分别做机动运动，从而形成了编队分裂环境。编队成员机动参数取值表（环境 1）如表 5-1 所示。

表 5-1　编队成员机动参数取值表（环境 1）

| 成员序号 | 机动时刻/s | $a_x$ /（m / s$^2$） | $a_y$ /（m / s$^2$） |
|---|---|---|---|
| 1 | 24 | −2.7 | 0.5 |
| 2 | 50 | −3.6 | 0.5 |
| 3 | 50 | −3.6 | 0.5 |
| 4 | 75 | 0 | 10 |
| 5 | 75 | 0 | 10 |
| 6 | 75 | 0 | 10 |
| 7 | 75 | 5 | −5 |
| 8 | 75 | 5 | −5 |
| 9 | 75 | 5 | −5 |

仿真中设置雷达视域为 $-14000\text{m} \leqslant x \leqslant 10000\text{m}$，$-15000\text{m} \leqslant y \leqslant 31000\text{m}$，雷达位于坐标原点(0,0)。在雷达视域内，每个时刻产生 1000 个均匀分布的杂波。雷达的测向误差 $\sigma_\theta = 0.2°$、测距误差 $\sigma_\rho = 20\text{m}$。设置 3 种雷达的目标发现概率为 $P_\text{d} = 0.98$。

环境 2：为了验证本节算法在部分可辨条件下，即较低的目标发现概率条件下的算法性能，设置雷达的目标发现概率为 $P_\text{d} = 0.85$，其他仿真条件同环境 1。

环境 3：为了验证本节算法的杂波健壮性及实时性，模拟不同杂波密度条件下编队分裂机动的目标环境。编队目标是环境 1 中成员序号为 4～9 的目标，其他仿真参数同环境 1。在该环境下，由 6 个目标组成的编队发生了“人”形分裂，形成了两个由 3 个目标组成的编队：子编队 1 和子编队 2。杂波分别随机设置在以这两个编队为中心、边长为 4000m 的矩形区域内，仿真参数取值表（环境 3）如表 5-2 所示。

表 5-2　仿真参数取值表（环境 3）

| 序号 | $\lambda_1$ /个 | $\lambda_2$ /个 |
|---|---|---|
| 1 | 0 | 1 |
| 2 | 1 | 1 |
| 3 | 1 | 2 |
| 4 | 2 | 2 |
| 5 | 2 | 3 |
| 6 | 3 | 3 |

环境 4：为了验证本节算法在不同的量测误差与群成员数量条件下的性能，设置将一个编队目标一分为二的环境，初始时群的成员个数 $n_{\text{initial}}^{\text{group}} \in \{4,5,6,7,8,9,10\}$，$\sigma_\theta \in \{0.1°,0.2°,0.3°\}$，$\sigma_\rho \in \{10\text{m},20\text{m},30\text{m}\}$，其他仿真条件同环境 1。

## 2．仿真结果与分析

（1）在环境 1 中，初始时刻为一个由 9 个目标组成的编队，随着时间的推移，编队发生了分裂。图 5-6 所示为目标整体态势图。从图 5-6 中可以看出，编队共发生了 3 次分裂：第 1 次为单目标离群分裂，第 2 次为 $Num1 \neq Num2$ 条件下的群分裂，第 3 次为 $Num1 = Num2$ 条件下的群分裂，这 3 次分裂包含了研究的所有群分裂过程。

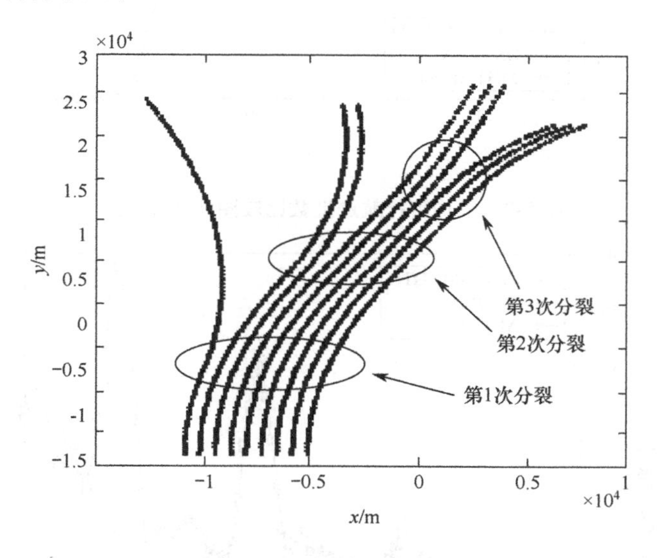


图 5-6　目标整体态势图

为了对算法性能进行有效评估，结合工程中对航迹数据准确率的要求，这里首先对可行航迹进行表达。为了有效评价航迹跟踪算法的可靠性，采用平均可行航迹批数进行衡量统计。因此在环境 1 中，仿真后 3 种算法在目标发现概率 $P_d = 0.98$ 条件下的处理结果中，平均可行航迹批数比较图（环境 1）如图 5-7 所示。

同时，为了分析 3 种算法的跟踪精度，利用跟踪过程中的可行航迹，对 $y$ 轴方向位置均方根误差与速度均方根误差的曲线进行对比，结果分别如图 5-8、图 5-9 所示。

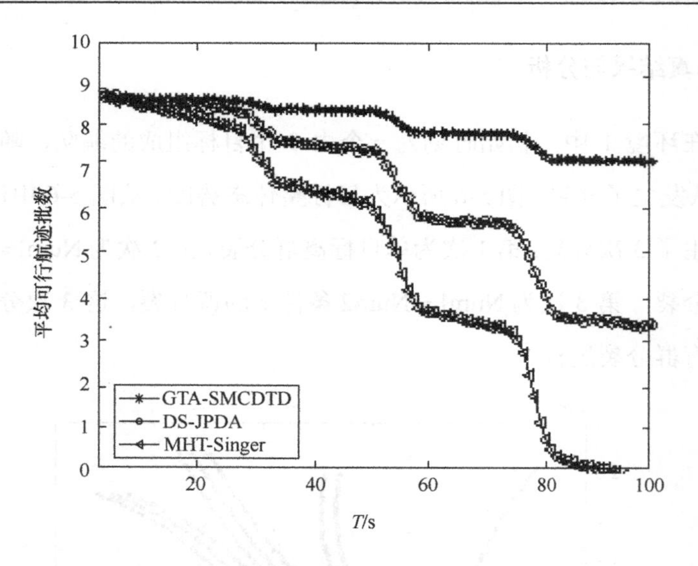


图 5-7　平均可行航迹批数比较图（环境 1）

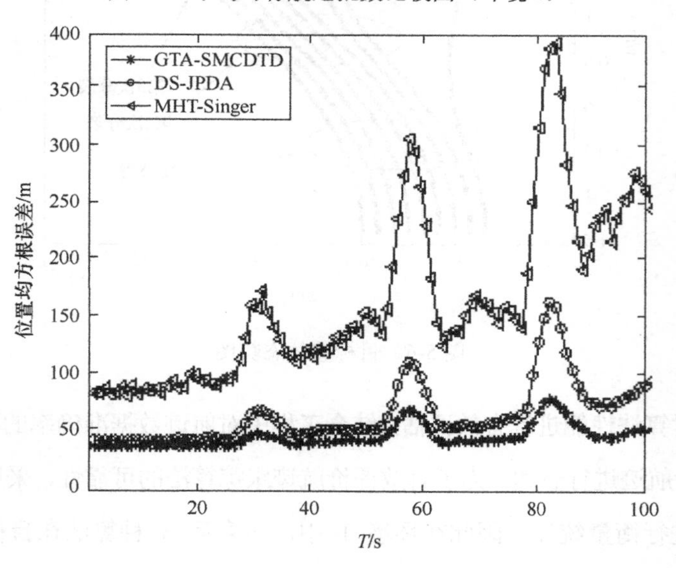


图 5-8　$y$ 轴方向位置均方根误差比较图（环境 1）

从图 5-7 中可以看出，本节提出的 GTA-SMCDTD 算法在仿真时刻内的平均可行航迹批数曲线显著高于其他两种算法，总体性能较优。由于目标编队在 24、50、75 这 3 个时刻之后的若干时刻发生了不同形式的编队分裂机动，对应在图 5-7 中，3 条平均可行航迹批数曲线在 3 次机动时段内的可行航迹数显著减少。由于 GTA-SMCDTD 算法针对编队分裂的情况分别制定了应对措施，因此该算法在经历编队分裂时仍具有很好的稳定性，对编队目标的精细跟踪错误率较低。同时，从图 5-7 中 3 条曲线的整体斜率来看，GTA-SMCDTD 算法最为平缓，DS-JPDA 算法次之，MHT-Singer 算法最为陡峭。通过曲线的整体斜率可以看出，算法在跟踪时刻中整体的稳定性，由于 MHT-Singer 算法是针对多目标跟踪条件的，因此在针对运动状态相似的群目标时极易出现错误关联，跟踪效果较差。而 DS-JPDA 算法仅是对编队分裂做了整体的模型，并没有针对分裂后的拓扑对目标进行精细关联，因此该算法的性能也远不如 GTA-SMCDTD 算法。

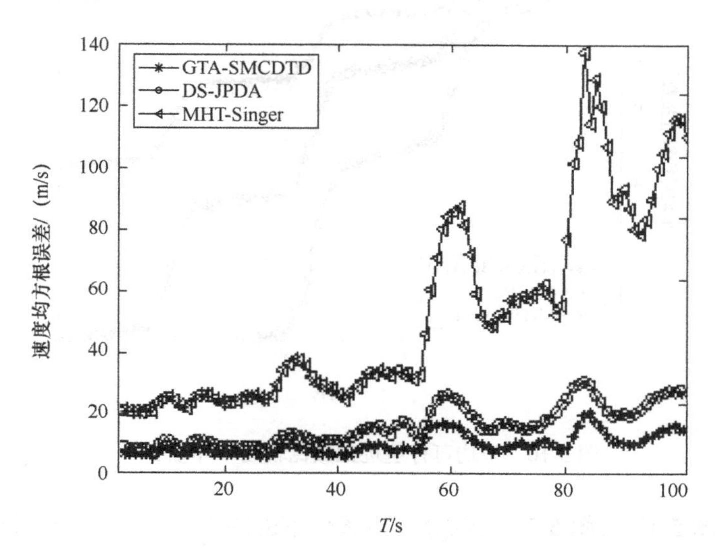


图 5-9　$y$ 轴方向速度均方根误差比较图（环境 1）

从图 5-8 和图 5-9 中可以看出，GTA-SMCDTD 算法的曲线最低，具有最高的跟踪精度，同时在经历 3 次分裂机动的时段，该算法的误差曲线波峰最小，曲线整体也最为平稳；DS-JPDA 算法的误差曲线整体要高于 GTA-SMCDTD 算法，且在经历分裂机动时误差也明显增大；而 MHT-Singer 算法的误差曲线则远远高于其他两条，且非常不稳定。因此，GTA-SMCDTD 算法在多种分裂机动情况下，相比于其他两种算法具有极高的跟踪精度和稳定性。

（2）在环境 2 中，仿真条件为部分可辨，直观的表现为观测概率下降。因此，该仿真参数的改变对编队跟踪产生了影响，其中平均可行航迹批数比较图（环境 2）如图 5-10 所示，$y$ 轴方向位置均方根误差、速度均方根误差比较图分别如图 5-11 和图 5-12 所示。

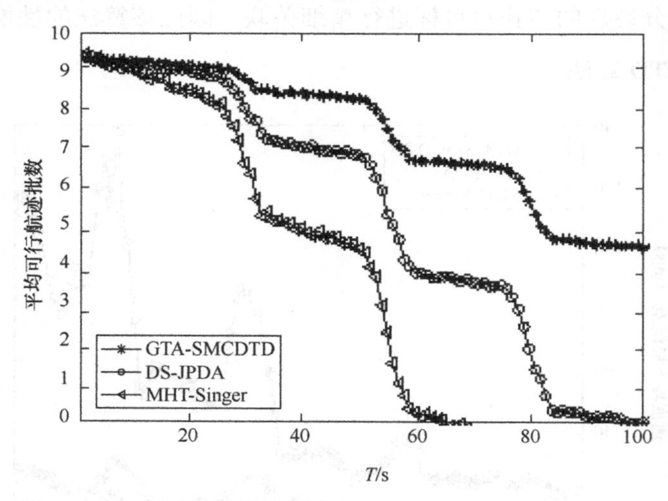


图 5-10　平均可行航迹批数比较图（环境 2）

对比图 5-10 与图 5-7，在部分可辨条件下的跟踪结果中，各个算法的平均可行航迹批数都显著下降，说明观测概率的下降会给跟踪结果带来很大的影响。MHT-Singer 算法在编队跟踪后无法完整地形成一条可行航迹；DS-JPDA 算法的平均可行航迹批数虽然没有降到 0，但跟踪后的可行航迹的出现率较低；GTA-SMCDTD 算法在该条件下仍能平均形成 4.4 条完整的可行航迹，仅比环境 1 降低了 42%，因此 GTA-SMCDTD 算法在部分可辨条件下具有较高的跟踪可靠性。

在 $P_{\mathrm{d}}=0.85$ 的条件下，由于 MHT-Singer 算法对整条航迹都无法形成一条可行航迹，因此在对可行航迹的跟踪精度仿真中，只对另外两种算法进行了仿真，仿真结果分别如图 5-11、图 5-12 所示。

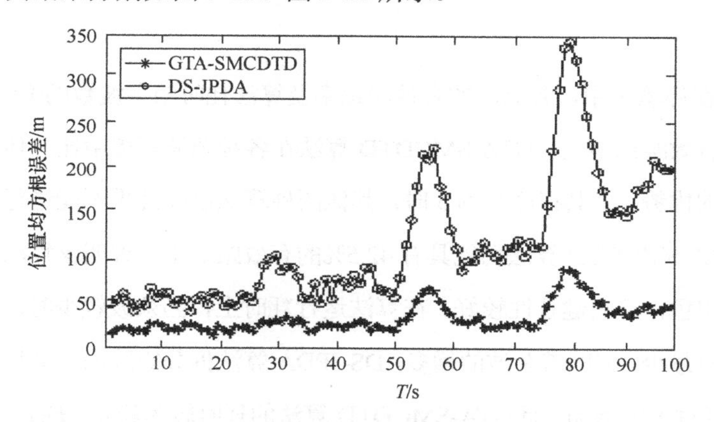


图 5-11　$y$ 轴方向位置均方根误差比较图（环境 2）

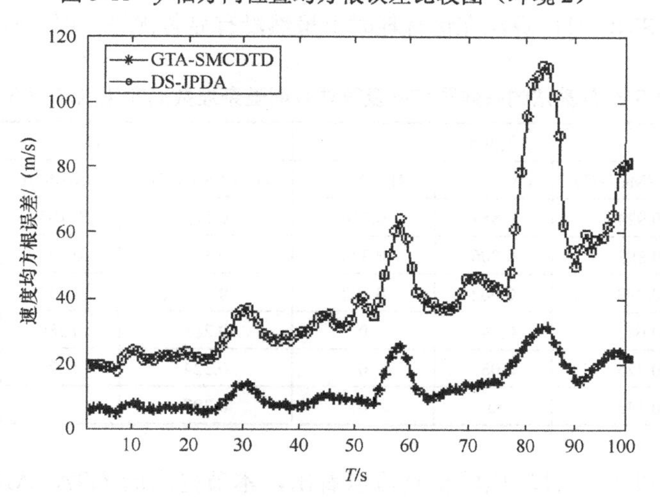


图 5-12　$y$ 轴方向速度均方根误差比较图（环境 2）

将图 5-11、图 5-12 分别与图 5-8、图 5-9 进行对比，可以看出，在部分可辨条件下，GTA-SMCDTD 算法和 DS-JPDA 算法的误差曲线都显著升高；同时，曲线的平滑度降低。这说明在该条件下，低截获概率的雷达回波使跟踪具有更高的不稳定性，从而造成了跟踪精度的下降。但是通过对比图 5-11 与图 5-12 可以看出，GTA-SMCDTD 算法仍具有较低的平均误差，且应对编队分裂时的曲线波峰较小。因此，GTA-SMCDTD 算法在部分可辨条件下仍表现出较高的跟踪精度及稳定性。

（3）在环境 3 中，各算法的有效跟踪率及算法耗时随杂波数的变化如表 5-3 所示。在有效跟踪率上，GTA-SMCDTD 算法在各种杂波环境中比其他两种算法具有显著的优势。尤其在序号为 5 时，其他两种算法已经几乎不能进行有效跟踪了，而 GTA-SMCDTD 算法仍能具有 42.5%的有效跟踪率，说明该算法的抗杂波能力十分出色，杂波健壮性较好。在算法运行耗时上，当杂波较少时，DS-JPDA 算法的耗时最少，但随着杂波的增多，DS-JPDA 算法拆分矩阵的个数以指数级增多，因此耗时大大增加；而 GTA-SMCDTD 算法的耗时较为稳定，耗时稳定增加。所以，GTA-SMCDTD 算法在运行耗时上虽然没有显著优势，但是较为稳定。

**表 5-3 各算法的有效跟踪率及算法耗时随杂波数的变化（环境 3）**

| 序号 | 有效跟踪率 | | | 耗时/s | | |
|---|---|---|---|---|---|---|
| | GTA-SMCDTD | DS-JPDA | MHT-Singer | GTA-SMCDTD | DS-JPDA | MHT-Singer |
| 1 | 0.924 | 0.854 | 0.716 | 0.124 | 0.103 | 0.156 |
| 2 | 0.892 | 0.806 | 0.375 | 0.167 | 0.153 | 0.192 |
| 3 | 0.799 | 0.662 | 0.102 | 0.208 | 0.237 | 0.273 |
| 4 | 0.643 | 0.341 | 0 | 0.261 | 0.280 | — |
| 5 | 0.425 | 0.087 | 0 | 0.324 | 0.371 | — |
| 6 | 0.143 | 0 | 0 | 0.397 | — | — |

通过对以上 3 种环境的仿真可以看出，本节提出的 GTA-SMCDTD 算法将编队分裂看作一个时间段内的渐变过程，相比 DS-JPDA 算法将分裂看作一个时刻的方法，它能有效确保整个过程的航迹信息的完备性。在判决滑窗内

航迹的确定过程中，通过有效区分单目标离群与整体分裂两种模式，并有针对性地使用编队的拓扑结构对量测点进行关联，与 DS-JPDA 算法仍使用多目标跟踪的关联方法相比，可更准确地确定量测的归属。另外，采用复数域拓扑描述方法，可有效对编队内成员的相互位置关系进行描述且可有效解决旋转、平移问题。因此，从上述仿真结果可以看出，GTA-SMCDTD 算法相比于 DS-JPDA 算法和 MHT-Singer 算法，在仿真结果上的优势也很显著。

（4）在环境 4 中，GTA-SMCDTD 算法的有效跟踪率随初始编队成员个数及雷达参数的变化如表 5-4 所示。从表 5-4 中可以看出，GTA-SMCDTD 算法在雷达精度较高时具有完美的表现，可达到 100%的有效跟踪，而随着雷达精度的下降，有效跟踪率也下降。这是因为 GTA-SMCDTD 算法的核心在于通过编队成员的拓扑进行关联，而雷达精度的降低使目标的位置不稳定，因此拓扑结构的模糊性也随之提升。同时，在同一种雷达精度条件下，编队成员个数越大，有效跟踪率也就越高。这是由于更多成员的编队结构使拓扑结构更稳定，带来更多的相对拓扑信息，因此通过在该环境下的仿真可以看出，GTA-SMCDTD 算法在雷达精度较高或编队成员较多时，具有更好的表现。

**表 5-4　GTA-SMCDTD 算法的有效跟踪率随初始编队成员个数及雷达参数的变化（环境 4）**

| 雷达参数 | | 初始编队成员个数 | | | | | | |
|---|---|---|---|---|---|---|---|---|
| $\sigma_\theta$/(°) | $\sigma_\rho$/m | 4 | 5 | 6 | 7 | 8 | 9 | 10 |
| 0.1 | 10 | 1.000 | 0.999 | 1.000 | 1.000 | 1.000 | 1.000 | 1.000 |
| 0.1 | 20 | 0.971 | 0.989 | 0.998 | 1.000 | 1.000 | 1.000 | 1.000 |
| 0.1 | 30 | 0.958 | 0.964 | 0.985 | 0.991 | 1.000 | 1.000 | 1.000 |
| 0.2 | 10 | 0.904 | 0.917 | 0.921 | 0.940 | 0.963 | 0.980 | 0.988 |
| 0.2 | 20 | 0.793 | 0.812 | 0.851 | 0.879 | 0.910 | 0.936 | 0.957 |
| 0.2 | 30 | 0.670 | 0.725 | 0.787 | 0.828 | 0.874 | 0.901 | 0.924 |
| 0.3 | 10 | 0.644 | 0.690 | 0.731 | 0.789 | 0.814 | 0.857 | 0.881 |
| 0.3 | 20 | 0.428 | 0.543 | 0.638 | 0.703 | 0.751 | 0.784 | 0.803 |
| 0.3 | 30 | 0.217 | 0.354 | 0.482 | 0.557 | 0.573 | 0.619 | 0.664 |

## 5.3　基于拓扑模糊对准的编队合并机动跟踪算法

### 5.3.1　编队合并机动模式分析

针对编队合并的机动情况，将建立一个合理有效的编队合并模型，为后续精细关联做好数据基础。在本节中，针对图 5-1 中步骤 2 的精细关联难题，在原有模型的基础上，采用模糊集理论等方法，可以有效进行队形拓扑的对准，从而解决了编队成员的精细关联问题。

编队合并的过程即两个编队（或单目标）之间的距离逐渐趋近于或小于编队内成员之间的距离，经过若干时刻后合并成一个稳态编队的过程。编队合并存在两种经典的方式：两个编队合并、单目标加入编队。如图 5-13 所示，观测区域内存在两个编队合并的情景：编队 $n^1$ 与编队 $n^2$ 合并、编队 $m$ 与单目标合并。编队 $m^*$ 为单目标加入编队 $m$ 后产生的新编队，编队 $n$ 为编队 $n^1$ 与编队 $n^2$ 合并后产生的新编队。在实际战场上，这两种合并方式常常混合出现，但在研究过程中可对其进行分解分析。

编队精细跟踪的难点在于编队成员的点迹–航迹互联，而点迹–航迹互联的数据基础是确定量测点的编队归属及编队整体机动的类型。因此，对于编队合并的情况，首先需要获得与合并后编队对应的原编队信息，保证合并前后的信息完备，为后续互联做好信息基础。

对于两个编队合并的情景，如图 5-13 所示。从 $k$ 时刻后，进行群分割的为一个编队，该编队可与 $k-1$ 时刻的两个编队互联成功。结合编队整体的位置与速度，可将该特征作为判断编队合并前后整体从属关系的依据。但需要注意的是，如果从 $k$ 时刻开始，直接利用本书第 4 章的稳态编队跟踪方法，即

将 $k$−1 时刻的编队 $n^1$ 与编队 $n^2$ 的拓扑相结合，并直接与 $k$ 时刻的量测进行互联，由于此时编队还未完全进入稳定状态，编队 $n^1$ 与编队 $n^2$ 成员之间的距离还较远（见图 5-13），而稳态跟踪方法在点迹−航迹互联阶段只融合距离拓扑信息，因此容易带来较大的关联错误。如果能在 $k$ 时刻同时获得各量测点的速度信息或其他相关信息，就能极大地提高关联的准确性。

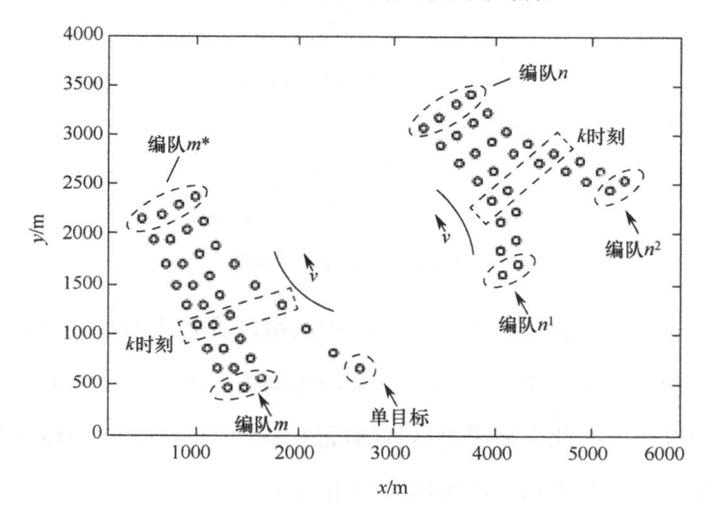


图 5-13　编队合并示意图

对于单目标加入编队的情景，如图 5-13 中的编队 $m$*所示。随着单目标运动轨迹的渐近，在 $k$ 时刻它与编队成员之间的距离将接近成员之间的距离，当小于编队阈值时，在群分割后将其划分在编队内部。雷达视域内编队的数量并没有增减，编队拓扑结构的改变较难直接获得，单目标航迹在 $k$ 时刻也可能出现多个关联量测点，因此只从该时刻解决点迹−航迹互联问题是比较困难的。

经过上述分析，编队合并造成的成员个数增多在群分割与预互联阶段并不能通过某个时刻进行完全准确判定。同时，当编队发生合并时，编队拓扑的变化也使得稳态编队跟踪算法在成员精细关联环节的处理准确率大大下降。为了提高成员航迹关联的准确性，需要增加 $k$ 时刻的目标信息维度，即速度信息。因此，建立 $k$ 时刻之后连续 $l$ 个时刻长度的判决滑窗，如图 5-14 所示。$l$ 的选取应在保证编队航迹起始的情况下，包含完整的机动不稳定过程。当出现编队合并时，首先暂停 $k$ 时刻及其后续的跟踪，对判决滑窗内的量测集合进行新的编队起始，并反推至 $k$ 时刻，这不仅有效去除了该时刻的杂波，还获得了各目标的速度信息。

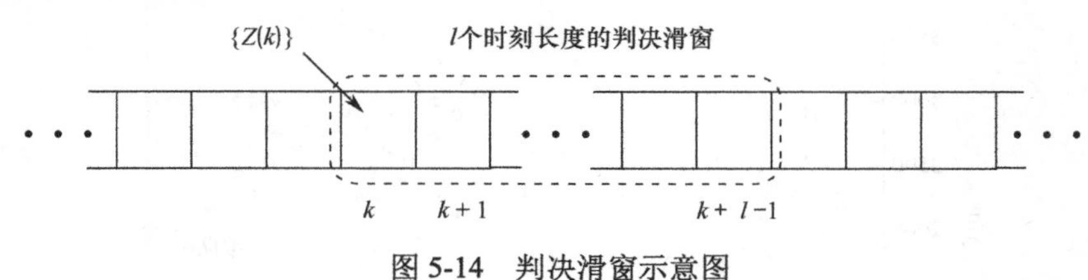


图 5-14　判决滑窗示意图

在编队合并的模式下，还有一种特殊的情况比较容易影响跟踪结果，即两个编队（或单目标）交叉飞行，在某段时间内，两个编队的回波量测点划分在同一个群中，因此也需要对这种情况进行应对。对应图 5-13 所示的编队合并示意图，编队交叉示意图如图 5-15 所示。

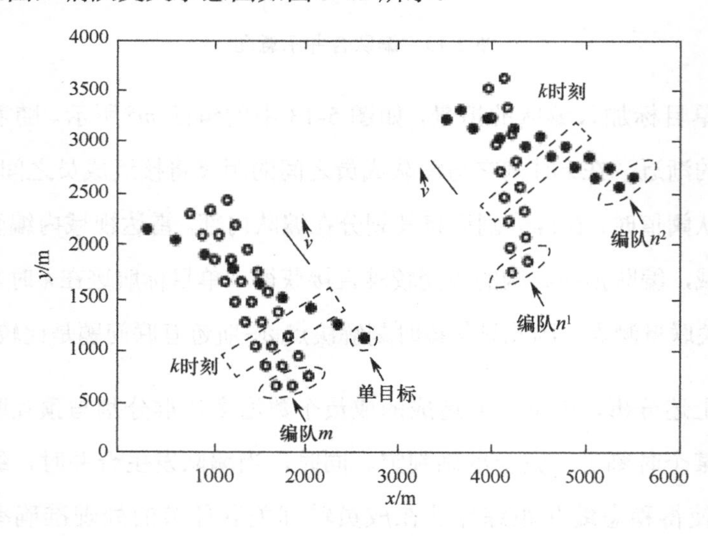


图 5-15　编队交叉示意图

在如图 5-15 所示的编队交叉模式中，对$k$时刻之后若干时刻的量测集合进行编队航迹起始，只有在单目标与编队交叉时，才可以成功地进行编队航迹起始，但起始后的编队成员个数等于原编队 $m$ 的成员个数；在两个编队交叉时，无法成功起始其中任何一个编队。

## 5.3.2　编队合并机动建模与主要步骤

编队合并机动的跟踪模型总体思路如图 5-16 所示。

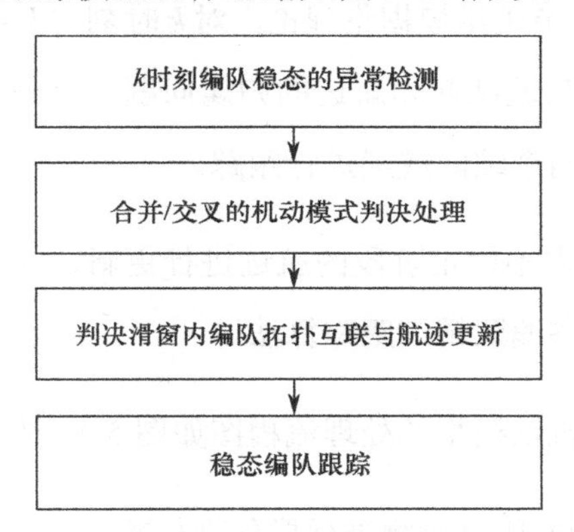


图 5-16　编队合并机动的跟踪模型总体思路

$k$时刻的群分割后，在预互联环节，若检测到某个分割群与$k-1$时刻的两个编队同时关联，或者对邻域单目标进行监控，则在距离小于阈值$l_{st}^{threshold}$时认为原稳态编队可能发生整体合并机动，即图 5-16 中的第 1 步稳态异常检测。

为了进一步确定两个编队（或单目标）是交叉还是合并，对于图 5-16 中的第 2 步模式判决，首先需要对判决滑窗内的量测集合进行编队航迹起始。

（1）若无法起始，则说明两个编队为交叉模式。

（2）若起始的编队成员个数$n_k$为原编队（或单目标）成员个数之和$n_{k-1}$，

则为编队（或单目标）合并模式。

（3）若起始的编队成员个数小于原编队（或单目标）成员个数之和，则为单目标与编队交叉模式。

在判定机动模式后，需要对判决滑窗内编队成员的航迹进行关联与重建，即对编队拓扑进行关联与航迹更新，即图 5-16 中的第 3 步。该过程的重点在于先确定判决滑窗内新起始的航迹与 $k-1$ 时刻之前航迹的对应关系。为了解决该问题，将在 5.3.3 节采用模糊集理论，对 $k$ 时刻与 $k-1$ 时刻航迹拓扑进行关联，从而解决合并后编队起始航迹的归属问题。另外，对于两个编队交叉的情况，只能分别对两个编队继续进行跟踪。

经过对判决滑窗内不稳定阶段的航迹进行更新，在判决滑窗外的后续跟踪中，可继续使用稳态编队精细跟踪算法。

因此，编队合并机动模型的处理流程图如图 5-17 所示，主要步骤如下。

步骤 1，将 $k$ 时刻的所有量测进行群分割与预互联后，判断是否存在 $k-1$ 时刻的两个编队同时关联一个 $k$ 时刻的分割群的情况，若不存在，则编队处于稳态，进行步骤 2；若存在，则两编队将合并或交叉，跳至步骤 3。

步骤 2，对编队航迹邻域内的单目标航迹进行监控，单目标与编队中心的距离为 $l_{\mathrm{st}}$，设置阈值门限为 $l_{\mathrm{st}}^{\mathrm{threshold}}$，当 $l_{\mathrm{st}} \leqslant l_{\mathrm{st}}^{\mathrm{threshold}}$ 时，认为该编队与单目标将发生合并或交叉，进行步骤 3；当 $l_{\mathrm{st}} > l_{\mathrm{st}}^{\mathrm{threshold}}$ 时，认为编队仍处于稳态，跳至步骤 5。

步骤 3，将判决滑窗内的量测进行编队精细航迹起始。

步骤 4，若起始成功，则跳至步骤 6；若无法成功起始，则认为两编队为交叉模式，进行步骤 5。

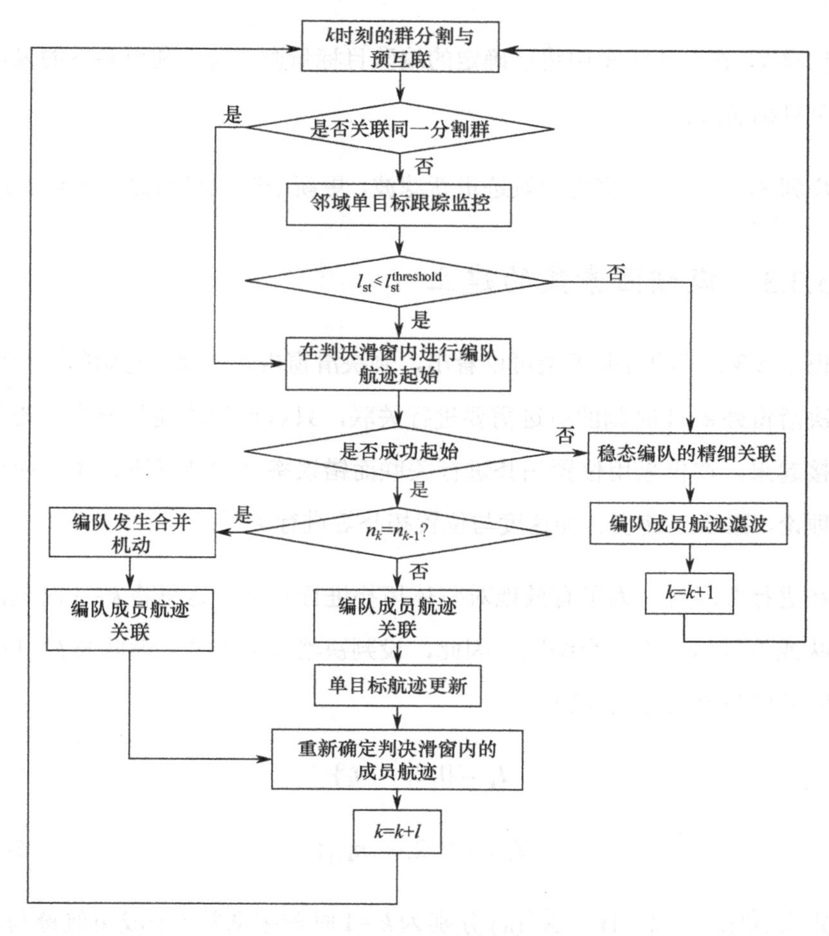


图 5-17　编队合并机动模型的处理流程图

步骤 5，采用稳态航迹精细跟踪策略，对稳态编队或两个交叉的稳态编队进行跟踪。更新 $k=k+1$，重复步骤 1。

步骤 6，比较判决滑窗内航迹个数 $n_k$ 与原编队成员总个数 $n_{k-1}$，若 $n_k=n_{k-1}$，则认为编队发生合并，并对 $k$ 时刻的航迹与 $k-1$ 时刻的航迹进行关联，跳至步骤 8；若 $n_k \neq n_{k-1}$，则认为有单目标与编队交叉，将 $k$ 时刻航迹与 $k-1$ 时刻编队进行关联，进行步骤 7。

步骤7，在判决滑窗中将已确定的编队目标量测去除，利用剩下的量测点更新单目标航迹。

步骤8，将判决滑窗内的航迹重新滤波，更新编队成员航迹，重复步骤1。

### 5.3.3 模糊因素集的建立

根据5.3.2节的合并模型可以看出，判决滑窗内$k$时刻已起始的成员航迹与判决滑窗外$k-1$时刻的航迹需要进行关联，只有这样才能将整个航迹完整地连接起来。在仅采用位置拓扑进行关联而错误率高的情况下，本节应用模糊集理论，融合了速度、加速度与位置拓扑等进行关联。

在进行关联时，为了有效地对整体拓扑进行对准，这里将$k-1$时刻的两个编队或单目标看作一个编队。因此，设判决滑窗内$k$时刻编队与$k-1$时刻原编队的成员航迹号集分别为

$$I_k = \{1,2,\cdots,n_k\} \tag{5-22}$$

$$I_{k-1} = \{1,2,\cdots,n_{k-1}\} \tag{5-23}$$

定义$\hat{\boldsymbol{X}}^i(k-1|k-1)$、$\hat{\boldsymbol{X}}^j(k)$分别为$k-1$时刻编队第$i$个成员航迹与$k$时刻编队第$j$个成员航迹的状态估计，其中，$i \in I_{k-1}$，$j \in I_k$，且相应的状态估计向量分别为

$$\hat{\boldsymbol{X}}_{k-1}^i = [\hat{x}_{k-1}^i \ \hat{\dot{x}}_{k-1}^i \ \hat{\ddot{x}}_{k-1}^i \ \hat{y}_{k-1}^i \ \hat{\dot{y}}_{k-1}^i \ \hat{\ddot{y}}_{k-1}^i]^{\mathrm{T}} \tag{5-24}$$

$$\hat{\boldsymbol{X}}^j(k) = [z_x^j(k) \ \hat{\dot{x}}^j(k) \ \hat{\ddot{x}}^j(k) \ z_y^j(k) \ \hat{\dot{y}}^j(k) \ \hat{\ddot{y}}^j(k)]^{\mathrm{T}} \tag{5-25}$$

式中，$z_x^j(k)$和$z_y^j(k)$为已起始航迹$j$在$k$时刻量测点的坐标；$\hat{\dot{x}}^j(k)$、$\hat{\dot{y}}^j(k)$和$\hat{\ddot{x}}^j(k)$、$\hat{\ddot{y}}^j(k)$分别为根据起始航迹反推的$k$时刻速度与加速度分量。

模糊因素集的定义为$U=\{u_1,\cdots,u_l,\cdots,u_n\}$，其中$u_l$表示对关联决策起作用的第$l$个目标的模糊因素。由于编队的合并使两个编队之间的欧式距离变化较大，因此各成员之间的距离因素不适合直接作为模糊因素。但各成员之间的相对位置关系、成员航速、加速度等目标缓变的运动信息可以作为该过程中的模糊因素集。这里的成员之间的相对位置关系可表示为由成员组成的编队拓扑。因此，采用上述 3 种目标缓变量作为本算法的模糊因素。

对于编队拓扑的模糊因素，由于编队合并的运动趋势，相邻时刻之间的编队拓扑存在一定的比例缩放、旋转和平移关系，即待关联成员与其他成员之间的欧式距离在相邻时刻的比值为常数，且待关联成员与其他成员之间的方位信息为常值。因此可采用上述编队拓扑的特征表达待关联成员的相对拓扑向量。

以编队中待关联的某成员为原点，以该成员的速度方向为$y$轴，建立直角坐标系。由于编队拓扑的稳定性，待关联成员以外其他成员的位置分布相对于原点的方向较为稳定。为了表达待关联成员在编队拓扑中的位置，将坐标系各个象限内的其他成员与原点之间的欧氏距离分别求和，并等比例缩放，将各个象限拓扑分量进行归一化，从而对待关联成员进行拓扑描述。

定义$\boldsymbol{O}_k^i$为$k$时刻编队第$i$个成员的拓扑描述向量，则

$$\boldsymbol{O}_k^i=[\frac{1}{\varphi}\sum_{s=1}^{N_1}\rho^{ii_s^1}(k)\ \ \frac{1}{\varphi}\sum_{s=1}^{N_2}\rho^{ii_s^2}(k)\ \ \frac{1}{\varphi}\sum_{s=1}^{N_3}\rho^{ii_s^3}(k)\ \ \frac{1}{\varphi}\sum_{s=1}^{N_4}\rho^{ii_s^4}(k)] \quad (5\text{-}26)$$

式中，$\{N_1,N_2,N_3,N_4\}$表示落入 4 个象限中的编队成员个数；$i_s^m$表示$m$象限中第$s$个成员序号，且

$$\begin{cases}\rho^{ii_s^m}(k)=\sqrt{(\hat{x}^i(k)-\hat{x}^{i_s^m}(k))^2+(\hat{y}^i(k)-\hat{y}^{i_s^m}(k))^2}\\ \varphi=\max\limits_{r=1,2,3,4}\left\|\sum\limits_{s=1}^{N_r}\rho^{ii_s^r}(k)\right\|\end{cases}\tag{5-27}$$

如图 5-18 所示，编队中存在 6 个成员，各成员的位置如图中所示。以第 3 个成员的拓扑描述为例，可表示为

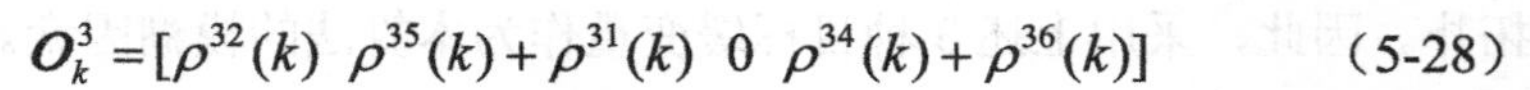

$$\boldsymbol{O}_k^3=[\rho^{32}(k)\ \ \rho^{35}(k)+\rho^{31}(k)\ \ 0\ \ \rho^{34}(k)+\rho^{36}(k)]\tag{5-28}$$

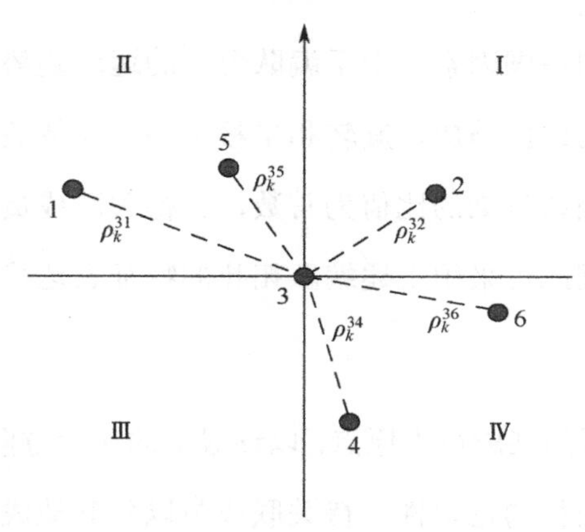


图 5-18　成员拓扑描述示意图

因此，可定义拓扑模糊因素为

$$u_1=1-\mathrm{Cor}(\boldsymbol{O}_k^i,\boldsymbol{O}_{k-1}^j)\tag{5-29}$$

式中

$$\mathrm{Cor}(\boldsymbol{O}_k^i,\boldsymbol{O}_{k-1}^j)=\frac{\mathrm{cov}(\boldsymbol{O}_k^i,\boldsymbol{O}_{k-1}^j)}{\sqrt{D(\boldsymbol{O}_k^i)D(\boldsymbol{O}_{k-1}^j)}}\tag{5-30}$$

同时，可定义各成员的速度与加速度之间的速度模糊因素和加速度模糊因素，采用各成员速度矢量间的欧氏距离表示为

$$\begin{aligned} u_2 &= |\boldsymbol{v}_k^i - \boldsymbol{v}_{k-1}^j| \\ &= |\sqrt{(\hat{\dot{x}}^i(k) - \hat{\dot{x}}_{k-1}^j)^2 + (\hat{\dot{y}}^i(k) - \hat{\dot{y}}_{k-1}^j)^2}| \end{aligned} \tag{5-31}$$

类似地，采用各成员加速度矢量之间的欧氏距离为

$$\begin{aligned} u_3 &= |a_k^i - a_{k-1}^j| \\ &= |\sqrt{(\hat{\ddot{x}}^i(k) - \hat{\ddot{x}}_{k-1}^j)^2 + (\hat{\ddot{y}}^i(k) - \hat{\ddot{y}}_{k-1}^j)^2}| \end{aligned} \tag{5-32}$$

因此，对于该成员的模糊因素集，有 3 个模糊因素。另外，还有航向变化率、各成员之间相对航向的拓扑关系等，也可以作为模糊因素。

### 5.3.4　权重的分配

设上述由编队拓扑、速度、加速度 3 个模糊因素组成的模糊因素集对应的权分配集合为 $A=\{a_1,a_2,a_3\}$，且 $\sum_{l=1}^{n}a_l=1$，其中 $a_l$ 为模糊因素 $u_l$ 对应的权重。$a_l$ 的设定主要根据第 $l$ 个模糊因素对决策的重要性及该模糊因素的准确性，且通常 $a_1 \geqslant a_2 \geqslant a_3$。

由于 $k-1$ 时刻编队成员航迹的位置、速度、加速度等状态都通过跟踪结果获得，而 $k$ 时刻编队成员的状态是通过航迹起始反推获得的，因此 $k$ 时刻的状态不太可靠。而 $k$ 时刻的速度与加速度又是通过判决滑窗内起始的位置量反推的，因此其估计值摆动较大。为了能有效包含这些信息的多样性而又能有效进行后续对准关联，这里设立多组不同的权重集合 $\{A_u\}_{u=1}^{\alpha}$，其中 $\alpha$ 为集合的样数。

### 5.3.5　对准关联准则

设对应模糊因素 $u_l$ 的判定相邻时刻编队成员航迹相似的隶属度为 $\mu_l$，采

用正态型模糊隶属度函数，即

$$\mu_l = \mu(u_l) = \exp[-\tau_l(u_l^2/\sigma_l^2)] \tag{5-33}$$

式中，$\sigma_l$ 为模糊集中第 $l$ 个模糊因素的展度；$\tau_l$ 为调整度，其取值可通过仿真确定。为了综合各个模糊因素获得较为准确的相似性评价，利用加权平均法对相邻时刻编队中两个成员的航迹相似度进行计算：

$$f_{k-1,j}^{k,i} = \sum_{l=1}^{3} a_l(k)\mu_l \tag{5-34}$$

因此，可构建 $k$ 时刻编队 $n_k$ 个成员与 $k-1$ 时刻编队 $n_{k-1}$ 个成员航迹之间的模糊关联矩阵：

$$\tilde{\boldsymbol{F}}_{k-1}^{k} = \begin{bmatrix} f_{k-1,1}^{k,1} & f_{k-1,1}^{k,2} & \cdots & f_{k-1,1}^{k,n_k} \\ f_{k-1,2}^{k,1} & f_{k-1,2}^{k,2} & \cdots & f_{k-1,2}^{k,n_k} \\ \vdots & \vdots & & \vdots \\ f_{k-1,n_{k-1}}^{k,1} & f_{k-1,n_{k-1}}^{k,2} & \cdots & f_{k-1,n_{k-1}}^{k,n_k} \end{bmatrix} \tag{5-35}$$

为了找出编队中某个成员在相邻时刻的两个航迹，这里利用最大综合相似度和阈值检测原则对 $\tilde{\boldsymbol{F}}_{k-1}^{k}$ 进行对准关联检验，其具体过程为：首先设置阈值 $\omega$，在 $\tilde{\boldsymbol{F}}_{k-1}^{k}$ 的所有元素中进行搜索，使其满足

$$\begin{cases} (i,j) = \arg\max\limits_{i,j} \tilde{\boldsymbol{F}}_{k-1}^{k} \\ f_{k-1,j}^{k,i} > \omega \end{cases} \tag{5-36}$$

则认为 $k$ 时刻编队第 $i$ 个航迹与 $k-1$ 时刻编队第 $j$ 个航迹可能为同一成员航迹；然后删除 $\tilde{\boldsymbol{F}}_{k-1}^{k}$ 中第 $i$ 列与第 $j$ 行的所有元素，形成新的模糊关联矩阵 ${}_1\tilde{\boldsymbol{F}}_{k-1}^{k}$；重复上述过程，找出所有符合式（5-36）的关联对，直到 ${}_n\tilde{\boldsymbol{F}}_{k-1}^{k}$ 中的所有元素都小于 $\omega$。

由于采用了多组权重集合，因此对每个集合进行上述对准关联后，都会形成若干航迹对。这里采用信号检测中的双门限准则，设式（5-36）为第一门限，设定同源关联质量$\pi_{ij}$，判断关联对是否满足第一门限，若

$$\begin{cases}\pi_{ij}^{u}=\pi_{ij}^{u-1}+1, & \text{Yes}\\ \pi_{ij}^{u}=\pi_{ij}^{u-1}, & \text{No}\end{cases} \tag{5-37}$$

式中，$\pi_{ij}^{0}=0$。设置第二门限为正整数$\beta(\beta\leqslant\alpha)$，经过$\alpha$次在不同权重集合下的对准关联，若$\pi_{ij}\geqslant\beta$，则判定$k$时刻编队第$i$个航迹与$k-1$时刻编队第$j$个航迹为同一成员航迹；若$\pi_{ij}<\beta$，则认为这两个航迹不是同源的。

若存在特殊情况，$\pi_{ij}$与$\pi_{iq}$均满足第二门限，即与某个航迹对应的航迹不止一个，则需要进行编队成员航迹对准的多义性处理。

### 5.3.6　多义性处理

在进行对准关联时，若存在某个整数集合$\hat{U}_i$（$\hat{U}_i\subset I_{k-1}$），使得所有$q\in\hat{U}_i$满足$\pi_{iq}\geqslant\beta$，则采用以下判决条件作为最终的判决关联对：

$$(i,j)=\arg\max_{j}\pi_{ij}\qquad(i\in I_k,\ j\in\hat{U}_i) \tag{5-38}$$

若满足上述条件的关联对$(i,j)$仍不止一个，即可能存在$\pi_{iq}=\pi_{ip}$，$q,p\in\hat{U}_i$。在所有权重组合下对相应的航迹相似度进行求和，将最大值所对应的航迹关联对作为最终的同源关联对，即

$$(i,j)=\arg\max_{j}\sum_{s=1}^{\alpha}\left|{}^{s}f_{k-1,j}^{k,i}\right|\qquad(i\in I_k,\ j\in\hat{U}_i) \tag{5-39}$$

式中，${}^{s}f_{k-1,j}^{k,i}$表示在第$s$组权重下的编队在$k$时刻第$i$个成员与$k-1$时刻第$j$个成员航迹之间的相似度，若在某组权重下该值不满足式（5-36），则该值取

值为 0。因此，若通过上述多义性处理后获得了最终关联对，则取消其他与航迹 $i$ 对应的关系，使 $(i, j)$ 为唯一的对应关系。在对其他航迹的处理上，也采用该思路，使最终相邻时刻的所有航迹只存在一一对应的关系。

### 5.3.7 仿真比较与分析

为了验证该算法的性能及有效性，本节采用 1000 次 Monte-Carlo 仿真对提出的 FMTA-TFA 算法、DS-JPDA 算法、MHT-Singer 算法在多环境条件下进行编队精细跟踪性能的比较与分析。

**1．仿真环境**

设雷达的采样周期 $T = 1\text{s}$。为了多角度比较分析各算法的编队精细跟踪性能，设置了以下 3 种经典仿真环境。

环境 1：为了验证本算法的有效性，模拟杂波条件下稀疏编队合并机动的目标环境。稀疏编队成员之间的距离一般在区间(600m,1000m)内。在雷达视域内，初始时刻存在 3 个稳态编队与 1 个单目标，各目标的初始状态（环境 1）如表 5-5 所示，其中，G*m*-*n* 表示初始时刻第 *m* 个编队中的第 *n* 个目标，ST 表示单目标。在运动过程中，由于编队的机动产生了编队合并与交叉的多种复杂情况共存的环境，其中编队 G2 的 5 个成员在 70s 时，调整加速度为 $a_x^{\text{G2}} = 3\text{m/s}^2$，$a_y^{\text{G2}} = 0\text{m/s}^2$；单目标 ST 在 40s 时，调整加速度为 $a_x^{\text{ST}} = 3\text{m/s}^2$，$a_y^{\text{ST}} = 0\text{m/s}^2$。

设置雷达位于坐标原点 $(0,0)$，视域为 $-14000 \leqslant x \leqslant 10000$，$-15000 \leqslant y \leqslant 31000$。在雷达视域内，每个时刻产生 1000 个均匀分布的杂波。雷达的测向误差 $\sigma_\theta = 0.2°$，测距误差 $\sigma_\rho = 20\text{m}$。设置雷达的目标发现概率为 $P_\text{d} = 0.98$。

表 5-5　各目标的初始状态（环境 1）

| 目标 | $x$/m | $y$/m | $v_x$/（$\mathrm{m\cdot s^{-1}}$） | $v_y$/（$\mathrm{m\cdot s^{-1}}$） | $a_x$/（$\mathrm{m\cdot s^{-2}}$） | $a_y$/（$\mathrm{m\cdot s^{-2}}$） |
|---|---|---|---|---|---|---|
| G1-1 | −5800 | −13000 | 0 | 400 | 3 | 0 |
| G1-2 | −5100 | −13000 | 0 | 400 | 3 | 0 |
| G1-3 | −4400 | −13000 | 0 | 400 | 3 | 0 |
| G2-1 | −17142 | 6044 | 207 | −152 | 0 | 8 |
| G2-2 | −16442 | 4854 | 207 | −118 | 0 | 7.5 |
| G2-3 | −15741 | 3664 | 207 | −83 | 0 | 7 |
| G2-4 | −15042 | 2473 | 207 | −49 | 0 | 6.5 |
| G2-5 | −14342 | 1283 | 207 | −14 | 0 | 6 |
| G3-1 | −20000 | 25000 | 300 | −100 | 0 | 0 |
| G3-2 | −20000 | 25800 | 300 | −100 | 0 | 0 |
| ST | −10301 | −13400 | 192 | 400 | −2 | 0 |

环境 2：为了验证本算法在部分可辨条件下，即较低的目标发现概率条件下的算法性能，设置雷达的目标发现概率为 $P_{\mathrm{d}}=0.85$，其他仿真条件同环境 1。

环境 3：为了验证本算法的杂波健壮性及实时性，模拟不同杂波密度条件下编队合并机动的目标环境。针对仿真环境 1 中编队 G1*（由编队 G1 与单目标 ST 合成后的编队）与编队 G2 合并的时段，两个编队在该时段内发生了 4 成员编队与 5 成员编队进行“人”形合并，形成 9 成员编队，其他仿真参数同环境 1。杂波分别随机设置在以这两个编队中心为中心、边长为 4000m 的矩形区域内，仿真参数取值表（环境 3）如表 5-6 所示。

表 5-6　仿真参数取值表（环境 3）

| 序　号 | $\lambda_1$ | $\lambda_2$ |
|---|---|---|
| 1 | 0 | 1 |
| 2 | 1 | 1 |

续表

| 序　号 | $\lambda_1$ | $\lambda_2$ |
|---|---|---|
| 3 | 1 | 2 |
| 4 | 2 | 2 |
| 5 | 2 | 3 |
| 6 | 3 | 3 |

## 2. 仿真结果与分析

（1）在仿真环境 1 中，初始时刻为 3 个稳态编队与 1 个单目标，随着时间的推移，编队发生了合并与交叉。目标整体态势图如图 5-19 所示。从图 5-19 中可以看出，编队共发生了两次合并：第一次为单目标与编队 G1 合并，第二次为前述合并编队与编队 G2 合并。合并后的 9 成员编队又与编队 G3 产生了航迹交叉。因此，整个仿真过程存在 3 种编队合并或交叉模式。

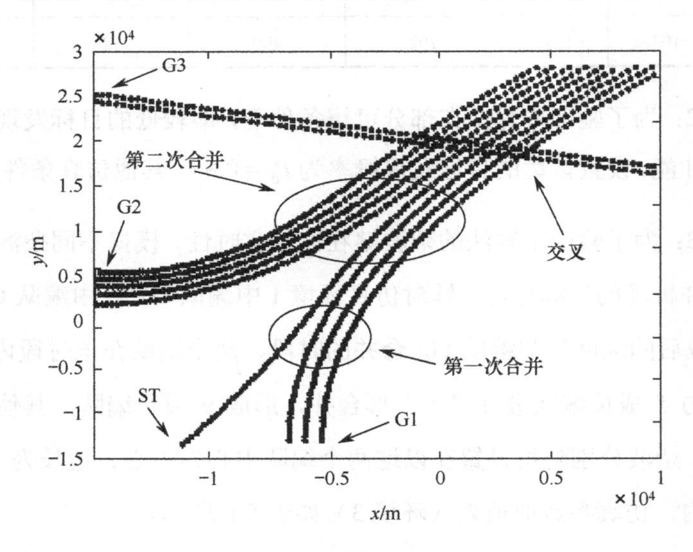


图 5-19　目标整体态势图

为了对算法性能进行有效评估，结合工程中对航迹数据准确率的要求，这里首先对可行航迹进行表达。为了有效评价航迹跟踪算法的可靠性，采用平均可行航迹批数进行衡量统计。在环境 1 的仿真中，3 种算法的平均可行航迹批数比较图如图 5-20 所示。

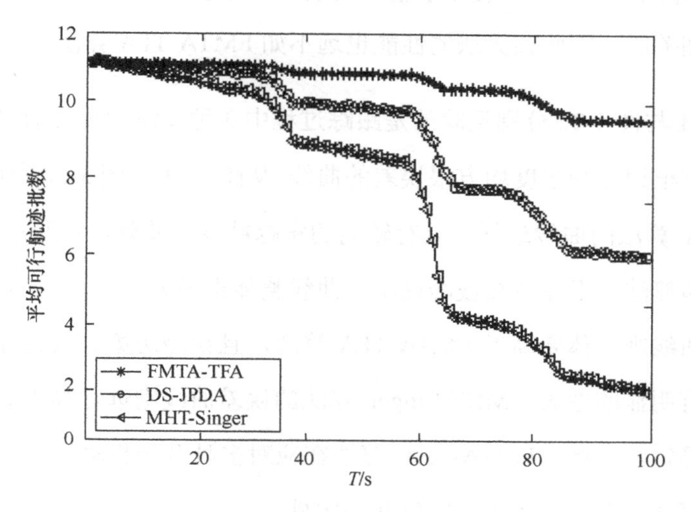


图 5-20　平均可行航迹批数比较图（环境 1）

同时，为了分析 3 种算法的跟踪精度，利用跟踪过程中的可行航迹，对 $y$ 轴方向位置均方根误差与速度均方根误差的曲线进行对比，结果分别如图 5-21、图 5-22 所示。

从图 5-20 中可以看出，FMTA-TFA 算法在仿真时刻内的平均可行航迹批数曲线显著高于其他两种算法，总体性能较优。由于所有目标在仿真过程中发生了两次编队合并和一次航迹交叉，对应在图 5-20 中，3 条平均可行航迹批数曲线在 4 次机动时段内的可行航迹数显著减少。由于 FMTA-TFA 算法针对编队合并及交叉的情况，分别制定了应对措施，因此该算法在经历 3 次敏感时段仍具有很好的稳定性，对编队目标的精细跟踪错误率较低。同时，从图 5-20 中 3 条曲线的整体斜率来看，FMTA-TFA 算法最为平缓，DS-JPDA 算法次之，MHT-Singer 算法最为陡峭。通过曲线的整体斜率，可以看出算法在跟踪时刻中整体的稳定性，由于 MHT-Singer 算法是针对多目标跟踪条件的，因此在针对运动状态相似的群目标时极易出现错误关联，跟踪效果差。而 DS-JPDA 算法仅对编队分裂做了整体的模型，并没有针对合并及交叉前后的拓扑进行细关联，因此该算法的性能也远不如 FMTA-TFA 算法。

图 5-21 与图 5-22 分别反映的是跟踪过程中 3 种算法的可行航迹的 $y$ 轴方向位置均方根误差和速度均方根误差的曲线。从图 5-21 和图 5-22 中可以看出，FMTA-TFA 算法的曲线最低，具有较高的跟踪精度。此外，在经历 3 次敏感机动时，该算法的误差曲线波峰最小，曲线整体也最为平稳。而 DS-JPDA 算法的误差曲线则整体要高于 FMTA-TFA 算法，且在经历第二次合并机动时的误差也会有明显的增大。MHT-Singer 算法的误差曲线则远远高于其他两条，且非常不稳定。因此，FMTA-TFA 算法在应对多种分裂机动情况下，相比于其他两种算法具有较高的跟踪精度和稳定性。

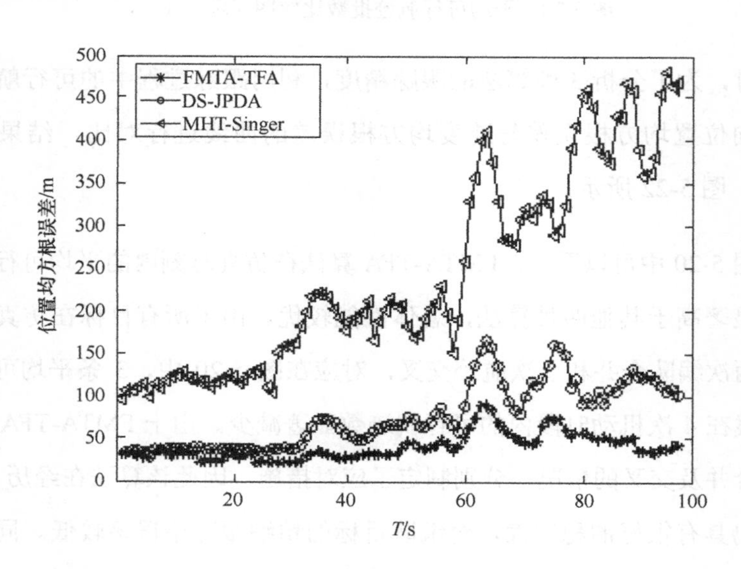


图 5-21　$y$ 轴方向位置均方根误差比较图（环境 1）

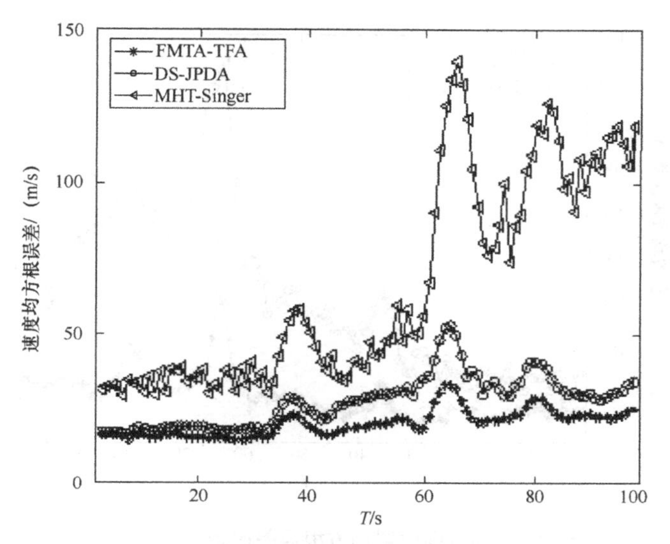


图 5-22　$y$ 轴方向速度均方根误差比较图（环境 1）

（2）在环境 2 中，仿真条件为部分可辨，直观的表现为观测概率下降。因此，该仿真参数的改变对编队跟踪产生影响，3 种算法的平均可行航迹批数比较图如图 5-23 所示，FMTA-TFA 算法和 DS-JPDA 算法在 $y$ 轴方向位置均方根误差、速度均方根误差比较图分别如图 5-24、图 5-25 所示。

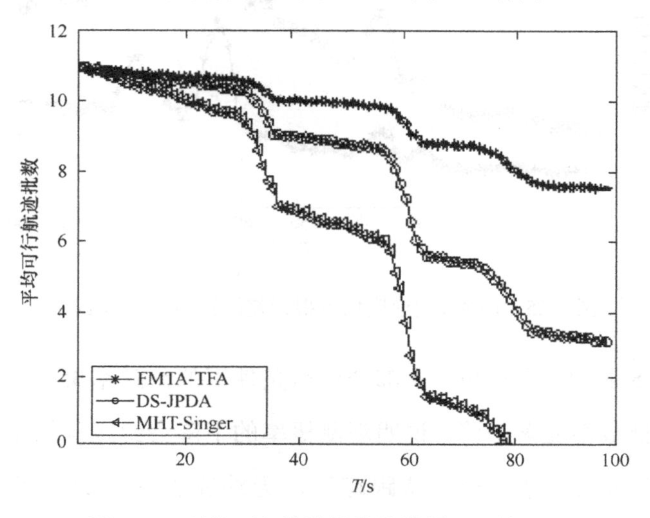


图 5-23　平均可行航迹批数比较图（环境 2）

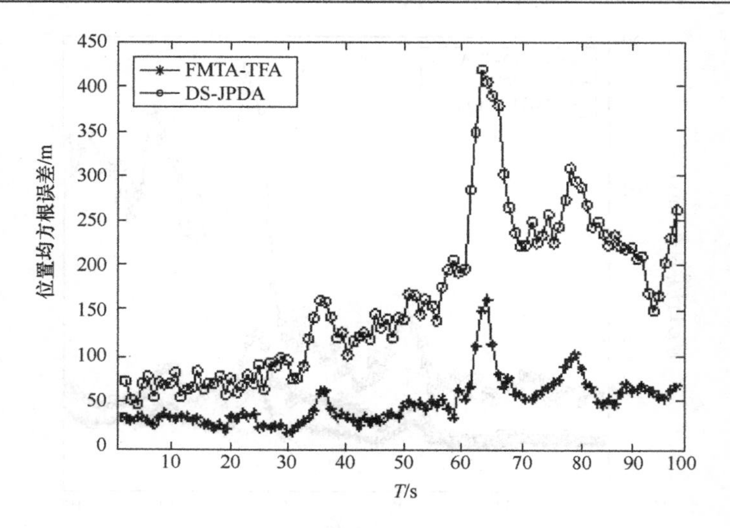


图 5-24　y 轴方向位置均方根误差比较图（环境 2）

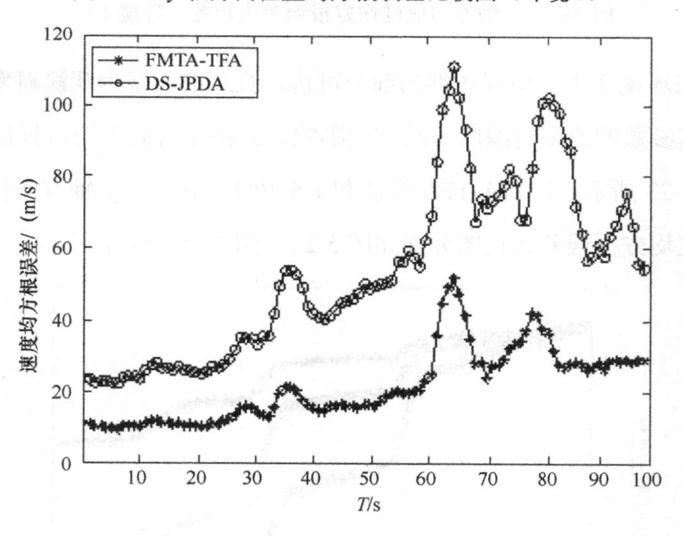


图 5-25　y 轴方向速度均方根误差比较图（环境 2）

对比图 5-23 与图 5-20，在部分可辨条件下的跟踪结果中，各算法的平均可行航迹批数都显著下降，说明观测概率的下降会给跟踪结果带来很大的影响。MHT-Singer 算法对编队跟踪后，无法完整地形成一条可行航迹；DS-JPDA 算法的平均可行航迹批数虽然没有降到 0，但跟踪后的可行航迹也仅剩 3 条左右；FMTA-TFA 算法在该条件下仍能平均形成 7.5 条完整的可行航迹，仅比环境 1 降低了 21%。因此，FMTA-TFA 算法在部分可辨条件下具有很高的跟踪可靠性。

在 $P_{\mathrm{d}}=0.85$ 的条件下，由于 MHT-Singer 算法对于整条航迹都无法形成一条可行航迹，因此在对可行航迹的跟踪精度仿真中，只对另外两种算法进行了仿真，仿真结果分别如图 5-24、图 5-25 所示。

将图 5-24、图 5-25 分别与图 5-21、图 5-22 进行对比，可以看出，在部分可辨条件下，两种算法的误差曲线都显著升高；同时，曲线的平滑度降低。这说明在该条件下，低截获概率的雷达回波使跟踪具有更大的不稳定性，从而也造成了跟踪精度的下降。但是通过对比图 5-24 与图 5-25 中 FMTA-TFA 算法和 DS-JPDA 算法的位置均方根误差与速度均方根误差曲线，可以看出，FMTA-TFA 算法仍具有较低的平均误差，且应对编队分裂时的曲线波峰较小。因此，FMTA-TFA 算法在部分可辨条件下仍表现出较高的跟踪精度及稳定性。

（3）在环境 3 的仿真中，各算法的有效跟踪率及算法耗时随杂波数变化如表 5-7 所示。在有效跟踪率上，FMTA-TFA 算法在各种杂波环境中比其他两种算法具有显著的优势。特别在序号=5 时，其他两种算法已经几乎不能进行有效跟踪了，而 FMTA-TFA 算法仍能具有 72.4%的有效跟踪率，说明该算法的抗杂波能力十分出色，杂波健壮性较好。在算法运行耗时方面，当杂波较少时，DS-JPDA 算法的耗时最少，但随着杂波的增多，该算法拆分矩阵个数呈指数级增多，耗时大大增加；而 FMTA-TFA 算法的耗时较为稳定，耗时稳定增加。因此，FMTA-TFA 算法在运行耗时上虽没有显著优势，但较为稳定。

表 5-7 各算法的有效跟踪率及算法耗时随杂波数的变化（环境 3）

| 序号 | 有效跟踪率/% | | | 耗时/s | | |
|---|---|---|---|---|---|---|
| | FMTA-TFA | DS-JPDA | MHT-Singer | FMTA-TFA | DS-JPDA | MHT-Singer |
| 1 | 0.985 | 0.873 | 0.682 | 0.549 | 0.304 | 0.285 |
| 2 | 0.930 | 0.806 | 0.337 | 0.583 | 0.348 | 0.310 |
| 3 | 0.899 | 0.691 | 0.074 | 0.617 | 0.413 | 0.364 |
| 4 | 0.838 | 0.412 | 0 | 0.641 | 0.472 | — |
| 5 | 0.724 | 0.135 | 0 | 0.677 | 0.581 | — |
| 6 | 0.543 | 0 | 0 | 0.710 | — | — |

## 5.4 本章小结

为了解决部分可辨条件下的机动编队跟踪问题，本章针对两种常见的机动模型分别提出了一种编队分裂机动跟踪算法和一种编队合并机动跟踪算法，内容可总结如下。

（1）在提出的 GTA-SMCDTD 算法中，建立了一种基于判决滑窗反馈的编队目标分裂模型，有效地对编队分裂过程进行了描述，并将该过程分解为两种常见的分裂形式。该模型可使编队目标的跟踪由“传统的面向编队整体的跟踪”变成“面向编队成员个体的跟踪”，从而实现对编队的精细跟踪。采用序贯最小二乘法确定离群单目标及采用复数域拓扑描述法对编队内成员进行关联对准，有效解决了面向编队成员跟踪的点迹–航迹互联问题。仿真结果表明，该算法在编队分裂机动的精细跟踪中，可有效应对编队分裂造成的跟踪难题，具有更高的跟踪精度及稳定性。在部分可辨条件下，平均可行航迹条数仅减少了 42.1%，具有较高的跟踪精度及稳定性，且对环境杂波具有较好的健壮性，耗时稳定。

（2）在提出的 FMTA-TFA 算法中，建立了一种编队合并精细跟踪模型，可有效区分编队合并或交叉的机动形式，并可在该模型的基础上实现对群的精细跟踪。采用模糊集理论，对编队成员进行拓扑形式的表示，并在此基础上提出了相邻时刻的同源航迹的对准关联方法，有效解决了判决滑窗中 $k$ 时刻航迹与 $k-1$ 时刻航迹的同源关联问题。仿真结果表明，基于拓扑模糊对准的编队合并机动跟踪算法在编队合并机动的精细跟踪中，相比已有算法，可有效进行编队成员的精细跟踪，并具有更高跟踪精度及稳定性，对环境杂波具有较好的健壮性。在部分可辨条件下，仍具有较高的跟踪精度及稳定性。

通过上述两种算法，可在单传感器条件下对部分可辨编队在分裂和合并机动条件下进行有效的航迹跟踪。结合第 4 章中的部分可辨稳态编队跟踪算法，可对编队出现在观测区域内的任何运动状态进行可靠跟踪，并可为第 7 章的多传感器编队航迹关联融合的研究提供有效的数据基础。

# 第6章　集中式多传感器机动编队目标跟踪算法

## 6.1　引言

在航迹维持阶段，编队目标会发生各种机动，此时编队内目标回波的相对位置结构发生缩放、剪切、旋转等仿射变换，第 3 章提出的两种跟踪算法不再适用。此外，传统的机动目标跟踪算法因对机动编队目标回波复杂性考虑不足，难以取得理想的跟踪效果，且现有机动编队目标跟踪算法只简单地基于编队整体进行了研究，无法准确、实时地完成机动编队内各目标的状态更新。为弥补上述不足，本章首先基于编队机动时的量测特性，在 6.2 节中建立整体机动、分裂、合并、分散 4 种典型的机动编队目标跟踪模型；然后基于上述模型，在 6.3 节和 6.4 节中分别提出变结构 JPDA 机动编队目标跟踪（Maneuvering Formation Targets Tracking Based on Different Structure JPDA Technique，DSJPDA-MFTT）算法和扩展广义 S-D 分配机动编队目标跟踪（Maneuvering Formation Targets Tracking Based on Patulous Generalized S-D Assignment，PGSDA-MFTT）算法；最后，在 6.5 节中设计几种与实际跟踪环境相近的仿真环境，对本章算法的综合跟踪性能进行验证和分析。

## 6.2　典型机动编队目标跟踪模型的建立

### 6.2.1　编队整体机动跟踪模型的建立

当编队目标发生整体机动时，要实现多传感器杂波下编队内目标的精确跟踪，需分为多传感器编队内目标的点迹–航迹互联和状态估计两步来完成。

### 1．多传感器编队内目标的点迹–航迹互联

点迹–航迹的正确互联是对机动编队内目标精确跟踪的前提和基础。然而，当编队发生机动时，编队内目标间的拓扑关系会发生一定的仿射变换，而且编队内目标一般相距较近，受量测噪声等的影响易造成编队内各航迹的交叉错误关联，再加上杂波的影响，传统的点迹–航迹互联算法难以取得理想的效果。本节从编队的整体出发，利用编队的特性，基于融合中心所探测到的综合量测集合，利用广义 S-D 分配算法实现多传感器对应同一目标的量测关联与合并，并求出编队内各航迹的关联量测。点迹–航迹互联流程图如图 6-1 所示。

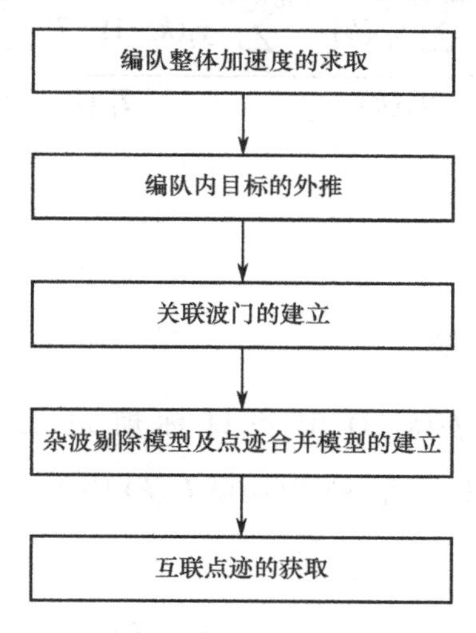


图 6-1　点迹–航迹互联流程图

1）编队整体加速度的求取

设$U(k-1)=\{\boldsymbol{X}_i(k)\}_{i=1}^{T_U(k-1)}$为$k-1$时刻的一个编队目标。其中，$T_U(k-1)$为编队内的目标个数，$\hat{\boldsymbol{X}}_i(k-1)$为目标$i$在$k-1$时刻的状态更新值，且

$$\hat{\boldsymbol{X}}_i(k-1)=[x_i\ v_i^x\ a_i^x\ y_i\ v_i^y\ a_i^y]^{\mathrm{T}} \tag{6-1}$$

设编队目标 $U$ 在 $k$ 时刻发生整体机动，与 $k$ 时刻的编队量测 $Z_1(k)=\{z_i(k)\}_{i=1}^{m_1(k)}$ 关联，$Z_1(k)$ 可基于 $k$ 时刻探测设备获取的量测集合 $Z(k)=\{z_i(k)\}_{i=1}^{m(k)}$ 利用循环阈值模型获得。其中，$\boldsymbol{z}_i(k)=[z_i^x(k)\ \ z_i^y(k)]^{\mathrm{T}}$；$m(k)$、$m_1(k)$ 分别为 $Z(k)$、$Z_1(k)$ 中的量测个数。

基于 $U(k-1)$ 和 $Z_1(k)$，求出编队目标 $U(k)$ 因发生整体机动而产生的加速度 $\boldsymbol{a}_{u_1}(k)=[a_{u_1}^x(k)\ \ a_{u_1}^y(k)]^{\mathrm{T}}$。

$$\begin{cases} a_{u_1}^x(k)=\dfrac{1}{T^2}\left(\dfrac{\sum\limits_{i=1}^{m_1(k)} z_i^x(k)}{m_1(k)}-\dfrac{\sum\limits_{i=1}^{T_U(k-1)} x_i(k-1)+T\sum\limits_{i=1}^{T_U(k-1)} v_i^x(k-1)}{T_U(k-1)}\right) \\ a_{u_1}^y(k)=\dfrac{1}{T^2}\left(\dfrac{\sum\limits_{i=1}^{m_1(k)} z_i^y(k)}{m_1(k)}-\dfrac{\sum\limits_{i=1}^{T_U(k-1)} y_i(k-1)+T\sum\limits_{i=1}^{T_U(k-1)} v_i^y(k-1)}{T_U(k-1)}\right) \end{cases} \tag{6-2}$$

式中，$T$ 为采样周期。

2）编队内目标的外推

基于 $\boldsymbol{a}_{u_1}(k)$ 求出 $U(k-1)$ 中各目标航迹的预测值集合 $U(k)=\{\hat{X}_i(k|k-1)\}_{i=1}^{T_U(k)}$。其中，$T_U(k)$ 为编队 $U(k)$ 中的目标个数，一般情况下 $T_U(k)=T_U(k-1)$，则

$$\hat{\boldsymbol{X}}_i(k|k-1)=\boldsymbol{F}(k)\hat{\boldsymbol{X}}_i'(k) \tag{6-3}$$

式中，$\boldsymbol{F}(k)\in\mathbf{R}^{n,n}$ 为状态转移矩阵；

$$\hat{\boldsymbol{X}}_i'(k)=[x_i(k-1)\ \ v_i^x(k-1)\ \ a_{u_1}^x(k)\ \ y_i(k-1)\ \ v_i^y(k-1)\ \ a_{u_1}^y(k)]^{\mathrm{T}} \tag{6-4}$$

3）关联波门的建立

以 $\hat{\boldsymbol{X}}_i(k|k-1)$ 为中心建立关联波门，若 $Z_1(k)$ 中的量测 $\boldsymbol{z}_i(k)$ 满足式(6-5)，

则判定 $z_i(k)$ 落入 $\hat{X}_i(k|k-1)$ 的关联波门中。

$$d(z_i(k),z_j(k))=\sqrt{(z_i^x(k)-z_j^x(k))^2+(z_i^y(k)-z_j^y(k))^2}\leqslant ld_0 \tag{6-5}$$

式中，$l$ 为常量系数，主要受量测噪声和杂波密度的影响，若量测噪声和杂波密度越大，则 $l$ 越大。

4）杂波剔除模型及点迹合并模型的建立及关联量测的获取

设落入 $\hat{X}_i(k|k-1)$ 关联波门的量测集合为 $\bar{Z}_i(k)=\{\bar{Z}_j^i(k)\}_{j=1}^{\bar{m}_i(k)}$，按照传感器的来源不同对 $\bar{Z}_i(k)$ 进行分类，则 $\bar{Z}_i(k)$ 可写为

$$\bar{Z}_i(k)=\{\bar{z}_j^{is}(k)\}\ (j=1,\cdots,\bar{m}_s,\ s=1,\cdots,N_i) \tag{6-6}$$

式中，$\bar{m}_s$ 为 $\bar{Z}_i(k)$ 中来源于传感器 $s$ 的量测个数；$N_i$ 为 $\bar{Z}_i(k)$ 中量测来源的传感器个数。

由于各传感器上报到融合中心的点迹集合中包括编队内目标的真实回波和杂波，因此根据 $N_i$ 分为以下 3 种情况剔除杂波，确定 $\hat{X}_i(k|k-1)$ 的关联量测 $z_i^*(k)$。

（1）若 $N_i\geqslant 2$，则需要先建立点迹合并模型，本节利用广义 S-D 分配的原则进行静态互联，并根据静态互联结果对各传感器量测进行组合，消除多个传感器对应同一目标的冗余信息，对各组合进行有效性判断，然后将被接受组合中所有量测点进行点迹压缩以获得一个等效量测点，从而实现多传感器点迹互联，同时剔除 $\bar{Z}_i(k)$ 中的其他点迹，达到消除杂波的目的，最后选取等效量测点为关联量测 $z_i^*(k)$。

（2）若 $N_i=1$，则不需要建立点迹合并模型，在此选取 $\bar{Z}_i(k)$ 中与 $\hat{X}_i(k|k-1)$ 空间距离最近的量测 $\bar{z}_j^i(k)$ 为关联量测 $z_i^*(k)$，其中

$$\bar{j} = \arg\min_{j=1:\bar{m}_i(k)} d(\bar{z}_j^i(k), \hat{\boldsymbol{X}}_i(k|k-1)) \tag{6-7}$$

（3）若 $N_i = 0$，则基于 $\hat{\boldsymbol{X}}_i(k|k-1)$ 获取虚拟量测为关联量测 $\boldsymbol{z}_i^*(k)$，且

$$\boldsymbol{z}_i^*(k) = \boldsymbol{H}(k)\hat{\boldsymbol{X}}_i(k|k-1) \tag{6-8}$$

式中，$\boldsymbol{H}(k)$ 为量测矩阵。

**2. 多传感器编队内目标的状态估计**

获得关联量测 $\boldsymbol{z}_i^*(k)$ 后，本节利用交互多模型算法对编队 $U(k)$ 中的第 $i$ 个目标进行滤波。

$$\hat{\boldsymbol{X}}_i(k|k) = \sum_{j=1}^{M} \hat{\boldsymbol{X}}_{ij}(k|k)\boldsymbol{u}_k^i(j) \tag{6-9}$$

$$\boldsymbol{P}_i(k|k) = \sum_{j=1}^{M} \boldsymbol{u}_k^i(j)\{\boldsymbol{P}_{ij}(k|k) + [\hat{\boldsymbol{X}}_{ij}(k|k) - \hat{\boldsymbol{X}}_i(k|k)][\hat{\boldsymbol{X}}_{ij}(k|k) - \hat{\boldsymbol{X}}_i(k|k)]^{\mathrm{T}}\} \tag{6-10}$$

式中，$M$ 为模型个数；$u_k^i(j)$ 为 $k$ 时刻对编队 $U(k)$ 内目标 $i$ 滤波的模型 $j$ 的概率；$\hat{\boldsymbol{X}}_{ij}(k|k)$、$\boldsymbol{P}_{ij}(k|k)$ 分别为基于模型 $j$ 的状态更新值和协方差更新值。

### 6.2.2　编队分裂跟踪模型的建立

在探测系统对编队目标的跟踪过程中，出于特定的战术或人为目的，编队目标会在一个或多个探测周期内变为两个或多个编队，此时编队发生分裂。编队分裂是一种典型的编队机动模式。

设编队目标 $U(k-1)$ 在 $k$ 时刻发生分裂。为了方便讨论，假定 $U(k-1)$ 分裂为两个编队目标 $U_1(k)$ 和 $U_2(k)$，即与 $k$ 时刻的两个编队量测 $Z_1(k) = \{z_i(k)\}_{i=1}^{m_1(k)}$ 和 $Z_2(k) = \{z_i(k)\}_{i=1}^{m_2(k)}$ 同时关联，$Z_1(k)$ 和 $Z_2(k)$ 均可基于量

测集合 $Z(k)=\{z_i(k)\}_{i=1}^{m(k)}$ 利用循环阈值模型获得，其中 $m_1(k)$、$m_2(k)$、$m(k)$ 分别为 $Z_1(k)$、$Z_2(k)$、$Z(k)$ 中的量测个数。

经分析可知，对编队目标 $U(k-1)$ 而言，其变化由一个编队变为多个编队；对编队目标 $U(k-1)$ 和 $U_1(k)$ 整体而言，编队目标发生了整体机动，因此编队的分裂实际上为编队内两个或多个目标集合发生不同模式的整体机动而形成多个编队的过程，所以编队的分裂可基于编队的整体机动模型进行建模，具体分为以下两步进行。

**1．分裂后编队内目标航迹的状态更新**

分别基于 $Z_1(k)$ 和 $Z_2(k)$，对编队 $U(k-1)$ 中的所有目标航迹进行状态更新。因为对 $U(k-1)$ 与 $U_1(k)$ 或 $U_2(k)$ 而言，编队发生了整体机动，所以 $U_1(k)$ 和 $U_2(k)$ 内各目标的状态更新可基于编队机动跟踪模型直接获得，在此不再赘述。

**2．虚假航迹的删除**

因为 $U(k-1)$ 分裂成 $U_1(k)$ 和 $U_2(k)$，所以一般情况下

$$T_U(k-1)=T_U^1(k)+T_U^2(k) \tag{6-11}$$

但此处在 $k$ 时刻分别基于 $Z_1(k)$ 和 $Z_2(k)$ 对 $U(k-1)$ 中的所有航迹进行了延续，所以 $U_1(k)$ 和 $U_2(k)$ 中必然存在虚假航迹，需要进一步删除，然而虚假航迹的删除过程在一个探测周期内很难完成，因此本节通过对各时刻航迹建立航迹质量，利用多帧互联模式终结虚假航迹并完成编队的分裂，具体描述如下。

（1）设 $\hat{\boldsymbol{X}}_i^1(k|k)$ 为 $k$ 时刻编队 $U_1(k)$ 中目标 $i$ 的状态更新值，定义其航迹质量为

$$Q_i^1(k)=\begin{cases}Q_i^1(k-1)+1\text{，}N_i\geqslant 1\\ Q_i^1(k-1)\text{，}N_i=0\end{cases}\tag{6-12}$$

式中，$Q_i^1(k-1)$ 为 $k-1$ 时刻编队 $U_1(k)$ 中目标 $i$ 的航迹质量，若 $k$ 时刻为编队开始发生分裂的时刻，则定义 $Q_i^1(k-1)=0$；$N_i$ 为编队 $U_1(k)$ 中目标 $i$ 关联波门内量测来源的传感器个数。

（2）滑窗的建立。

建立一个 $[k,k+h]$ 的滑窗，若

$$Q_i^1(k+h)\leqslant h-a\tag{6-13}$$

则判断编队 $U_1(k)$ 中航迹 $i$ 为虚假航迹，将其删除。式中，$a$ 为删除参数，与杂波密度有关，杂波密度越大，$a$ 的取值就越小。

（3）设在 $k+h$ 时刻，若 $T_U^1(k+h)+T_U^2(k+h)=T_U(k-1)$，则停止虚假航迹的判断，否则增加窗口长度继续判别。

### 6.2.3　编队合并跟踪模型的建立

在探测区域内，两个或多个编队目标会在一个或多个探测周期中合并为一个编队，这种现象称为编队合并。编队合并是一种典型的编队机动模式。

设编队目标 $U_1(k-1)=\{\boldsymbol{X}_i^1(k-1)\}_{i=1}^{T_U^1(k-1)}$ 和 $U_2(k-1)=\{\boldsymbol{X}_i^2(k-1)\}_{i=1}^{T_U^2(k-1)}$ 在 $k$ 时刻合并成一个编队目标 $U(k)$，即同时与 $k$ 时刻的编队量测集合 $Z(k)=\{z_i(k)\}_{i=1}^{m(k)}$ 关联。

经分析可知，若只关注编队目标 $U_1(k-1)$ 和 $U(k)$ 或编队目标 $U_2(k-1)$ 和 $U(k)$，则编队发生了整体机动；若将编队 $U_1(k-1)$ 和 $U_2(k-1)$ 看作整体，则编队合并的变化是由多个编队变为一个编队。因此，编队的合并实际上为两

个或多个编队目标因发生整体机动而形成一个编队目标的过程，所以编队的合并可基于编队的整体机动模型进行建模，具体分为以下两步。

### 1. 合并前编队内目标航迹的状态更新

基于$Z(k)$，分别对编队$U_1(k-1)$和$U_2(k-1)$中的所有目标航迹进行状态更新，获得$U_1(k)=\{\boldsymbol{X}_i^1(k)\}_{i=1}^{T_U^1(k)}$和$U_2(k)=\{\boldsymbol{X}_i^2(k)\}_{i=1}^{T_U^2(k)}$。具体过程同编队整体机动模型，在此不再赘述。需要注意的是，若先对$U_1(k-1)$的目标进行滤波，则在该过程中使用的量测不能再用于$U_2(k-1)$中目标的状态更新。

### 2. 合并的判别

当编队$U_1(k-1)$和$U_2(k-1)$合并成$U(k)$后，$U_1(k)$和$U_2(k)$中的目标属于同一个编队，各目标间的空间距离和运动方式应该满足编队的定义，所以首先需要基于$U_1(k)$和$U_2(k)$重新进行编队的分割。设$\hat{\boldsymbol{X}}_1(k,k)=[\hat{x}_1(k)\ \hat{v}_1^x(k)\ \hat{y}_1(k)\ \hat{v}_1^y(k)]^{\mathrm{T}}$和$\hat{\boldsymbol{X}}_2(k,k)=[\hat{x}_2(k)\ \hat{v}_2^x(k)\ \hat{y}_2(k)\ \hat{v}_2^y(k)]^{\mathrm{T}}$为$U_1(k)$和$U_2(k)$中任意两个目标的状态更新值，若

$$\begin{cases} d([\hat{x}_1(k)\ \hat{y}_1(k)]^{\mathrm{T}},[\hat{x}_2(k)\ \hat{y}_2(k)]^{\mathrm{T}})<d_0 \\ \hat{\boldsymbol{V}}_{12}(k|k)(\hat{\boldsymbol{P}}_v^1(k|k)+\hat{\boldsymbol{P}}_v^2(k|k))\hat{\boldsymbol{V}}_{12}^{\mathrm{T}}(k|k)<\gamma \end{cases} \tag{6-14}$$

则判定这两个目标属于同一个编队。式中，$d_0$为常数阈值；$\gamma$为服从自由度为$n_x$的$\chi^2$分布的门限值，这里$n_x$为状态估计向量的维数，且

$$\begin{cases} \hat{\boldsymbol{V}}_{12}(k|k)=[\hat{v}_1^x(k)\ \hat{v}_1^y(k)]^{\mathrm{T}}-[\hat{v}_2^x(k)\ \hat{v}_2^y(k)]^{\mathrm{T}} \\ \hat{\boldsymbol{P}}_v^1(k|k)=\begin{bmatrix} \hat{\boldsymbol{P}}_1(2,2) & \hat{\boldsymbol{P}}_1(2,4) \\ \hat{\boldsymbol{P}}_1(4,2) & \hat{\boldsymbol{P}}_1(4,4) \end{bmatrix} \\ \hat{\boldsymbol{P}}_v^2(k|k)=\begin{bmatrix} \hat{\boldsymbol{P}}_2(2,2) & \hat{\boldsymbol{P}}_2(2,4) \\ \hat{\boldsymbol{P}}_2(4,2) & \hat{\boldsymbol{P}}_2(4,4) \end{bmatrix} \end{cases} \tag{6-15}$$

式中，$\hat{\boldsymbol{P}}_1(k,k)$ 和 $\hat{\boldsymbol{P}}_2(k,k)$ 为两个目标的状态估计误差协方差。

在此基于编队分割中的循环阈值模型完成 $k$ 时刻编队的重新识别，设识别后得到一个新的编队 $\widehat{U}(k)=\{\boldsymbol{X}_i^1(k)\}_{i=1}^{T_U(k)}$，若 $T_U(k)=T_U^1(k-1)+T_U^2(k-1)$，则编队的合并完结，否则利用 $k+1$ 时刻的关联编队量测重复上述步骤，继续进行编队的合并判别。

### 6.2.4 编队分散跟踪模型的建立

对机动编队目标而言，除典型的整体机动、分裂及合并外，还存在一种特殊的机动方式，即编队的分散，如飞机编队到达目标打击区域后，会按照战术安排分别飞向不同的目标，此时编队内飞机的运动模式各不相同，已不能作为一个编队进行研究。编队分散模型的建立可分为以下两步。

**1. 编队内目标的点迹–航迹互联**

设 $U_1(k-1)=\{\boldsymbol{X}_i^1(k-1)\}_{i=1}^{T_U^1(k-1)}$ 为 $k-1$ 时刻的一个编队目标，它在 $k$ 时刻发生分散。根据分散的定义，$k$ 时刻不存在与 $U_1(k-1)$ 可能关联的编队量测；设 $Z(k)=\{z_i(k)\}_{i=1}^{m(k)}$ 为对融合中心的综合量测集合进行编队分散后未纳入编队中的剩余量测集合，因此 $U_1(k-1)$ 中各目标在 $k$ 时刻的关联量测均包含于 $Z(k)$，但是 $U_1(k-1)$ 中每个目标的运动模式无法预测，只利用一个时刻的信息不能实现编队内各个目标的连续跟踪。经分析可知，编队分散时编队内各目标的连续跟踪实际上是以 $U_1(k-1)$ 中各目标状态更新值为起点的航迹起始问题，因此本节利用四帧量测数据，基于航迹起始中修正的 3/4 逻辑法实现编队内目标的点迹–航迹互联，具体分为以下几步。

（1）以 $U_1(k-1)$ 作为航迹起始过程第一次扫描所得到的量测集合，

$Z(k)=\{z_i(k)\}_{i=1}^{m(k)}$、$Z(k+1)=\{z_i(k+1)\}_{i=1}^{m(k+1)}$、$Z(k+2)=\{z_i(k+2)\}_{i=1}^{m(k+2)}$ 分别为后 3 次扫描得到的量测集合；以 $\boldsymbol{X}_i^1(k-1)$ 为中心建立关联波门，若 $\boldsymbol{z}_j(k)=[\boldsymbol{z}_j^x(k)\ \ \boldsymbol{z}_j^y(k)]^{\mathrm{T}}$ 满足

$$\boldsymbol{d}_{ij}'[\boldsymbol{R}_i(k-1)+\boldsymbol{R}_j(k)]^{-1}\boldsymbol{d}_{ij}\leqslant\gamma \tag{6-16}$$

则判定 $\boldsymbol{X}_i^1(k-1)$ 可与 $\boldsymbol{z}_j(k)$ 互联，并建立可能航迹 $D_1$。式中，$\boldsymbol{R}_j(k)$ 为对应于 $\boldsymbol{z}_j(k)$ 的量测噪声协方差；$\gamma$ 为常数阈值，可由 $\chi^2$ 分布表查到。

$$\begin{cases}\boldsymbol{d}_{ij}=[d_{ij}^x\ \ d_{ij}^y]^{\mathrm{T}}\\ d_{ij}^x=\max[0\ \ \ z_j^x(k)-\hat{x}_i^1(k-1|k-1)-v_{\max}^xT]+\\ \qquad\ \max[0\ \ -z_j^x(k)+\hat{x}_i^1(k-1|k-1)+v_{\min}^xT]\\ d_{ij}^y=\max[0\ \ \ z_j^y(k)-\hat{y}_i^1(k-1|k-1)-v_{\max}^yT]+\\ \qquad\ \max[0\ \ -z_j^y(k)+\hat{y}_i^1(k-1|k-1)+v_{\min}^yT]\\ \boldsymbol{R}_i(k-1)=\begin{bmatrix}\hat{\boldsymbol{P}}_i^1(k-1|k-1)(1,1) & \hat{\boldsymbol{P}}_i^1(k-1|k-1)(1,3)\\ \hat{\boldsymbol{P}}_i^1(k-1|k-1)(3,1) & \hat{\boldsymbol{P}}_i^1(k-1|k-1)(3,3)\end{bmatrix}\end{cases} \tag{6-17}$$

式中，$v_{\max}^x$、$v_{\min}^x$、$v_{\max}^y$、$v_{\min}^y$ 分别为目标 $i$ 在 $x$ 轴、$y$ 轴方向上速度的最大值和最小值；$\hat{\boldsymbol{P}}_i^1(k-1,k-1)$ 为 $\boldsymbol{X}_i^1(k-1)$ 的协方差。

（2）对可能航迹 $D_1$ 进行直线外推，并以外推点为中心，建立关联波门 $\Omega(k+1)$，其由航迹外推误差协方差确定。若量测 $z_i(k+1)$ 落入关联波门 $\Omega(k+1)$ 内，假设 $z_i(k+1)$ 与 $z_j(k)$ 的连线与该航迹的夹角为 $\alpha$。当 $\alpha\leqslant\sigma$ 时（$\sigma$ 一般由测量误差决定，为了保证以很高的概率起始目标航迹，可以选择较大的 $\sigma$），则认为 $z_i(k+1)$ 可与 $D_1$ 互联。若存在多个点满足要求，则选取离外推点最近的量测互联。

（3）若没有量测落入 $\Omega(k+1)$ 中，则将 $D_1$ 继续直线外推，以外推点为中心，建立后续关联波门 $\Omega(k+2)$，其大小由航迹外推误差协方差确定。若量测

$z_i(k+2)$ 落入关联波门 $\Omega(k+2)$ 内，则假设 $z_i(k+2)$ 与 $z_i(k+1)$ 的连线与该航迹的夹角为 $\beta$，当 $\beta \leqslant \sigma$ 时，判定 $z_i(k+2)$ 可与 $D_1$ 关联。若存在多个点满足要求，则选取离外推点最近的量测关联。

（4）若在第 4 次扫描中，没有量测落入后续关联波门 $\Omega(k+2)$ 中，则删除该可能航迹。

（5）在各个周期中不与任何航迹关联的量测用来开始一条新的可能航迹，跳至步骤（1）。

设在 $k+2$ 时刻以 $\boldsymbol{X}_i^1(k-1)$ 为起点的量测集合为 $\{\boldsymbol{X}_i^1(k-1), z_j(k), z_m(k+1)\}$，则说明目标 $i$ 在 $k$ 时刻和 $k+1$ 时刻的关联量测为 $z_j(k)$ 和 $z_m(k+1)$。

**2．编队内目标的状态更新**

获取目标 $i$ 在 $k$ 时刻的关联量测为 $z_j(k)$ 后，本节利用 IMM 模型的思想对目标进行滤波，具体过程同编队整体机动跟踪模型，在此不再赘述。

总之，编队分散跟踪模型可实现编队分散时编队内目标的精确跟踪，其具有以下优势。

（1）基于多帧关联模型，充分利用 $k-1$ 时刻内各目标的状态更新值，节省了一个周期，缩短航迹确认及点迹–航迹互联的时间。

（2）以 $U_1(k-1)$ 中的各目标为航迹头，保证分散后航迹的个数与原 $U_1(k-1)$ 中的目标个数吻合。

（3）对杂波的健壮性较好，利用 3/4 航迹起始模型剔除绝大部分杂波，保证编队内目标跟踪的精确性。

## 6.3　变结构 JPDA 机动编队目标跟踪算法

设$Z(k)$为$k$时刻融合中心的综合量测集合，定义如式（3-3）所示。利用循环阈值模型进行编队的分割，并求出各编队的中心点集合为

$$\bar{Z}(k)=\{\bar{z}_i(k)\}\quad (i=1,2,\cdots,m_k) \tag{6-18}$$

式中，$m_k$为编队的个数。$G(k-1)$为$k-1$时刻编队航迹状态更新值和协方差更新值的集合，定义如式（3-10）所示。基于$G(k-1)$，定义各编队中心航迹状态更新值和协方差更新值的集合为

$$\bar{G}(k-1)=\left\{\bar{\boldsymbol{X}}^t(k-1),\bar{\boldsymbol{P}}^t(k-1)\right\}\quad (t=1,2,\cdots,T_g(k-1)) \tag{6-19}$$

式中，$T_g(k-1)$为$k-1$时刻编队的个数。

本节基于$\bar{Z}(k)$和$\bar{G}(k-1)$，分析编队目标下 JPDA 算法的结构变化，提出了变结构 JPDA 机动编队目标跟踪（DSJPDA-MFTT）算法。

### 6.3.1　事件的定义

基于各编队目标机动模式下的编队中心量测与编队中心航迹之间的对应关系，定义表征各编队机动模式的事件。

事件 1：若$\bar{\boldsymbol{X}}^t(k-1)$只可能与$\bar{z}_i(k)$关联，则编队$t$发生整体机动，利用整体机动模型进行状态更新。

事件 2：若$\bar{\boldsymbol{X}}^t(k-1)$与多个编队中心点同时关联，则编队$t$分裂，利用编队分裂模型进行状态更新。

事件 3：若$\bar{\boldsymbol{X}}^{t_1}(k-1)$、$\bar{\boldsymbol{X}}^{t_2}(k-1)$等编队的中心航迹同时与$\bar{z}_i(k)$关联，则

编队$t_1$、$t_2$等发生合并，利用编队合并模型进行状态更新。

事件4：若$\bar{\boldsymbol{X}}^t(k-1)$没有关联成功的编队量测，则编队$t$可能发生分散，利用编队分散模型进行状态更新。

基于$\bar{Z}(k)$和$\bar{G}(k-1)$，可得出多个诸如上述事件的合理组合，求出各种组合的概率，并基于编队机动模型实现各种组合下编队内航迹的状态更新，最后利用加权平均的思想得出各航迹的状态更新值。

### 6.3.2 编队确认矩阵的建立

为便于表示编队量测$\bar{z}_j(k)$与编队中心航迹$\bar{\boldsymbol{X}}^t(k-1)$之间的复杂关系，定义编队确认矩阵为

$$\boldsymbol{\Omega}=[\omega_{jt}] \quad (j=0,1,2,\cdots,m_k,\ t=0,1,2,\cdots,T_g) \tag{6-20}$$

式中，$\omega_{jt}$为二进制变量，利用编队航迹的机动能力建立关联波门，若$\bar{z}_j(k)$满足式（6-21），则$\omega_{jt}=1$，否则$\omega_{jt}=0$。

$$\begin{cases} \left|\bar{z}_{jx}(k)\right| \in [\bar{x}^t(k-1)+\bar{v}_x^t(k-1)T+\dfrac{1}{2}a_{x\min}^t T^2, \bar{x}^t(k-1)+\bar{v}_x^t(k-1)T+\dfrac{1}{2}a_{x\max}^t T^2] \\ \left|\bar{z}_{jy}(k)\right| \in [\bar{y}^t(k-1)+\bar{v}_y^t(k-1)T+\dfrac{1}{2}a_{y\min}^t T^2, \bar{y}^t(k-1)+\bar{v}_y^t(k-1)T+\dfrac{1}{2}a_{y\max}^t T^2] \end{cases} \tag{6-21}$$

式中，$a_{x\min}^t$、$a_{y\min}^t$和$a_{x\max}^t$、$a_{y\max}^t$为编队航迹$t$可能具有的加速度的最小值和最大值，可根据探测区域及目标类型粗略判别。在此需要注意两点：①$t=0$表示没有编队航迹，定义$\omega_{j0}$（$j=1,2,\cdots,m_k$）全部为1；②$j=0$表示没有编队量测。

### 6.3.3　编队互联矩阵的建立

对于给定的机动编队跟踪问题，基于各种机动模型，在获取编队确认矩阵$\boldsymbol{\Omega}$后，需对$\boldsymbol{\Omega}$进行拆分，以获取编队互联矩阵。此处需关注以下两种特殊情况。

（1）每一个编队量测，可以有多个源，即每个编队量测可以与多个编队航迹同时关联，此时编队发生合并。

（2）对于一个给定的编队航迹，可以有多个编队量测以其为源，此时编队发生分裂。

因此，传统 JPDA 算法中确认矩阵拆分时遵循的两个基本原则在此不再成立，拆分规则进化如下。

（1）在$\boldsymbol{\Omega}$的每一行，可选出多个 1，作为互联矩阵该行的非零元素，第一行对应编队的分散，其他行对应编队的合并。

（2）在$\boldsymbol{\Omega}$的每一列，除第一列外，每列可选取多个非零元素，以对应编队的分裂，也可以不选取非零元素，以对应编队的分散。

DSJPDA-MFTT 算法需要计算每个编队量测与可能关联编队航迹的概率。设$\theta(k)=\{\theta_i(k)\}_{i=1}^{n_k}$表示在 $k$ 时刻的所有可能的联合事件的集合，$n_k$表示集合$\theta(k)$中元素的个数，其中

$$\theta_i(k)=\bigcap_{j=0}^{m_k}\theta_{jt_j}^i(k) \tag{6-22}$$

代表第 $i$ 个互联事件，表示发生机动时各个编队量测与编队航迹进行匹配的一种可能。其中，$\theta_{0t_j}^i(k)$表示编队航迹 $t$ 发生分散，若$t_j=[t_{j'_1},t_{j'_2},\cdots,t_{j'n'}]$，表示编队量测$\overline{z}_j(k)$在联合事件 $i$ 中同时源于$n'$个编队航迹的事件；$\theta_{j0}^i(k)$表示$\overline{z}_j(k)$源于虚警或杂波。

由编队确认矩阵拆分规则可以推导出，$k$ 时刻编队量测与编队航迹关联的事件需注意以下两点。

（1）不再满足互不相容性：当编队分裂时，$\theta_{jt}(k)\bigcap\theta_{it}(k)\neq\varnothing$，$i\neq j$；当编队合并时，$\theta_{jt_1}(k)\bigcap\theta_{jt_2}(k)\neq\varnothing$，$t_1\neq t_2$。

（2）满足完备性：针对编队航迹 $t$，面对 $m_{k+1}$ 个可选取的编队量测：

$$\Pr\left\{\bigcup_{j=0}^{\sum_{i=1}^{m_k}C_{m_{k+1}}^{i}}\theta_{jt}(k)\,|\,\boldsymbol{Z}^k\right\}=1\quad(t=0,1,2,\cdots,T)\tag{6-23}$$

基于联合事件 $\theta_i\left(k\right)$，定义互联矩阵为

$$\hat{\boldsymbol{\Omega}}(\theta_i(k))=[\hat{\omega}_{jt}^{i}(\theta_i(k))]\tag{6-24}$$

式中

$$\hat{\omega}_{jt}^{i}(\theta_i(k))=\begin{cases}1, & 若\,\theta_{jt}^{i}(k)\subset\theta_i(k)\\ 0, & 其他\end{cases}\tag{6-25}$$

根据上述需注意的两点，可得出

$$\begin{cases}T+1\geqslant\sum_{t=0}^{T}\hat{\omega}_{jt}^{i}\left(\theta_i\left(k\right)\right)\geqslant1,\ j=1,2,\cdots,m_k\\ \sum_{j=1}^{m_k}\hat{\omega}_{jt}^{i}\left(\theta_i\left(k\right)\right)\geqslant1,\ t=1,2,\cdots,T_g(k)\end{cases}\tag{6-26}$$

在此需要注意的是，实际应用中互联矩阵需通过确认矩阵的拆分获得，因此传统 JPDA 算法存在计算爆炸的弊端，但对编队目标而言，编队航迹和编队量测通常较少，且相距较远。与传统 JPDA 算法相比，DSJPDA-MFTT 算法

发生计算爆炸的概率要小得多。

### 6.3.4　编队确认矩阵的拆分

为了更加清晰地说明编队确认矩阵拆分的整个过程，在此举例说明。

如图 6-2 所示，设 $k-1$ 时刻存在 3 个编队目标，以 $k-1$ 时刻各编队中心航迹的状态更新值为中心，建立扇形波门；$k$ 时刻综合量测集合 $Z(k)$ 经编队分割后得到 3 个编队量测，各中心量测分别为 $\bar{z}_1(k)$、$\bar{z}_2(k)$、$\bar{z}_3(k)$。基于编队量测与扇形波门的位置关系，建立编队确认矩阵为

$$\boldsymbol{\Omega}=\left[\omega_{jt}\right]=\begin{bmatrix}0&0&0&1\\1&1&0&0\\1&1&1&0\\1&0&1&0\end{bmatrix}\tag{6-27}$$

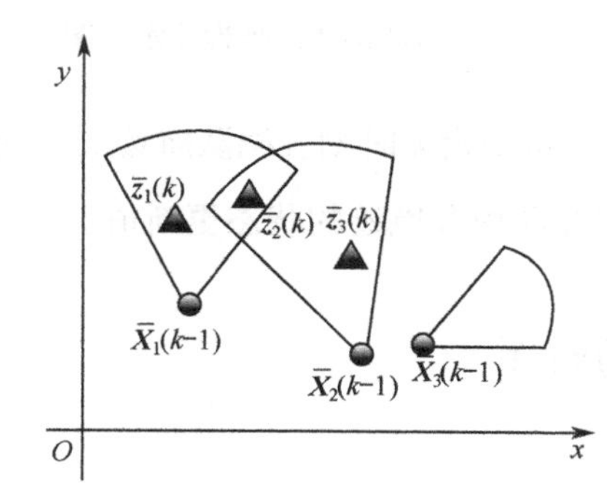


图 6-2　编队量测与扇形波门的位置关系示意图

首先对 $\boldsymbol{\Omega}$ 进行化简，去掉 $\omega_{0t}=1$ 所在的行和列，得到 $\boldsymbol{\Omega}'$。对于 $\omega_{0t}=1$ 的编队目标，直接利用分散模型进行处理，不参与后续的矩阵拆分。

$$\boldsymbol{\Omega}'=\left[\omega_{jt}\right]=\begin{bmatrix}1&1&0\\1&1&1\\1&0&1\end{bmatrix}\tag{6-28}$$

按照编队确认矩阵的拆分原则，利用穷举法搜查可得出以下 16 个互联矩阵和联合事件。编队确认矩阵拆分示意图如图 6-3 所示，第一行可拆分成两种情况，即$\begin{bmatrix}1 & 0 & 0\end{bmatrix}$和$\begin{bmatrix}0 & 1 & 0\end{bmatrix}$，分别表示$\overline{z}_1(k)$来源于假目标或编队目标。对于$\overline{z}_2(k)$，不用考虑$\overline{z}_1(k)$的来源情况，可分为以下 4 种情况：$\begin{bmatrix}1 & 0 & 0\end{bmatrix}$、$\begin{bmatrix}0 & 1 & 0\end{bmatrix}$、$\begin{bmatrix}0 & 0 & 1\end{bmatrix}$、$\begin{bmatrix}0 & 1 & 1\end{bmatrix}$，分别表示$\overline{z}_2(k)$来源于杂波、编队航迹 1、编队航迹 2 及同时对应于编队航迹 1 和 2。对于$\overline{z}_3(k)$，不用考虑$\overline{z}_1(k)$和$\overline{z}_2(k)$的来源情况，可分为以下两种情况：$\begin{bmatrix}1 & 0 & 0\end{bmatrix}$、$\begin{bmatrix}0 & 0 & 1\end{bmatrix}$，分别表示$\overline{z}_3(k)$来源于杂波或编队航迹 2。

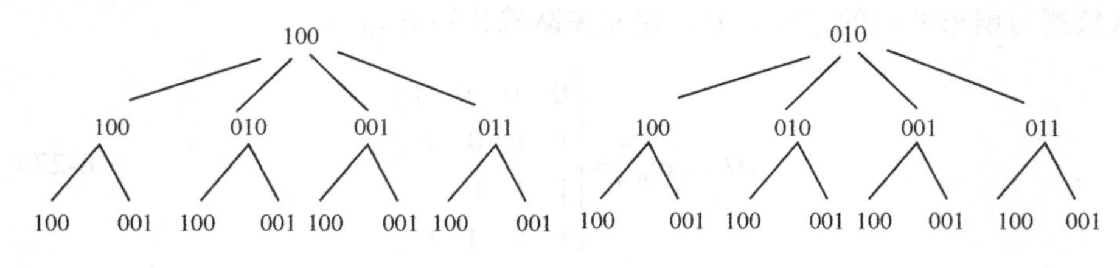


图 6-3　编队确认矩阵拆分示意图

基于每个互联矩阵，可确定 $k$ 时刻各编队航迹的机动模式，利用对应的编队机动跟踪模型，得出编队内各航迹的状态更新值。

## 6.3.5　概率的计算

### 1. 定义一

（1）编队合并指示，即

$$\hat{\tau}\left[\theta_i(k)\right]=\sum_{t=1}^{T_g}\hat{\omega}_{jt}^{i}\left[\theta_i(k)\right]=\hat{t} \tag{6-29}$$

若$\hat{t}>1$，则说明编队量测$\overline{z}_j(k)$与多个编队航迹关联，编队发生分裂；若$\hat{t}=1$，则说明编队量测$\overline{z}_j(k)$对应编队的整体机动；若$\hat{t}=0$，则说明没有编队

航迹与编队量测 $\overline{z}_j(k)$ 互联。

（2）编队分裂指示，即

$$\widehat{\delta}\left[\theta_i(k)\right]=\sum_{j=1}^{m_k}\hat{\omega}_{jt}^i\left[\theta_i(k)\right]=\widehat{J} \tag{6-30}$$

若 $\widehat{J}>1$，则说明编队航迹 $t$ 与多个编队量测互联，编队发生分裂；若 $\widehat{J}=1$，则说明编队航迹 $t$ 发生了整体机动；若 $\widehat{J}=0$，则说明没有编队量测与编队航迹 $t$ 互联。

**2. 定义二**

（1）量测指标：$\tau_j=\begin{cases}1, & \widehat{\tau}_j\left[\theta_i(k)\right]\neq 0\\ 0, & \widehat{\tau}_j\left[\theta_i(k)\right]=0\end{cases}$。

（2）目标指标：$\delta_t\left[\theta_i(k)\right]=\begin{cases}1, & \widehat{\delta}_t\left[\theta_i(k)\right]\neq 0\\ 0, & \widehat{\delta}_t\left[\theta_i(k)\right]=0\end{cases}$。

（3）虚假编队量测数量：$\Phi\left[\theta_i(k)\right]=\sum_{j=1}^{m_k}\left\{1-\tau_j\left[\theta_i(k)\right]\right\}$。

应用贝叶斯法则，$k$ 时刻联合事件 $\theta_i(k)$ 的条件概率为

$$\begin{aligned}\Pr\left\{\theta_i(k)\mid Z^k\right\}&=\Pr\left\{\theta_i(k)\mid Z(k),Z^{k-1}\right\}=\frac{1}{c}\Pr\left[Z(k)\mid\theta_i(k),Z^{k-1}\right]\Pr\left\{\theta_i(k)\mid Z^{k-1}\right\}\\&=\frac{1}{c}\Pr\left[Z(k)\mid\theta_i(k),Z^{k-1}\right]\Pr\left\{\theta_i(k)\right\}\end{aligned} \tag{6-31}$$

式中，$c$ 为归一化常数，有

$$c=\sum_{j=0}^{n_k}p\left[Z(k)\mid\theta_j(k),Z^{k-1}\right]\Pr\left\{\theta_j(k)\right\} \tag{6-32}$$

假定虚假量测在确认区域内（体积为 $V$）服从均匀分布，而真实目标回波服从高斯分布，即 $N_t[\boldsymbol{z}_j(k)] = N[\boldsymbol{z}_j(k), \hat{\boldsymbol{z}}_t(k|k-1), \boldsymbol{S}_t^j(k)]$，而编队量测中心点 $\overline{\boldsymbol{z}}_j(k)$ 为

$$\overline{\boldsymbol{z}}_j(k) = \frac{1}{\overline{m}_{jk}} \sum_{i=1}^{\overline{m}_{jk}} \boldsymbol{z}_i^j(k) \tag{6-33}$$

式中，$\boldsymbol{z}_i^j(k)$ 为第 $j$ 个编队量测中的第 $i$ 个量测；$\overline{m}_{jk}$ 为第 $j$ 个编队量测中的量测个数，则

$$\Pr\{\overline{\boldsymbol{z}}_j(k)\} = \Pr\left\{\{\frac{1}{\overline{m}_{jk}} \sum_{i=1}^{\overline{m}_{jk}} \boldsymbol{z}_i^j(k)\} = \frac{1}{\overline{m}_{jk}} \sum_{i=1}^{\overline{m}_{jk}} \Pr\{\boldsymbol{z}_i^j(k)\right\} \tag{6-34}$$

所以，$\overline{\boldsymbol{z}}_j(k)$ 与 $\boldsymbol{z}_i^j(k)$ 的分布相同，但方差变为 $\frac{1}{(\overline{m}_{jk})^2} \sum_{i=1}^{\overline{m}_{jk}} \boldsymbol{S}_t^i(k)$，可得

$$\Pr\left[\overline{\boldsymbol{z}}_j(k) | \theta_{jt}^i(k), Z^{k-1}\right] = \begin{cases} N_t[\overline{\boldsymbol{z}}_j(k)], & 若 \tau_j[\theta_i(k)] = 1 \\ V^{-1}, & 若 \tau_j[\theta_i(k)] = 0 \end{cases} \tag{6-35}$$

$$\begin{aligned} \Pr\left[\boldsymbol{Z}(k) | \theta_i(k), Z^{k-1}\right] &= \prod_{j=1}^{m_k} \Pr\left[\overline{\boldsymbol{z}}_j(k) | \theta_{jt}^i(k), Z^{k-1}\right] \\ &= V^{-\varPhi(\theta_i(k))} \prod_{j=1}^{m_k} N_t[\overline{\boldsymbol{z}}_j(k)]^{\tau_j[\theta_i(k)]} \\ &= \overline{A} \end{aligned} \tag{6-36}$$

一旦 $\theta_i(k)$ 给定，则编队分裂指示 $\widehat{\delta}(\theta_i(k))$ 和虚假编队量测数量 $\varPhi(\theta_i(k))$ 就完全确定了，因此有

$$\begin{aligned} \Pr\{\theta_i(k)\} &= \Pr\{\theta_i(k), \widehat{\delta}_t(\theta_i(k)), \varPhi(\theta_i(k))\} \\ &= \Pr\{\theta_i(k) | \widehat{\delta}_t(\theta_i(k)), \varPhi(\theta_i(k))\} \Pr\{\widehat{\delta}_t(\theta_i(k)), \varPhi(\theta_i(k))\} \end{aligned} \tag{6-37}$$

包含 $\varPhi(\theta_i(k))$ 个虚假编队量测的事件共有 $C_{m_k}^{\varPhi(\theta_i(k))}$，对于剩余的 $m_k - \varPhi(\theta_i(k))$

个真实编队量测，形成编队分裂指示$\hat{\delta}(\theta_i(k))$的可能组合个数为

$$m_k' = \prod_{t=1}^{T_g} C_{m_{k-\Phi(\theta_i(k))}}^{\hat{\delta}[\theta_i(k)]} \tag{6-38}$$

所以有

$$\Pr\{\theta_i(k) \mid \hat{\delta}_t(\theta_i(k)), \Phi(\theta_i(k))\} = \frac{1}{C_{m_k}^{\Phi(\theta_i(k))} m_k'} \tag{6-39}$$

又因为对编队目标 $t$ 而言，当存在$m_k - \Phi(\theta_i(k))$个真实编队量测时，编队分裂指示为$\hat{\delta}(\theta_i(k))$的概率为$\dfrac{1}{m_k - \Phi(\theta_i(k))}$，则有

$$\Pr\{\hat{\delta}_t(\theta_i(k)), \Phi(\theta_i(k))\} = \prod_{t=1}^{T} \frac{(P_D^t)^{\delta_t(\theta_i(k)}(1-P_D^t)^{1-\delta_t(\theta_i(k))} \mu_F(\Phi(\theta_i(k))}{m_k - \Phi(\theta_i(k))} \tag{6-40}$$

式中，$P_D^t = \dfrac{\sum_{i=1}^{N_s} P_{D_i}^t}{N_s}$，$P_{D_i}^t$为第 $i$ 个传感器的探测概率，$N_s$为传感器个数；$\mu_F(\Phi(\theta_i(k))$是虚假量测数的先验概率质量函数，与目标环境有关。

$\theta_i(k)$的概率为

$$\Pr\{\theta_i(k)\} = \frac{\mu_F(\Phi(\theta_i(k))\prod_{t=1}^{T_g}(P_D^t)^{\delta_t(\theta_i(k)}(1-P_D^t)^{1-\delta_t(\theta_i(k))}}{[m_k - \Phi(\theta_i(k))]C_{m_k}^{\Phi(\theta_i(k))} m_k'} = \bar{B} \tag{6-41}$$

因此有

$$\Pr\left\{\theta_i(k) \mid \boldsymbol{Z}^k\right\} = \frac{\bar{A}\bar{B}}{C} \tag{6-42}$$

式中，$C$为归一化常数。

### 6.3.6 编队内航迹的状态更新

设互联事件 $\theta_i(k)$ 的概率为 $\beta_i(k)$，在 $\theta_i(k)$ 下各编队目标的机动模型已经确认，可直接利用对应的机动模型进行跟踪。设编队 $t$ 第 $l$ 个目标在事件 $\theta_i(k)$ 下的状态更新值和协方差更新值分别为 $\hat{\boldsymbol{X}}_i^l(k|k)$ 和 $\boldsymbol{P}_i^l(k|k)$，则

$$\hat{\boldsymbol{X}}^l(k|k)=\sum_{i=1}^{m_\theta}\beta_i(k)\hat{\boldsymbol{X}}_i^l(k|k) \tag{6-43}$$

$$\boldsymbol{P}^l(k|k)=\sum_{i=1}^{m_\theta}\beta_i(k)\boldsymbol{P}_i^l(k|k) \tag{6-44}$$

式中，$m_\theta$ 为事件 $\theta_i(k)$ 的总数。DSJPDA-MFTT 算法单次循环流程图如图 6-4 所示。

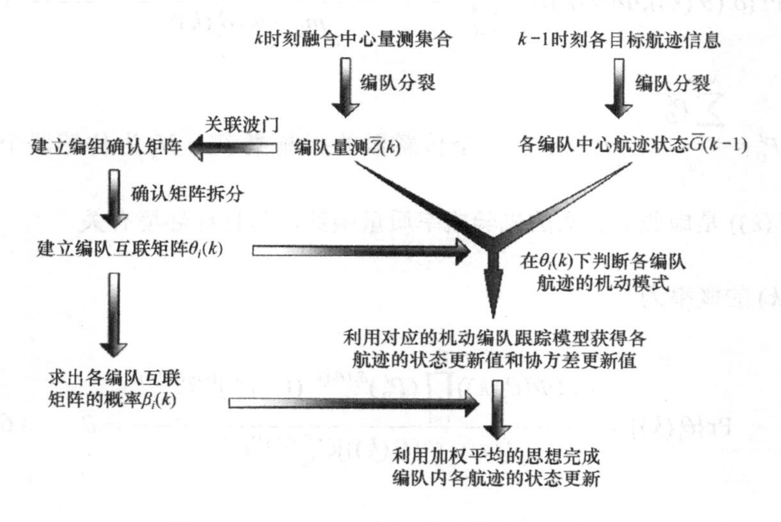


图 6-4　DSJPDA-MFTT 算法单次循环流程图

## 6.4 扩展广义 S-D 分配机动编队目标跟踪算法

与 DSJPDA-MFTT 算法相同，扩展广义 S-D 分配机动编队目标跟踪（PGSDA-

MFTT）算法面向的处理对象也是编队航迹 $\bar{G}(k-1)$ 和编队量测 $\bar{Z}(k)$，其主要目的是找出两者之间最可能的映射关系，确定 $k$ 时刻各编队目标的机动模式，从而利用对应的机动编队跟踪模型，完成编队内目标的状态更新。

## 6.4.1　基本模型的建立

定义传感器 $s$ 的第 $i_s$ 个量测为

$$z_{si_s}=\begin{cases}\boldsymbol{m}_{\mathrm{st}}+\boldsymbol{\omega}_{si}, & \text{量测源于目标}\\ \boldsymbol{a}_{si_s}, & \text{量测源于杂波}\end{cases} \tag{6-45}$$

式中，$\boldsymbol{m}_{\mathrm{st}}$ 为传感器提供的量测值，$\boldsymbol{m}_{\mathrm{st}}=\boldsymbol{H}_S(\boldsymbol{\omega}_t,\boldsymbol{\omega}_s)$，即 $\boldsymbol{m}_{\mathrm{st}}$ 可由真实位置向量 $\boldsymbol{\omega}_t$、传感器位置向量 $\boldsymbol{\omega}_s$ 的非线性变换获得；$\boldsymbol{\omega}_{si_s}$ 为量测噪声，$\boldsymbol{\omega}_{si_s}\sim N(0,\boldsymbol{R}_s)$。假定各传感的量测噪声是相互独立的，则虚假量测 $\boldsymbol{a}_{si_s}$ 的密度为

$$f_{\boldsymbol{a}_{si_s}}=\frac{1}{\psi_s} \tag{6-46}$$

式中，$\psi_s$ 为传感器 $s$ 的观测区域。

设直到 $K$ 时刻融合中心获得的综合量测集合为

$$Z^K=\{Z(k)\}_{k=1}^{K} \tag{6-47}$$

$$Z(k)=\{z_{si_s}(k)\}_{i_s=1}^{m_s(k)}\quad (s=1,2,\cdots,N_s) \tag{6-48}$$

式中，$N_s$ 为传感器的个数；$m_s(k)$ 为 $k$ 时刻传感器 $s$ 提供的量测个数。

基于 $Z(k)$，利用循环阈值方法完成编队的分割。设 $U_j$ 为获得的第 $j$ 个编队，按编队内各量测的传感器来源不同，表示为

$$U_j=\{z_{si_s}\}_{i_s=1}^{\hat{m}_s^j}\quad (s=1,2,\cdots,\hat{S}_j) \tag{6-49}$$

式中，$\hat{S}_j$ 为 $U_j$ 中量测源于传感器的个数；$\hat{m}_s^j$ 为 $U_j$ 中源于传感器 $s$ 的量测个数。

若 $U_j$ 中所有量测均为虚假量测，则定义 $U_j$ 为虚假编队。假设各虚假量测相互独立，且独立于真实量测值，则 $U_j$ 为虚假编队的概率为

$$f(U_j)=\boldsymbol{a}_j^U=\prod_{s=1}^{\hat{S}_j}\left(\frac{1}{\psi_s}\right)^{\hat{m}_s^j} \tag{6-50}$$

为了弥补由漏测引起的编队量测与编队目标互联的不足，在此为每个传感器获取的编队量测集合增加一个虚假编队 $U_{s0}$，因此来自传感器 $s$ 和整个探测区域的编队量测可分别表示为

$$U_s=\left\{U_{si_s}\right\}_{i_s=0}^{m_s^U},\quad U=\left\{U_s\right\}_{s=1}^{N_s} \tag{6-51}$$

式中，$m_s^U$ 为传感器 $s$ 探测到的编队量测个数。

## 6.4.2　编队量测的划分

首先考虑 3 个传感器的情况。假设 $U_{i_1i_2i_3}=\{U_{si_s}\}_{s=1}^3$ 是 3 个传感器对应于 $U_t$ 在同一编队目标的编队量测，则概率函数为

$$P(U_{i_1i_2i_3})=\prod_{s=1}^{3}[P(U_{si_s})]^{u(i_s)}[1-P_D^s]^{\hat{m}_s[1-u(i_s)]} \tag{6-52}$$

式中，$\hat{m}_s$ 为编队 $U_{si_s}$ 的量测个数；$u(i_s)$ 为指标函数，当 $i_s=0$ 时，$u(i_s)=0$，否则 $u(i_s)=1$；$P(U_{si_s})$ 为编队 $U_{si_s}$ 对应于一个真实编队目标的概率，且

$$P(U_{si_s})=\prod_{i=1}^{\hat{m}_t}\left[P_D^s f\left(z_i^{si_s}\,|\,\omega_t\right)\right](1-P_D^s)^{(\hat{m}_s-\hat{m}_t)} \tag{6-53}$$

式中，$\hat{m}_t$ 为 $U_{si_s}$ 中来自真实目标的量测个数。

假设可能划分$\gamma=\left\{U_t,U_f\right\}$，其中$U_t$为编队航迹对应互联的编队量测子集；$U_f$为虚假编队量测子集，且$U_f=\left\{U_{si_s};i_s=0,1,2,\cdots,\widehat{m}_s,\ s=1,2,3\right\}$。在此需要特别注意以下几点。

（1）编队量测可对应于多个编队航迹（编队合并时）或虚警，因此$(U_t\cup U_f)\supset U$。

（2）编队航迹可对应于多个编队量测（编队分裂时），因此被编队航迹关联过的量测仍可以为其他编队航迹所用。

基于上述两点，$U_t=\left\{U_{si_s}\right\}_{s=1}^{3}$，其中$i_s$为空集或集合$\{1,2,\cdots,\widehat{m}_s\}$中的任意元素组成的子集，不再是单个数值，而是一个集合，其最大个数$\widehat{m}_s'$为$\left(\prod_{i=1}^{\widehat{m}_s}C_{\widehat{m}_s}^{i}+1\right)$。对每个传感器而言，$i_s$的选取是相互独立的，因此有

$$U_t=\left\{U_{i_1i_2i_3};i=0,1,2,\cdots,\widehat{m}_s',\ s=1,2,3\right\}\tag{6-54}$$

记事件$\xi(\gamma)=\{$划分$\gamma$为真$\}$，且设$\varGamma=\{\gamma\}$为所有可能划分。当编队发生分裂、合并、分散等机动时，从编队量测的角度来看，各传感器对编队目标的探测状态应一致，所以可基于这一原理删减$\varGamma$内$\gamma$的个数。设$\widehat{\varGamma}=\{\gamma\}$为精简后的可能划分集合，其最大个数为

$$\widehat{m}_s''=\prod_{s=1}^{3}\sum_{i=1}^{\widehat{m}_s}C_{\widehat{m}_s}^{i}+1\tag{6-55}$$

要判别$k$时刻各编队目标发生何种机动，就要确定编队量测与编队航迹的对应关系，即确定最佳划分$\gamma=\left\{U_t,U_f\right\}$，需求解式（6-56）。

$$\max_{\gamma\in\varGamma}\frac{L(\gamma)}{L(\gamma_0)}\tag{6-56}$$

式中，$\gamma_0=\left\{U_t=\varnothing,U_f=U\right\}$，即所有编队量测均为虚假编队的假设。

$$L(\gamma)=f[U\mid\xi(\gamma)]=\prod_{U_{i_1i_2i_3}\in\gamma}P(U_{i_1i_2i_3}\left|\omega_U\right.)\prod_{s=1}^{3}\prod_{i\in f_u^s(\gamma)}\varphi_i^s \tag{6-57}$$

式中，$f_U^s(\gamma)$为划分$\gamma$中传感器$s$虚假编队量测的标号集合；$\varphi_i^s$为传感器$s$第$i$个编队量测为虚假编队的概率；$i_1$、$i_2$、$i_3$分别对应于子集$\widehat{i_1}$、$\widehat{i_2}$、$\widehat{i_3}$；$\omega_U$为编队发生机动后的真实位置，此处用极大似然估计值$\hat{\omega}_U$代替$\omega_U$，因此有

$$\hat{L}(\gamma)=\prod_{U_{i_1i_2i_3}=1}P\left(U_{i_1i_2i_3}\left|\hat{\omega}_U\right.\right)\prod_{s=1}^{3}\prod_{i\in f_u^s(\gamma)}\varphi_i^s \tag{6-58}$$

在此举例说明$\hat{L}(\gamma)$的推导过程。设$\widehat{i_1}=\{i'_{11},i'_{12}\}$，$\widehat{i_2}=\{i'_{21},i'_{22}\}$，$\widehat{i_3}=\{i'_{31},i'_{32}\}$，即对编队目标$U$而言，每个传感器均有两个编队量测与之对应，编队$U$发生分裂。设$U$中原包含$T_U$个目标，则在$k$时刻发生分裂后两个新编队内目标的个数为

$$(\widehat{T_1},\widehat{T_2})\subset\{(1,T_U-1),(2,T_U-2),\cdots,(T_U-1,1)\} \tag{6-59}$$

任取两个新编队内目标的个数为$(t_U,T_U-t_U)$，则此状态下传感器$s$的第$i'_{s1}$、$i'_{s2}$个编队中对应真实目标的量测个数分别为$t_U$、$T_U-t_U$，故有

$$\begin{aligned}P\left(U_{i_1i_2i_3}\left|\hat{\omega}_U\right.\right)=\sum_{t_U=1}^{T_U}\{\prod_{s=1}^{3}[\prod_{i=1}^{t_U}[P_D^sN(\hat{z}_i(k\mid k-1),\boldsymbol{R}_s^i)](1-P_D^s)^{\widehat{m}_{i'_{s1}}-t_U}\\ \prod_{i=1}^{T_U-t_U}[P_D^sN(\hat{z}_{i+t_U}(k\mid k-1),\boldsymbol{R}_s^{i+t_U})](1-P_D^s)^{\widehat{m}_{i'_{s2}}-T_U+t_U}]\}\end{aligned} \tag{6-60}$$

式中，$\widehat{m}_{i'_{s1}}$、$\widehat{m}_{i'_{s2}}$分别表示传感器$s$第$i'_{s1}$和$i'_{s2}$个编队中的目标个数；将式(6-60)代入式（6-58），可推导出$\hat{L}(\gamma)$。同理，

$$L(\gamma_0)=\prod_{s=1}^{3}\prod_{i\in f_u^s(\gamma)}\varphi_i^s \tag{6-61}$$

因此，将式（6-58）和式（6-61）代入式（6-56），可确定最佳划分$\gamma^*$。

### 6.4.3　S-D 分配问题的构造

式（6-56）描述的极大化问题等价于

$$J^* = \min_{\gamma\in\Gamma} J(\gamma) = \min_{\gamma\in\Gamma} [\ln L(\gamma_0) \ln \hat{L}(\gamma)] \tag{6-62}$$

去掉$L(\gamma_0)$的影响，则

$$J(\gamma) = \sum_{U_{i_1i_2i_3}\in U} c_{i_1i_2i_3} \tag{6-63}$$

式中，$c_{i_1i_2i_3}$可根据式（6-60）和式（6-61）求出。设二进制变量为$\rho_{i_1i_2i_3}$，且

$$\rho_{i_1i_2i_3} = \begin{cases} 1, & \text{向量}\boldsymbol{U}_{i_1i_2i_3} \in \gamma \\ 0, & \text{其他} \end{cases} \tag{6-64}$$

因为$\rho_{i_1i_2i_3}$与可行性划分$\gamma$是一一对应的，因此可将编队目标跟踪的广义 S-D 分配问题写为

$$J^* = \min_{\rho_{i_1i_2i_3}} \sum_{i_1=0}^{\hat{m}_1}\sum_{i_2=0}^{\hat{m}_2}\sum_{i_3=0}^{\hat{m}_3} \rho_{i_1i_2i_3} c_{i_1i_2i_3} \tag{6-65}$$

式中，$\hat{m}_1$、$\hat{m}_2$、$\hat{m}_3$分别为 3 个传感器可行性划分的个数，约束条件为

$$\begin{cases} \sum_{i_2=0}^{\hat{m}_2}\sum_{i_3=0}^{\hat{m}_3} \rho_{i_1i_2i_3} = 1, & \forall i_1 = 1,2,\cdots,\hat{m}_1 \\ \sum_{i_1=0}^{\hat{m}_1}\sum_{i_3=0}^{\hat{m}_3} \rho_{i_1i_2i_3} = 1, & \forall i_2 = 1,2,\cdots,\hat{m}_2 \\ \sum_{i_1=0}^{\hat{m}_1}\sum_{i_2=0}^{\hat{m}_2} \rho_{i_1i_2i_3} = 1, & \forall i_3 = 1,2,\cdots,\hat{m}_3 \end{cases} \tag{6-66}$$

### 6.4.4 广义 S-D 分配问题的构造

当采用 $N_s$ 个传感器同时观测目标时，要获得 $N_s$ 个传感器编队航迹与编队量测间的映射关系，需要面向编队航迹构造 S-D 编队向量，找出各种可行性划分，并通过极小化各可行性划分的代价获取最优划分。

构造广义 S-D 分配问题为

$$J^* = \min_{\rho_{i_1 i_2 \cdots i_{N_s}}} \sum_{i_1=0}^{\hat{m}_1} \sum_{i_2=0}^{\hat{m}_2} \cdots \sum_{i_{N_s}=0}^{\hat{m}_{N_s}} \rho_{i_1 i_2 \cdots i_{N_s}} c_{i_1 i_2 \cdots i_{N_s}} \tag{6-67}$$

约束条件为

$$\begin{cases} \sum_{i_2=0}^{\hat{m}_2} \cdots \sum_{i_{N_s}=0}^{\hat{m}_{N_s}} \rho_{i_1 i_2 \cdots i_{N_s}} = 1, \ \ \forall i_1 = 1,2,\cdots,\hat{m}_1 \\ \sum_{i_1=0}^{\hat{m}_1} \cdots \sum_{i_{N_s}=0}^{\hat{m}_{N_s}} \rho_{i_1 i_2 \cdots i_{N_s}} = 1, \ \ \forall i_2 = 1,2,\cdots,\hat{m}_2 \\ \vdots \\ \sum_{i_1=0}^{\hat{m}_1} \cdots \sum_{i_{N_s-1}=0}^{\hat{m}_{N_s-1}} \rho_{i_1 i_2 \cdots i_{N_s}} = 1, \ \ \forall i_{N_s} = 1,2,\cdots,\hat{m}_{N_s} \end{cases} \tag{6-68}$$

式中，$\rho_{i_1 i_2 \cdots i_{N_s}}$ 为二进制互联变量，与所有可行性划分一一对应，若在可行性划分 $\gamma$ 中 $U_{i_1 i_2 \cdots i_{N_s}}$ 与一个真实编队航迹关联，则 $\rho_{i_1 i_2 \cdots i_{N_s}}=1$，否则 $\rho_{i_1 i_2 \cdots i_{N_s}}=0$；$c_{i_1 i_2 \cdots i_{N_s}}$ 为可行性划分的代价函数，可依照 3-D 分配问题中的方式推导得出。

### 6.4.5 编队内航迹的状态更新

设面向 $T$ 个编队航迹可行性划分 $\gamma^*$ 的代价最小，则认为 $\gamma^*$ 为最可能的划分；基于 $\gamma^*$ 可得出与编队航迹 $t$ 关联的多个传感器的编队量测集合 $Z_t^*(k)$，基于 $Z_t^*(k)$ 判断编队航迹 $t$ 的机动模式，利用相应的编队机动模型完成编队内各航迹的状态更新。

# 6.5　仿真比较与分析

为了验证本章算法的有效性，本节设定两种典型的机动编队目标运动环境，从算法跟踪精度、实时性、有效跟踪率 3 个方面分析本章算法的性能，并与多传感器机动目标跟踪算法中性能优越的集中交互式多传感器多假设跟踪（Centralized Interacting Multiple Model Multi-Sensor Multiple Hypothesis Track- ing，CIMM-MSMHT）算法进行比较。

## 6.5.1　仿真环境

假定传感器为 3 部 2D 雷达，参数设置同 2.6.1 节。为比较上述 3 种算法在不同环境中的机动跟踪性能，设置以下 3 种典型环境。

环境 1：模拟编队的整体机动及分裂。设在二维平面上存在 10 个目标，构成 2 个编队。由前 6 个目标组成编队 1，各目标的初始位置为(0m,−5000m)、(300m,−5000m)、(600m,−5000m)、(900m,−5000m)、(1200m,−5000m)、(1500m,−5000m)，初始速度均为(0m/s,200m/s)；第 7～10 个目标组成编队 2，各目标的初始位置分别为(−4000m,100m)、(−4300m,400m)、(−4600m,700m)、(−4900m,1000m)，初始速度均为(200m/s,100m/s)；各目标机动参数表如表 6-1 所示，杂波设置同 2.2.6 节。

环境 2：模拟编队的合并及分散。目标的个数及编队组成情况同环境 1。编队 1 中各目标的初始位置变为(−6650m,0m)、(−6350m,0m)、(−6050m,0m)、(−5750m,0m)、(−5450m,0m)、(−5150m,0m)，初始速度均为(200m/s,200m/s)；编队 2 中各目标的初始位置变为(7150m,0m)、(7450m,0m)、(7700m,0m)、(8050m,0m)，初始速度均为(−200m/s,200m/s)；各目标机动参数表如表 6-2 所

示，其他参数设置同环境 1。

表 6-1　环境 1 中各目标机动参数表

| 目标开始机动时刻/s | 38 | 50 | 100 | 130 |
| --- | --- | --- | --- | --- |
| 目标结束机动时刻/s | 48 | 70 | 120 | 150 |
| 目标 1 | (−10,5) | (0,0) | (0,0) | (0,0) |
| 目标 2 | (−10,5) | (0,0) | (0,0) | (0,0) |
| 目标 3 | (−10,5) | (0,0) | (0,0) | (0,0) |
| 目标 4 | (10,5) | (0,0) | (0,0) | (0,0) |
| 目标 5 | (10,5) | (0,0) | (0,0) | (0,0) |
| 目标 6 | (10,5) | (0,0) | (0,0) | (0,0) |
| 目标 7 | (0,0) | (−10,10) | (15,0) | (−10,10) |
| 目标 8 | (0,0) | (−10,10) | (15,0) | (−10,10) |
| 目标 9 | (0,0) | (−10,10) | (15,0) | (−10,10) |
| 目标 10 | (0,0) | (−10,10) | (15,0) | (−10,10) |

表 6-2　环境 2 中各目标机动参数表

| 目标开始机动时刻/s | 21 | 90 | 120 |
| --- | --- | --- | --- |
| 目标结束机动时刻/s | 41 | 100 | 140 |
| 目标 1 | (−10,0) | (−10,5) | (−30,10) |
| 目标 2 | (−10,0) | (−10,5) | (0,25) |
| 目标 3 | (−10,0) | (−10,5) | (30,5) |
| 目标 4 | (−10,0) | (10,5) | (20,10) |
| 目标 5 | (−10,0) | (10,5) | (20,10) |
| 目标 6 | (−10,0) | (10,5) | (20,10) |
| 目标 7 | (10,0) | (10,5) | (20,10) |
| 目标 8 | (10,0) | (10,5) | (20,10) |
| 目标 9 | (10,0) | (10,5) | (20,10) |
| 目标 10 | (10,0) | (10,5) | (20,10) |

环境 3：为验证各算法耗时和有效跟踪率随杂波的变化情况，在环境 1 的基础上，杂波的取值同表 3-1。

## 6.5.2 仿真结果

仿真结果如图 6-5～图 6-10 所示。

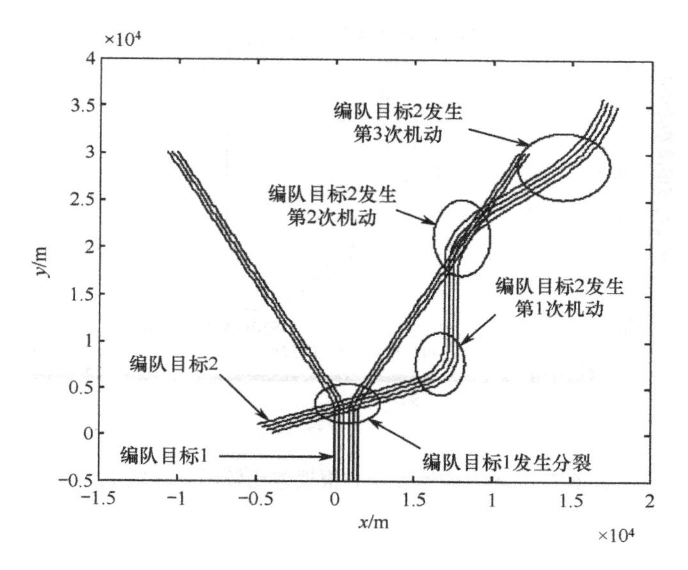


图 6-5 编队目标真实态势图（环境 1）

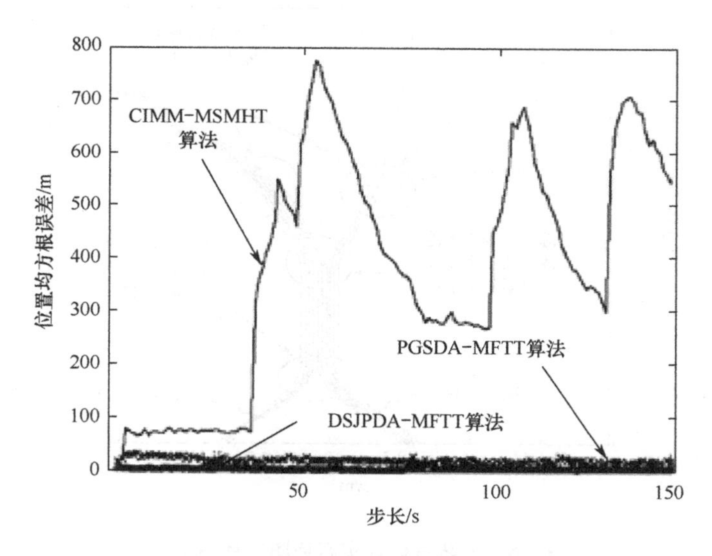


图 6-6 $x$ 轴方向位置均方根误差比较图（环境 1）

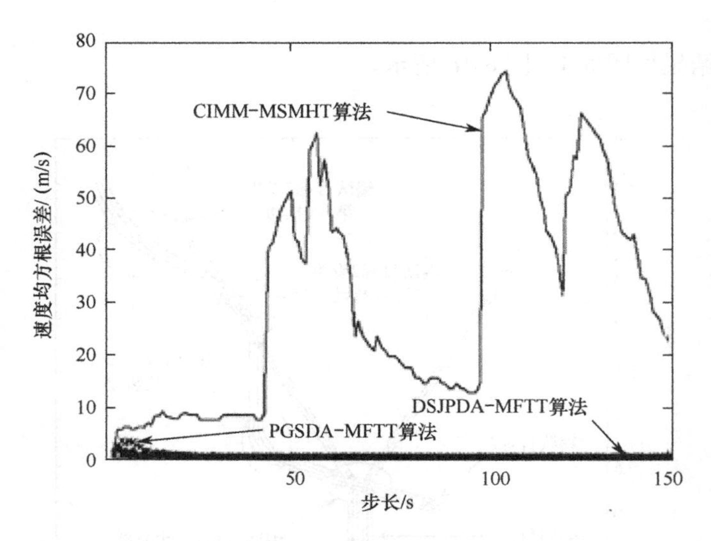


图 6-7　x 轴方向速度均方根误差比较图（环境 1）

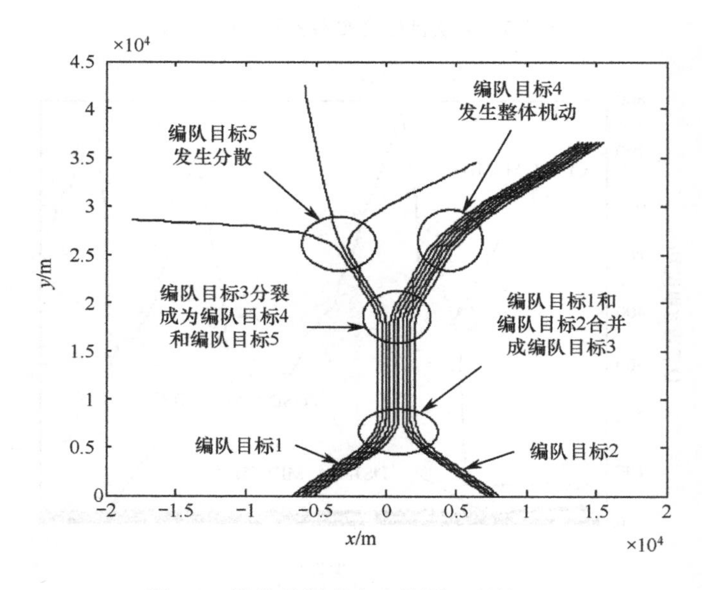


图 6-8　编队目标真实态势图（环境 2）

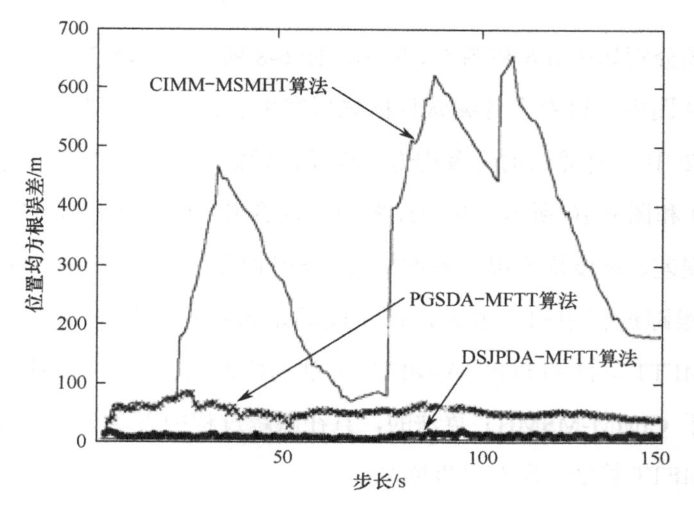


图 6-9　$x$ 轴方向位置均方根误差比较图（环境 2）

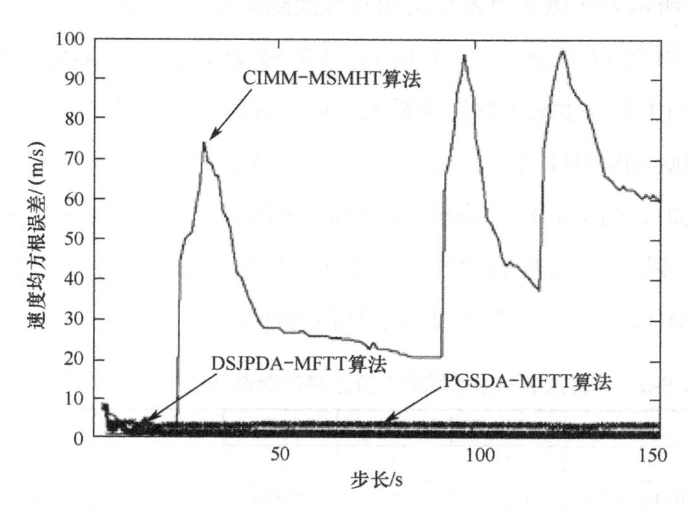


图 6-10　$x$ 轴方向速度均方根误差比较图（环境 2）

## 6.5.3　仿真分析

图 6-5 所示为环境 1 中编队目标真实态势图，从图中可以看出编队 1 发生了分裂，编队 2 发生了整体机动；环境 1 中 DSJPDA-MFTT 算法、PGSDA-MFTT 算法及 CIMM-MSMHT 算法的 $x$ 轴方向位置均方根误差比较图、速度均方根

误差比较图分别如图 6-6 和图 6-7 所示。图 6-8 所示为环境 2 中编队目标真实态势图，从图中可以看出各编队目标先后发生了合并、分裂、分散和整体机动；环境 2 中 3 种算法的位置均方根误差比较图、速度均方根误差比较图分别如图 6-9 和图 6-10 所示。从上述图中可以看出，CIMM-MSMHT 算法的位置均方根误差、速度均方根误差均最大，部分时刻分别在 650m、70m/s 以上，且在整个跟踪过程中起伏很大，已不能满足系统对跟踪精度的工程要求。DSJPDA-MFTT 算法和 PGSDA-MFTT 算法的位置均方根误差、速度均方根误差均远小于 CIMM-MSMHT 算法的，且在跟踪过程中表现平稳；两者相比，DSJPDA-MFTT 算法的跟踪精度略高。

表 6-3 所示为环境 2 中各算法的有效跟踪率及算法耗时随杂波数的变化。从表 6-3 中可以看出，对于同样的杂波数，DSJPDA-MFTT 算法和 PGSDA-MFTT 算法的有效跟踪率略高，但两者的有效跟踪率均能维持在 71% 以上；CIMM-MSMHT 算法的有效跟踪率明显低于本章提出的两种算法，当杂波较密集时，有效跟踪率降至 35.67%，无法满足工程上对有效跟踪率的要求。此外，随着杂波数的增加，各算法的有效跟踪率均有所下降，其中 CIMM-MSMHT 算法的下降幅度大于其他两种算法。

**表 6-3　各算法的有效跟踪率及算法耗时随杂波数的变化（环境 2）**

| 杂波数/个 | $\lambda_1$ | 1 | 2 | 3 | 4 | 5 | 6 |
|---|---|---|---|---|---|---|---|
| | $\lambda_2$ | 2 | 4 | 6 | 8 | 10 | 12 |
| 有效跟踪率 | DSJPDA-MFTT | 1 | 1 | 0.9876 | 0.9323 | 0.8532 | 0.7523 |
| | PGSDA-MFTT | 1 | 0.9103 | 0.8434 | 0.8107 | 0.7691 | 0.7103 |
| | CIMM-MSMHT | 0.7343 | 0.6534 | 0.5632 | 0.4970 | 0.4102 | 0.3567 |
| 耗时/ms | DSJPDA-MFTT | 0.0612 | 0.1534 | 0.2307 | 0.2806 | 0.3712 | 0.4835 |
| | PGSDA-MFTT | 0.0145 | 0.0345 | 0.0912 | 0.1434 | 0.2744 | 0.3892 |
| | CIMM-MSMHT | 0.1422 | 0.3862 | 0.5623 | 0.7234 | 0.9912 | 1.2702 |

由表 6-3 可知，随着杂波数的增加，3 种算法的单次更新耗时均有所增大。其中，CIMM-MSMHT 算法的增加幅度最大，DSJPDA-MFTT 算法的增加幅度

次之，PGSDA-MFTT 算法的增加幅度最小。对应同样的杂波数，CIMM-MSMHT 算法的耗时最长，PGSDA-MFTT 算法的耗时最短。

综上所述，CIMM-MSMHT 算法和 PGSDA-MFTT 算法在跟踪精度、有效跟踪率和算法耗时方面均明显优于 CIMM-MSMHT 算法，可较好地解决多传感器探测下机动编队内目标的精确跟踪问题，其中 DSJPDA-MFTT 算法的综合性能略优。

## 6.6 本章小结

本章基于对典型编队机动模式下多传感器量测特性的深入分析，研究了集中式多传感器机动编队内目标的精确跟踪问题。

本章 6.2 节基于编队目标发生整体机动、分裂、合并、分散 4 种典型机动时的量测特性，建立了各种机动模式下的编队目标跟踪模型。6.3 节研究了 DSJPDA-MFTT 算法，该算法先基于编队量测的中心点和编队航迹的中心航迹建立编队确认矩阵，然后通过编队确认矩阵的拆分得到多个编队互联矩阵，并推导出各互联矩阵为真的概率，最后基于各编队互联矩阵判断编队目标的机动模式，通过相应的机动编队目标跟踪模型完成编队内目标的状态更新，并结合各互联矩阵为真的概率基于加权平均的思想，实现集中式多传感器探测下机动编队内目标的精确跟踪。6.4 节研究了 PGSDA-MFTT 算法，该算法首先基于编队航迹和编队量测构造多个可行性划分，然后基于各可行性划分的代价函数构造 S-D 分配问题，最后基于最优的可行性划分判定各编队目标的机动模式，利用对应的机动编队目标跟踪模型实现编队内目标的状态更新。6.5 节在统一的仿真环境下，对本章提出的两种集中式多传感器机动编队目标跟踪算法与 CIMM-MSMHT 算法进行了综合比较分析。仿真结果表明，本章算法的综合性能明显优越，均能较好地解决杂波下机动编队内目标的精确跟踪问题，其中 DSJPDA-MFTT 算法的性能最优。

# 第7章　系统误差下的编队目标航迹关联算法

## 7.1　引言

当探测编队目标的组网传感器存在系统误差时，第 3 章和第 6 章提出的跟踪算法均不再适用。基于对传统系统误差下目标跟踪技术的分析，可采用分布式多传感器跟踪结构解决该问题，此时系统误差下的编队目标航迹关联成为必须要解决的问题，但传统系统误差下的航迹关联算法对编队内目标航迹关联的效果十分有限，且尚未有文献对其进行报道，当前因该技术瓶颈无法突破，难以完成编队内目标的精确跟踪。为弥补上述不足，本章先后在 7.2 节和 7.3 节中提出系统误差下基于双重模糊拓扑的编队目标航迹关联算法（Formation Targets Track Correlation Algorithm with Systematic Errors Based on Double Fussy Topology，DFT-FTTC 算法）和系统误差下基于误差补偿的编队目标航迹关联算法（Formation Targets Track Correlation Algorithm with Systematic Errors Based on Error Compensation，EC-FTTC 算法）；针对部分可辨编队，在 7.4 节中提出了基于多源信息互补的编队航迹关联算法（Formation Track Correlation Algorithm based on Complementary Multi-Source Information: CMSI-FTC 算法）；在 7.5 节中设计了几种与实际跟踪背景相近的仿真环境，对本章算法的综合关联性能进行验证和分析。

## 7.2　系统误差下基于双重模糊拓扑的编队目标航迹关联算法

假设 $k$ 时刻传感器 A 和传感器 B 的航迹号集为

$$U_{\mathrm{A}}(k)=\{1,2,\cdots,n_{\mathrm{A}}\},\ U_{\mathrm{B}}(k)=\{1,2,\cdots,n_{\mathrm{B}}\} \tag{7-1}$$

式中，$n_{\mathrm{A}}$、$n_{\mathrm{B}}$ 分别为两传感器上报的航迹个数。

定义 $\hat{\boldsymbol{X}}_{\mathrm{A}}^{i}(k|k)$、$\hat{\boldsymbol{X}}_{\mathrm{B}}^{j}(k|k)$ 分别为 $k$ 时刻融合中心坐标系下传感器 A 对目标 $i$、传感器 B 对目标 $j$ 的状态更新值，且

$$\begin{cases}\hat{\boldsymbol{X}}_{\mathrm{A}}^{i}(k|k)=[\hat{x}_{\mathrm{A}}^{i}(k)\ \ \hat{\dot{x}}_{\mathrm{A}}^{i}(k)\ \ \hat{y}_{\mathrm{A}}^{i}(k)\ \ \hat{\dot{y}}_{\mathrm{A}}^{i}(k)]^{\mathrm{T}}\\ \hat{\boldsymbol{X}}_{\mathrm{B}}^{j}(k|k)=[\hat{x}_{\mathrm{B}}^{j}(k)\ \ \hat{\dot{x}}_{\mathrm{B}}^{j}(k)\ \ \hat{y}_{\mathrm{B}}^{j}(k)\ \ \hat{\dot{y}}_{\mathrm{B}}^{j}(k)]^{\mathrm{T}}\end{cases} \tag{7-2}$$

基于各传感器的上报航迹，系统误差下基于双重模糊拓扑的编队目标航迹关联算法（DFT-FTTC 算法）的流程图如图 7-1 所示。

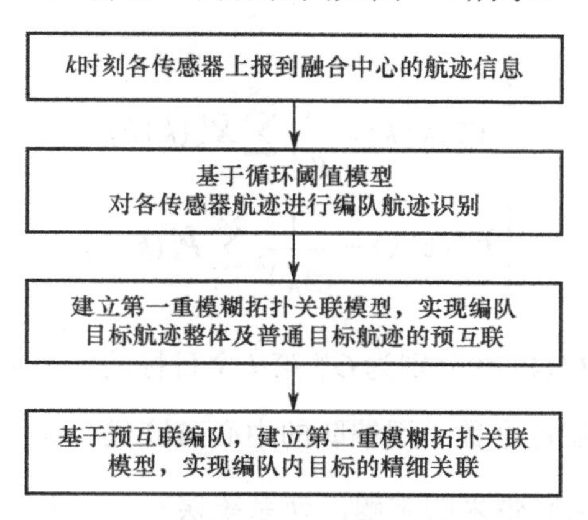


图 7-1　DFT-FTTC 算法的流程图

### 7.2.1　基于循环阈值模型的编队航迹识别

传感器探测系统误差使目标航迹产生了旋转和平移，但基本不改变各目

标航迹间的相对位置关系[147]，因而不影响编队航迹的识别。编队识别以传感器为单位进行，设 $\hat{\boldsymbol{X}}_{\mathrm{A}}^{i_1}(k|k)$ 和 $\hat{\boldsymbol{X}}_{\mathrm{A}}^{i_2}(k|k)$ 为 $k$ 时刻在传感器 A 探测下目标 $i_1$ 和 $i_2$ 的状态更新值，基于编队航迹的位置和速度特性，利用循环阈值模型[7]完成各传感器各时刻的编队航迹识别。

## 7.2.2　第一重模糊拓扑关联模型

为了实现各传感器重叠探测区域内所有航迹的关联，首先利用一个等效航迹代替编队航迹整体，建立第一重模糊拓扑关联模型，实现编队目标航迹整体及普通目标航迹的全局关联。

### 1．编队等效航迹的选取

定义编队的中心航迹为编队的等效量测。设 $U_{\mathrm{A}}$ 包含 $M_{\mathrm{A}}$ 个编队航迹，$\bar{\boldsymbol{X}}_{\mathrm{A}}^{m}(k|k)$ 为第 $m$ 个编队 $G_{\mathrm{A}}^{m}$ 中心航迹的状态更新值，$\bar{\boldsymbol{P}}_{\mathrm{A}}^{m}(k|k)$ 为状态误差协方差，则

$$\begin{cases}\bar{\boldsymbol{X}}_{\mathrm{A}}^{m}(k|k)=\dfrac{1}{g_{\mathrm{A}}^{m}}\displaystyle\sum_{l=1}^{g_{\mathrm{A}}^{m}}\hat{\boldsymbol{X}}_{\mathrm{A}}^{l}(k|k)\\ \bar{\boldsymbol{P}}_{\mathrm{A}}^{m}(k|k)=\dfrac{1}{(g_{\mathrm{A}}^{m})^2}\displaystyle\sum_{l=1}^{g_{\mathrm{A}}^{m}}\hat{\boldsymbol{P}}_{\mathrm{A}}^{l}(k|k)\end{cases}\tag{7-3}$$

式中，$\hat{\boldsymbol{X}}_{\mathrm{A}}^{l}(k|k)$、$\hat{\boldsymbol{P}}_{\mathrm{A}}^{l}(k|k)$ 分别为 $G_{\mathrm{A}}^{m}$ 第 $l$ 个目标的状态更新值和状态误差协方差；$g_{\mathrm{A}}^{m}$ 为 $G_{\mathrm{A}}^{m}$ 的航迹个数。用编队的中心航迹代替编队航迹整体，屏蔽编队内各航迹给航迹关联带来的难题，使系统误差下的编队内目标航迹关联问题退化为传统的系统误差下的航迹关联问题。

### 2．系统误差对编队中心航迹的影响分析

模糊拓扑思想的应用前提为目标空间所有航迹的拓扑关系基本不变，所

以为顺利建立第一重模糊拓扑关联模型，首先需要证明系统误差对编队中心航迹和普通目标航迹的影响十分相近。

为了更清晰地分析系统误差对编队中心航迹的影响，在此举例说明。假定融合中心坐标系下传感器 A 和 B 同时跟踪第 $m$ 个编队目标，整体效果图如图 7-2 所示。从图 7-2 中可以看出，航迹 1、2、3、4 为传感器 A 的跟踪结果 $G_A^m$，航迹 6、7、8 为传感器 B 的跟踪结果 $G_B^m$，航迹 5 为 $G_A^m$ 的中心航迹 $T_A^m$，航迹 9 为 $G_B^m$ 的中心航迹 $T_B^m$；因系统误差的影响，$G_A^m$ 和 $G_B^m$ 存在一定的旋转和平移。

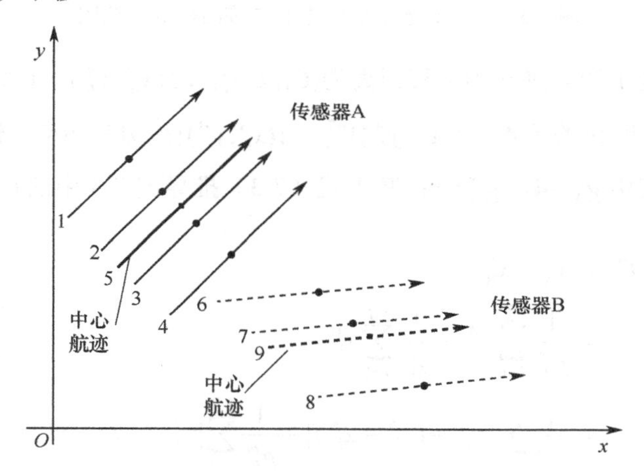


图 7-2　编队航迹跟踪整体效果图

图 7-3 所示为系统误差对编队中心航迹的影响示意图。图 7-3 中假定航迹 1 和航迹 6 对应编队内的同一个目标，根据文献[147]中系统误差对普通目标的影响分析可知，受系统误差的影响，航迹 1 和航迹 6 之间因旋转而存在夹角 $\theta_1$。根据编队的特点和式（7-3）可知，$T_A^m$（航迹 5）与航迹 1 基本平行；同理，$T_B^m$（航迹 9）与航迹 6 也基本平行。因此，航迹 5 和航迹 9 之间的夹角 $\theta_2 \approx \theta_1$。

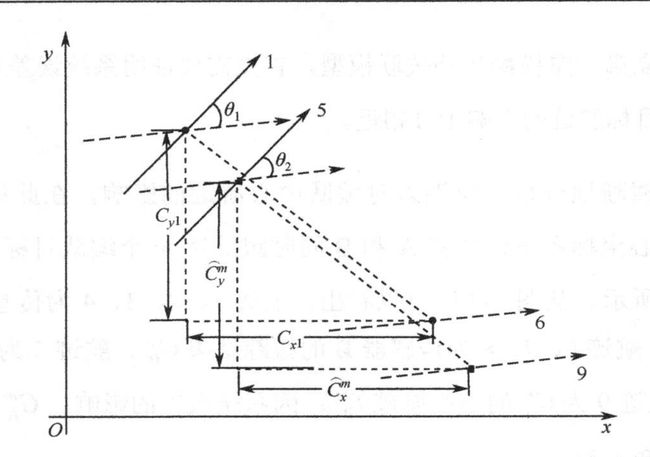


图 7-3　系统误差对编队中心航迹的影响示意图

假定航迹 1 和航迹 6 的平移距离为$(C_{x1},C_{y1})$，设$(x_A^m,y_A^m)$、$(x_B^m,y_B^m)$分别为$T_A^m$和$T_B^m$在 $k$ 时刻的位置，$\{(x_l^A,y_l^A)\}_{l=1}^{g_A^m}$、$\{(x_l^B,y_l^B)\}_{l=1}^{g_B^m}$分别为$G_A^m$和$G_B^m$在 $k$ 时刻的位置，其中 $g_A^m=4$，$g_B^m=3$；基于式（7-3）推导图 7-3 中的$\widehat{C}_x^m$为

$$\begin{aligned}\widehat{C}_x^m &= x_A^m - x_B^m \\ &= \frac{1}{g_A^m}\sum_{l=1}^{g_A^m} x_l^A - \frac{1}{g_B^m}\sum_{l=1}^{g_B^m} x_l^B \\ &= \frac{1}{g_A^m}\sum_{l=1}^{g_A^m}[x_1^A + (x_l^A - x_1^A)] - \frac{1}{g_B^m}\sum_{l=1}^{g_B^m}[x_1^B + (x_l^B - x_1^B)] \\ &= x_1^A - x_1^B + [\frac{1}{g_A^m}\sum_{l=1}^{g_A^m}(x_l^A - x_1^A) - \frac{1}{g_B^m}\sum_{l=1}^{g_B^m}(x_l^B - x_1^B)] \\ &= C_{x1} + \overline{r}_x\end{aligned} \tag{7-4}$$

式中，$(x_1^A,y_1^A)$、$(x_1^B,y_1^B)$分别对应航迹 1 和航迹 6；$C_{x1}$为航迹 6 相对于航迹 1 在 $x$ 轴方向上的平移距离。当两个传感器对编队目标分辨状态一致时，有

$$\widehat{C}_x^m = C_{x1} \tag{7-5}$$

同理可得

$$\begin{aligned}\widehat{C}_y^m &= y_{\mathrm{A}}^m - y_{\mathrm{B}}^m \\ &= y_1^{\mathrm{A}} - y_1^{\mathrm{B}} + [\frac{1}{g_{\mathrm{A}}^m}\sum_{l=1}^{g_{\mathrm{A}}^m}(y_l^{\mathrm{A}} - y_1^{\mathrm{A}}) - \frac{1}{g_{\mathrm{B}}^m}\sum_{l=1}^{g_{\mathrm{B}}^m}(y_l^{\mathrm{B}} - y_1^{\mathrm{B}})] \\ &= C_{y1} + \overline{r}_y\end{aligned} \tag{7-6}$$

式中，$C_{y1}$ 为航迹 6 相对于航迹 1 在 $y$ 轴方向上的平移距离。因此，系统误差使编队中心航迹发生了整体的旋转和平移，旋转角度与普通目标的旋转角度相同。当两个分辨状态一致时，平移距离与普通目标相同；当分辨状态不一致时，平移距离由式（7-4）和式（7-6）确定。

### 3．模糊拓扑关联模型

基于系统误差对编队中心航迹的影响分析，分以下 3 步建立模糊拓扑关联模型。

1）模糊因素集的建立

定义第一重模糊拓扑关联模型的模糊因素集 $U_1 = \{u_1^1, u_2^1, u_3^1, u_4^1\}$，其中 $u_1^1$、$u_2^1$、$u_3^1$ 分别对应各目标间的拓扑关系、航迹和航向，具体定义同文献[143]所述。

一般情况下，编队中心航迹只与编队中心航迹关联，所以可将一条航迹是否为编队中心航迹计入模糊因素集，从而缩小航迹关联的搜索范围，因此定义 $u_4^1$ 为

$$u_4^1 = \begin{cases}1, & T_{\mathrm{d}}\text{为编队中心航迹} \\ 0, & T_{\mathrm{d}}\text{为普通中心航迹}\end{cases} \tag{7-7}$$

式中，$T_{\mathrm{d}}$ 为待关联航迹。

2）模糊因素权值的分配

设 $k$ 时刻对应于 $U$ 的权值集合为 $A_1(k) = \{a_1^1(k), a_2^1(k), a_3^1(k), a_4^1(k)\}$，且有

$\sum_{l=1}^{4} a_l^1(k) = 1$，具体取值需根据各个模糊因素对决策的影响合理确定。

在此，需要注意的是，受系统误差的影响，各目标间的拓扑关系发生了一定的仿射变换，当各传感器对同一传感器的分辨状态差别较大时尤为明显，此时 $a_1^1(k)$ 的取值应相对较小，所以基于式（7-4）和式（7-6），需要根据各传感器对同一编队目标分辨状态对 $a_1^1(k)$ 的取值进行动态分配。设定 $A_1(k)$ 的自适应调整因子为

$$a_1'^1(k) = a_{1\min} + \frac{\Delta r}{r_{\max}}(a_{1\max} - a_{1\min}) \tag{7-8}$$

式中，$a_{1\max}$ 和 $a_{1\min}$ 为 $a_1(k)$ 可取的最大值和最小值，可凭经验确定；

$$\begin{cases} \Delta r = \overline{r}_x + \overline{r}_y \\ r_{\max} = \max(x_{\max}^{\mathrm{A}} - x_{\min}^{\mathrm{B}}, x_{\max}^{\mathrm{B}} - x_{\min}^{\mathrm{A}}) + \max(y_{\max}^{\mathrm{A}} - y_{\min}^{\mathrm{B}}, y_{\max}^{\mathrm{B}} - y_{\min}^{\mathrm{A}}) \end{cases} \tag{7-9}$$

式中，$(x_{\max}^{\mathrm{A}} - x_{\min}^{\mathrm{B}}, x_{\max}^{\mathrm{B}} - x_{\min}^{\mathrm{A}})$、$(y_{\max}^{\mathrm{A}} - y_{\min}^{\mathrm{B}}, y_{\max}^{\mathrm{B}} - y_{\min}^{\mathrm{A}})$ 分别为 $G_{\mathrm{A}}^m$ 和 $G_{\mathrm{B}}^m$ 中量测在 $x$ 轴、$y$ 轴方向上的最大值和最小值。因此，$A_1(k)$ 中的各个因子为

$$\begin{cases} a_1^1(k) = \dfrac{a_1'^1(k)}{\sum_{i=2}^{4} a_i^1(k) + a_1'^1(k)} \\ a_l^1(k) = \dfrac{a_l^1(k)}{\sum_{i=2}^{4} a_i^1(k) + a_1'^1(k)}, \quad l=2,3,4 \end{cases} \tag{7-10}$$

3）模糊航迹关联准则的建立

此处选用正态模糊隶属度函数建立模糊关联矩阵，结合航迹质量及多义性处理实现编队航迹整体及普通目标的关联，具体过程同文献[143]，在此不再赘述。但需要注意的是，编队航迹的预互联不是最终的关联结果，只是完

成编队内航迹关联的基础。

### 7.2.3　第二重模糊拓扑关联模型

设 $G_{\mathrm{A}}^{m}$ 和 $G_{\mathrm{B}}^{m}$ 为 $k$ 时刻传感器 A 和传感器 B 预互联成功的两个编队航迹，此处通过建立第二重模糊拓扑关联模型，实现 $G_{\mathrm{A}}^{m}$ 和 $G_{\mathrm{B}}^{m}$ 内部航迹的精确关联。

**1．模糊因素集的建立**

由编队的定义可知，编队中各目标运动模式基本相同，航速、航向、加速度、航向相对大小等因素已不能作为分辨编队内各目标航迹的有效量，不应该纳入模糊因素集之中。基于对整个目标空间及编队内目标航迹的特性分析，定义第二重模糊拓扑关联模型的模糊因素集 $U_2=\{u_1^2,u_2^2\}$，其中 $u_1^2$ 对应编队内各目标间的拓扑关系，具体建立过程同文献[143]。

但当两个传感器对同一编队目标的探测状态不一致时，只依据编队内目标航迹间的相对位置关系不能完成编队内航迹的精确关联。如图 7-4 所示，航迹 1、2、3、4 组成 $G_{\mathrm{A}}^{m}$，航迹 5、6、7 组成 $G_{\mathrm{B}}^{m}$。从图 7-4 中可以看出，航迹 5、6、7 可以与航迹 1、2、3 对应关联，也可以与航迹 2、3、4 对应关联，只根据模糊因素 $u_1^2$ 已无法进行判别。此时，需要为 $G_{\mathrm{A}}^{m}$ 和 $G_{\mathrm{B}}^{m}$ 各找一个参照物，两个参照物与两个编队航迹之间要构成相同的拓扑关系。由前面分析可知，在第一重模糊拓扑关联后，各传感器普通目标与编队目标之间构成相同、固定的拓扑关系，因此先利用第一重模糊拓扑关联模型中的模糊关联矩阵建立多义性处理准则，并结合航迹关联质量，选取关联性最强的一组普通目标航迹关联对作为参照关联对，如图 7-4 中的航迹 8、9 所示；然后利用待关联目标航迹与参照航迹之间的相对拓扑关系构造模糊因素 $u_2^2$，具体过程同 $u_1^2$。

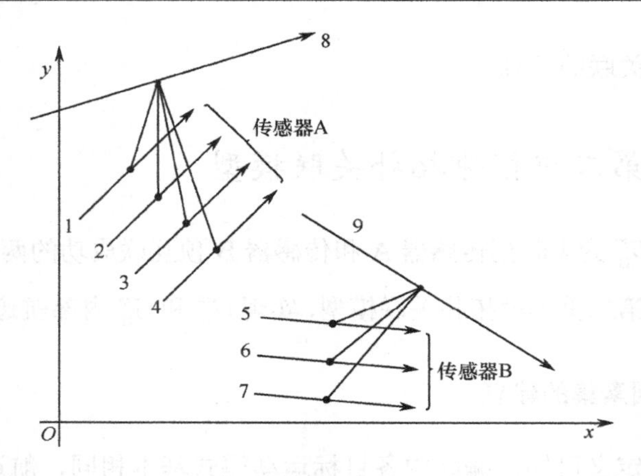


图 7-4　模糊因素 $u_2^2$ 建立示意图

**2．模糊因素权值的分配**

设对应于 $U_2$ 的权值集合为 $A_2(k)=\{a_1^2(k),a_2^2(k)\}$，且有 $a_1^2(k)+a_2^2(k)=1$。在此，基于各传感器对预互联编队的分辨状态，分两种情况对 $A_2(k)$ 进行设置。

（1）若 $g_{\mathrm{A}}^m = g_{\mathrm{B}}^m$，则 $u_1^2$ 对决策的影响大于 $u_2^2$，所以 $a_1^2(k) > a_2^2(k)$，在仿真中，初值取为 $a_1^2(k)$=0.6，$a_2^2(k)$=0.4。

（2）若 $g_{\mathrm{A}}^m \neq g_{\mathrm{B}}^m$，则 $u_1^2$ 对决策的影响远小于 $u_2^2$，所以 $a_1^2(k) << a_2^2(k)$，在仿真中，初值取为 $a_1^2(k)$=0.15，$a_2^2(k)$=0.85。

**3．编队内航迹精确关联准则**

编队内航迹的精确关联准则与第一重模糊拓扑关联模型相同，在此不再重复介绍。需要注意的是，基于编队内航迹的精确关联结果，可直接利用文献[156]提出的系统误差下的目标状态估计算法，从而实现分布式多传感器编队内目标的精确跟踪。

# 7.3　系统误差下基于误差补偿的编队目标航迹关联算法

基于各传感器的上报航迹，系统误差下基于误差补偿的编队目标航迹关联算法（EC-FTTC 算法）的流程图如图 7-5 所示。

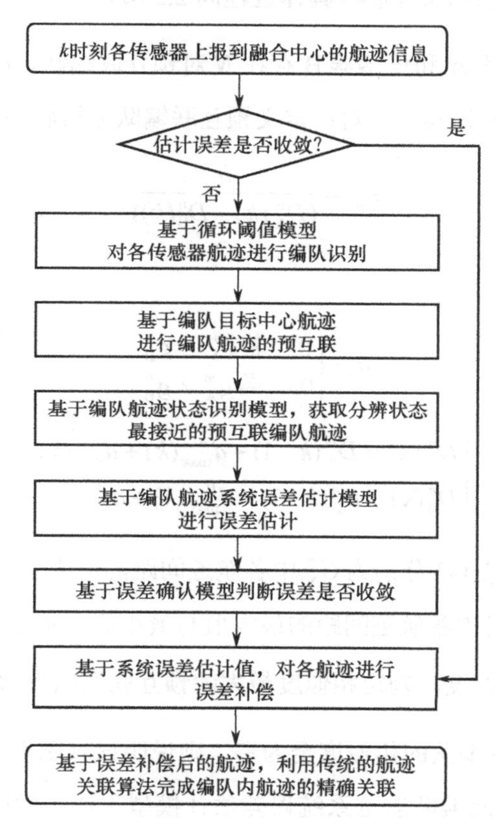


图 7-5　EC-FTTC 算法的流程图

## 7.3.1　编队航迹状态识别模型

各传感器因分辨能力及探测角度不一致，对同一编队目标的分辨状态会存在差别，为顺利应用编队航迹系统误差估计模型，需要获取一对分辨状态相同的预互联编队，在此基于编队内航迹个数、目标航迹的相对位置及航迹历史等信息建立编队航迹状态识别模型，判断预互联编队航迹对编队目标的分辨状态是否相同。需要注意的是，本节基于循环阈值模型和编队中心航迹完成编队航迹的识别和预互联，具体过程同 2.2 节。

设 $k$ 时刻传感器 A 和传感器 B 存在 $N$ 对预互联编队，$G_{\mathrm{A}}^{m}=\{\hat{\boldsymbol{X}}_{\mathrm{A}}^{l}(k|k)\}_{l=1}^{g_{\mathrm{A}}^{m}}$ 和 $G_{\mathrm{B}}^{n}=\{\hat{\boldsymbol{X}}_{\mathrm{B}}^{l}(k|k)\}_{l=1}^{g_{\mathrm{B}}^{n}}$ 为其中一对；定义预互联编队分辨状态相似度为

$$S_{mn}=\frac{a}{(D_{\mathrm{A}}^{m}(k)-D_{\mathrm{B}}^{n}(k))} \tag{7-11}$$

式中，

$$a=\begin{cases}1, & 若 g_{\mathrm{A}}^{m}=g_{\mathrm{B}}^{n}\\ 0, & 若 g_{\mathrm{A}}^{m}\neq g_{\mathrm{B}}^{n}\end{cases} \tag{7-12}$$

$$\begin{cases}D_{\mathrm{A}}^{m}(k)=D_{\mathrm{A}}^{m}(k-1)+d_{\max}^{\mathrm{A}}(k)+d_{\min}^{\mathrm{A}}(k)\\ D_{\mathrm{B}}^{n}(k)=D_{\mathrm{B}}^{n}(k-1)+d_{\max}^{\mathrm{B}}(k)+d_{\min}^{\mathrm{B}}(k)\end{cases} \tag{7-13}$$

式中，$d_{\max}^{\mathrm{A}}(k)$ 和 $d_{\min}^{\mathrm{A}}(k)$ 分别为 $G_{\mathrm{A}}^{m}$ 中各航迹间距的最大值与最小值；$d_{\max}^{\mathrm{B}}(k)$ 和 $d_{\min}^{\mathrm{B}}(k)$ 分别为 $G_{\mathrm{B}}^{n}$ 中各航迹间距的最大值与最小值。基于式（7-11）计算 $N$ 对预互联编队的相似度，判定相似度最大的预互联编队分辨状态相同。

若 $N$ 对预互联编队的相似度全为零，则说明该时刻不存在分辨状态相同的预互联编队，因此编队航迹系统误差估计模型无法正常应用。为解决该问题，在此首先选取一个基本关联编队，然后以其为母体建立分辨状态一致的关联编队。具体过程分为以下 4 步。

（1）基本关联编队的选取。

定义 $E_{mn}(k)$ 为预互联编队分辨状态质量，如果 $G_{\mathrm{A}}^{m}$ 和 $G_{\mathrm{B}}^{n}$ 为分辨状态一致

的关联编队，则 $e_{mn}(k)=1$，且 $E_{mn}(k)=E_{mn}(k-1)+e_{mn}(k)$（$E_{mn}(0)=0$）。在此选取 $E_{mn}(k)$ 最大的预互联编队为基本关联编队；若有重复，则选择目标航迹数差异最小的预互联编队为基本关联编队；若存在多个差异个数相同的预互联编队，则选取 $D_{\mathrm{A}}^{m}(k)-D_{\mathrm{B}}^{n}(k)$ 最小的预互联编队为基本关联编队。设 $k$ 时刻 $G_{\mathrm{A}}^{m}$ 和 $G_{\mathrm{B}}^{n}$ 为满足条件的基本关联编队，且 $g_{\mathrm{A}}^{m}\neq g_{\mathrm{B}}^{n}$。

（2）搜索满足式（7-14）的 $k_1$，并提取 $k_1$ 时刻两个预互联编队航迹的标号集合 $U_{\mathrm{A}}^{m}(k_1)$ 和 $U_{\mathrm{B}}^{n}(k_1)$。

$$\begin{cases}K=\{k'\,|\,e(k')=1,\ k'<k\}\\ k_1=\min\limits_{k'\in K}(k-k')\end{cases}\tag{7-14}$$

（3）基于 $U_{\mathrm{A}}^{m}(k_1)$ 和 $U_{\mathrm{A}}^{m}(k)$，若航迹标号 $i\in U_{\mathrm{A}}^{m}(k_1)$，且 $i\in U_{\mathrm{A}}^{m}(k)$，则保持航迹 $i$ 不变；若 $i\in U_{\mathrm{A}}^{m}(k_1)$，且 $i\notin U_{\mathrm{A}}^{m}(k)$，则利用速度预测获取 $k$ 时刻航迹 $i$ 的状态和协方差；若 $i\notin U_{\mathrm{A}}^{m}(k_1)$，且 $i\in U_{\mathrm{A}}^{m}(k)$，则删除航迹 $i$。对每条航迹依照上述方法进行处理，获取新的编队航迹 $\widehat{G}_{\mathrm{A}}^{m}$。

同理，基于 $U_{\mathrm{B}}^{n}(k_1)$ 和 $U_{\mathrm{B}}^{n}(k)$ 可建立新的编队航迹 $\widehat{G}_{\mathrm{B}}^{n}$。$\widehat{G}_{\mathrm{A}}^{m}$ 和 $\widehat{G}_{\mathrm{B}}^{n}$ 为分辨状态一致的关联编队。

（4）若式（7-14）中的集合 $K=\varnothing$，则说明直到 $k$ 时刻任何一个预互联编队的分辨状态均不一致，需要基于上述模型，在 $k$+1 时刻继续进行判别。

### 7.3.2　编队航迹系统误差估计模型

设 $G_{\mathrm{A}}^{m}$ 和 $G_{\mathrm{B}}^{n}$ 为分辨状态一致的预互联编队，与其航迹对应的量测集合分别为 $Z_{\mathrm{A}}^{m}=\{z_{\mathrm{A}l}^{m}(k)\}_{l=1}^{g_{\mathrm{A}}^{m}}$ 和 $Z_{\mathrm{B}}^{n}=\{z_{\mathrm{B}l}^{n}(k)\}_{l=1}^{g_{\mathrm{B}}^{n}}$，且

$$\begin{cases}z_{\mathrm{A}l}^{m}(k)=[r_{\mathrm{A}l}^{m}(k)\ \ \theta_{\mathrm{A}l}^{m}(k)]^{\mathrm{T}}=[x_{\mathrm{A}l}^{m}(k)\ \ y_{\mathrm{A}l}^{m}(k)]^{\mathrm{T}}\\ z_{\mathrm{B}l}^{n}(k)=[r_{\mathrm{B}l}^{n}(k)\ \ \theta_{\mathrm{B}l}^{n}(k)]^{\mathrm{T}}=[x_{\mathrm{B}l}^{n}(k)\ \ y_{\mathrm{B}l}^{n}(k)]^{\mathrm{T}}\end{cases}\tag{7-15}$$

式中，$[r_{Al}^m(k)\ \theta_{Al}^m(k)]^{\mathrm{T}}$ 为传感器局部坐标系下 $z_{Al}^m(k)$ 的极坐标值；$[x_{Al}^m(k)\ y_{Al}^m(k)]^{\mathrm{T}}$ 为对应的直角坐标值；$z_{Bl}^n(k)$ 定义方式同上。基于该关联编队，编队航迹系统误差估计模型具体由以下 3 部分组成。

**1．编队等效量测的建立**

以传感器 A 为例，在极坐标下用算术平均的思想将 $Z_{\mathrm{A}}^m$ 化为一个等效量测 $\overline{z}_{\mathrm{A}}^m=[r_{\mathrm{A}}^m\ \ \theta_{\mathrm{A}}^m]$，则

$$r_{\mathrm{A}}^m=\frac{1}{g_{\mathrm{A}}^m}\sum_{l=1}^{g_{\mathrm{A}}^m}r_{\mathrm{A}l}^m=\frac{1}{g_{\mathrm{A}}^m}\sum_{l=1}^{g_{\mathrm{A}}^m}(r_{\mathrm{A}l}'^m+\Delta r_{\mathrm{A}})=\frac{1}{g_{\mathrm{A}}^m}\sum_{l=1}^{g_{\mathrm{A}}^m}r_{\mathrm{A}l}'^m+\Delta r_{\mathrm{A}} \tag{7-16}$$

$$\theta_{\mathrm{A}}^m=\frac{1}{g_{\mathrm{A}}^m}\sum_{l=1}^{g_{\mathrm{A}}^m}\theta_{\mathrm{A}l}^m=\frac{1}{g_{\mathrm{A}}^m}\sum_{l=1}^{g_{\mathrm{A}}^m}(\theta_{\mathrm{A}l}'^m+\Delta r_{\mathrm{A}})=\frac{1}{g_{\mathrm{A}}^m}\sum_{l=1}^{g_{\mathrm{A}}^m}\theta_{\mathrm{A}l}'^m+\Delta r_{\mathrm{A}} \tag{7-17}$$

式中，$(r_{\mathrm{A1}}'^m,\theta_{\mathrm{A1}}'^m)$ 为 $z_{\mathrm{A}l}^m(k)$ 所对应目标的真实测量值；$\Delta r_{\mathrm{A}}$、$\Delta\theta_{\mathrm{A}}$ 分别为传感器 A 的测距和测角系统误差。从式（7-16）和式（7-17）中可以看出，附加到 $\overline{z}_{\mathrm{A}}^m$ 上的误差为传感器 A 的测距和测角系统误差 $\Delta r_{\mathrm{A}}$ 和 $\Delta\theta_{\mathrm{A}}$。

同理，可得 $Z_{\mathrm{B}}^n$ 的等效量测 $\overline{z}_{\mathrm{B}}^n=[r_{\mathrm{B}}^n\ \ \theta_{\mathrm{B}}^n]$，附加到 $\overline{z}_{\mathrm{B}}^n$ 上的误差为传感器 B 的测距和测角系统误差，即 $\Delta r_{\mathrm{B}}$ 和 $\Delta\theta_{\mathrm{B}}$。

**2．估计模型的建立**

要建立误差估计模型，首先需要获取两个传感器对应同一目标的测量值。经分析可知，$\overline{z}_{\mathrm{A}}^m$ 和 $\overline{z}_{\mathrm{B}}^n$ 并不对应同一目标，设两者的差值为 $(\Delta C_x,\Delta C_y)$，则

$$\begin{cases}(r_{\mathrm{A}}^m-\Delta r_{\mathrm{A}})\cos(\theta_{\mathrm{A}}^m-\Delta\theta_{\mathrm{A}})+x_{\mathrm{A}}=(r_{\mathrm{B}}^n-\Delta r_{\mathrm{B}})\cos(\theta_{\mathrm{B}}^n-\Delta\theta_{\mathrm{B}})+x_{\mathrm{B}}+\Delta C_x\\(r_{\mathrm{A}}^m-\Delta r_{\mathrm{A}})\sin(\theta_{\mathrm{A}}^m-\Delta\theta_{\mathrm{A}})+y_{\mathrm{A}}=(r_{\mathrm{B}}^n-\Delta r_{\mathrm{B}})\sin(\theta_{\mathrm{B}}^n-\Delta\theta_{\mathrm{B}})+y_{\mathrm{B}}+\Delta C_y\end{cases} \tag{7-18}$$

式中，$(x_{\mathrm{A}},y_{\mathrm{A}})$、$(x_{\mathrm{B}},y_{\mathrm{B}})$ 为传感器 A 和传感器 B 的地理位置。将式（7-16）和式（7-17）代入式（7-18），经推导化简（具体推导过程见附录 B）可得

$$\begin{cases} h_{1x}\Delta r_{\rm A} + h_{2x}\Delta r_{\rm B} + h_{3x}\Delta\theta_{\rm A} + h_{4x}\Delta\theta_{\rm B} = \widehat{z}_x \\ h_{1y}\Delta r_{\rm A} + h_{2y}\Delta r_{\rm B} + h_{3y}\Delta\theta_{\rm A} + h_{4y}\Delta\theta_{\rm B} = \widehat{z}_y \end{cases} \tag{7-19}$$

式中，

$$\begin{aligned} & h_{1x} = -\frac{1}{g_{\rm A}^m}\sum_{l=1}^{g_{\rm A}^m}\cos\theta_{{\rm A}l}^m,\ h_{2x} = \frac{1}{g_{\rm B}^n}\sum_{l=1}^{g_{\rm B}^n}\cos\theta_{{\rm B}l}^n \\ & h_{3x} = \frac{1}{g_{\rm A}^m}\sum_{l=1}^{g_{\rm A}^m}r_{{\rm A}l}^m\sin\theta_{{\rm A}l}^m,\ h_{4x} = -\frac{1}{g_{\rm B}^n}\sum_{l=1}^{g_{\rm B}^n}r_{{\rm B}l}^n\sin\theta_{{\rm B}l}^n \\ & \widehat{z}_x = \frac{1}{g_{\rm B}^n}\sum_{l=1}^{g_{\rm B}^n}r_{{\rm B}l}^n\cos\theta_{{\rm B}l}^n - \frac{1}{g_{\rm A}^m}\sum_{l=1}^{g_{\rm A}^m}r_{{\rm A}l}^m\cos\theta_{{\rm A}l}^m + x_{\rm B} - x_{\rm A} \end{aligned} \tag{7-20}$$

$$\begin{aligned} & h_{1y} = -\frac{1}{g_{\rm A}^m}\sum_{l=1}^{g_{\rm A}^m}\sin\theta_{{\rm A}l}^m,\ h_{2y} = \frac{1}{g_{\rm B}^n}\sum_{l=1}^{g_{\rm B}^n}\sin\theta_{{\rm B}l}^n \\ & h_{3y} = \frac{1}{g_{\rm A}^m}\sum_{l=1}^{g_{\rm A}^m}r_{{\rm A}l}^m\cos\theta_{{\rm A}l}^m,\ h_{4y} = -\frac{1}{g_{\rm B}^n}\sum_{l=1}^{g_{\rm B}^n}r_{{\rm B}l}^n\cos\theta_{{\rm B}l}^n \\ & \widehat{z}_y = \frac{1}{g_{\rm B}^n}\sum_{l=1}^{g_{\rm B}^n}r_{{\rm B}l}^n\sin\theta_{{\rm B}l}^n - \frac{1}{g_{\rm A}^m}\sum_{l=1}^{g_{\rm A}^m}r_{{\rm A}l}^m\sin\theta_{{\rm A}l}^m + y_{\rm B} - y_{\rm A} \end{aligned} \tag{7-21}$$

系统误差的估计值会随着时间的积累而收敛。为了缩短误差收敛时间并提高误差估计值的精确度，本节基于直到 $k$ 时刻的测量航迹互联和式（7-19），采用广义最小二乘误差配准算法估计系统误差 $\hat{\boldsymbol{\beta}}(k) = [\Delta r_{\rm A}\ \Delta\theta_{\rm A}\ \Delta r_{\rm B}\ \Delta\theta_{\rm B}]$，具体过程同文献[64]，在此不再赘述。

**3．误差确认模型的建立**

为了判断系统误差估计值是否收敛，本节建立误差确认模型。基于双门限的思想，选取正整数 $I$ 和 $R$，$\forall\widehat{l} = 1,2,\cdots,R$。若

$$\sum_{l=1}^{R} W(\widehat{l}) > I \tag{7-22}$$

则判别 $\hat{\boldsymbol{\beta}}(k)$ 已收敛，后续时刻可直接用 $\hat{\boldsymbol{\beta}}(k)$ 进行误差补偿，无须重新估计系统误差。式中，

$$W(\hat{l})=\begin{cases}1, & 若\left\|\beta(k)-\beta(k-\hat{l})\right\|\leqslant\eta \\ 0, & 若\left\|\beta(k)-\beta(k-\hat{l})\right\|>\eta\end{cases} \tag{7-23}$$

式中，$\|\cdot\|$ 为欧式范数；$\eta$ 为常数阈值。

### 7.3.3　误差补偿和编队内航迹的精确关联

基于系统误差估计值 $\hat{\boldsymbol{\beta}}(k)$，在传感器的局部坐标系下对直到 $k$ 时刻传感器 A 和传感器 B 的量测值进行误差补偿，将补偿后的新量测变换到融合中心坐标系，并采用 Kalman 滤波器重新进行滤波，获取新的目标状态更新值和状态误差协方差，最后基于独立序贯航迹关联算法完成编队航迹的精确关联，具体关联过程请见文献[8]。

### 7.3.4　讨论

为了解决系统误差下编队内目标航迹的精确航迹关联问题，本节提出了 EC-FTTC 算法，该算法的优点如下。

（1）基于编队整体进行预互联，使系统误差下编队内目标航迹的精确关联问题退化为传统的系统误差下航迹关联问题。

（2）基于编队航迹状态识别模型搜索或建立分辨状态一致的关联编队，使该算法能很好地适用于编队目标部分可辨等复杂环境，为后端的系统误差估计打下基础。

（3）基于误差估计模型，能快速、准确地估计出各传感器的系统误差；

基于误差确认模型，及时判别是否需要继续进行误差估计，进一步提高整个算法的实时性。

## 7.4　基于多源信息互补的编队航迹关联算法

本节首先基于图像匹配的思想，利用航迹图形在数据空间旋转一个角度，其 Fourier 变换后的功率谱也旋转相同角度的性质，对系统误差造成的编队目标航迹间的旋转角进行估计，进而对平移量进行估计，从而实现航迹的对准。在这之前，首先对部分可辨条件下的编队航迹关联问题进行分析。

### 7.4.1　部分可辨条件下的编队航迹关联问题分析

当探测系统跟踪低可观测编队目标时，由于观测角度、目标隐身方位、编队密集程度等因素的存在，编队内的低可观测目标容易相互阻挡，易造成探测系统难以稳定获取编队内各目标的连续有效测量，从而形成部分可辨状态。现有的跟踪技术难以满足实际工程需求。

在实际应用中，由于部分可辨条件下的编队目标信噪比低，导致探测系统的探测概率较低，因此在跟踪过程中难以稳定地获得更新量测，使航迹出现中断，当目标再次被检测到后将重新进行航迹起始，产生同一批目标出现多个批号且短小航迹多等现象，即目标航迹断续。编队目标密集、量测不确定及目标可能进行的机动等情况将使该问题变得更加严重和复杂，给探测系统的数据处理过程造成沉重负担。因此，必须对中断前后关于同一目标的航迹进行识别、合并，即进行断续航迹关联。

在多传感器条件下，利用多传感器的观测几何优势，从多源数据融合处理的角度研究编队目标部分可辨、航迹断续等复杂情况下的跟踪方法和机理，将有效减少编队目标复杂量测特性对目标稳定和精确跟踪的影响，从而提高探测系统的编队目标监视能力。

假设由异地配置的雷达 A 与雷达 B 同时观测一个由 4 名成员组成的飞机编队，由于飞机的相互遮挡或隐身方位等因素的影响，理想情况下的跟踪结果的放大取样图如图 7-6 所示，其中“○”代表跟踪后的滤波值，“×”代表丢失的位置值。在图 7-6（a）中，由于存在两段丢失的跟踪段，因此后面重新起始的编队成员将获取新的批号，这样就会造成在跟踪过程中，4 名成员的编队中出现多于 4 个的批号，给最终的战场态势造成过多的模糊因素。但在图 7-6（b）中可见，雷达 B 的丢失跟踪段与雷达 A 的不同，这是由于雷达 B 对编队的观测方位不同，从而获得与雷达 A 不同的观测信息。因此，异地配置的多传感器将会产生更多、更全面的信息，有利于在该基础上获得更精确的关联结果。对比图 7-6（a）与图 7-6（b）也可以看出，两个雷达的跟踪结果之间存在一定的旋转与平移关系，这是因为两个雷达异地配置，由观测角度的差别导致的。

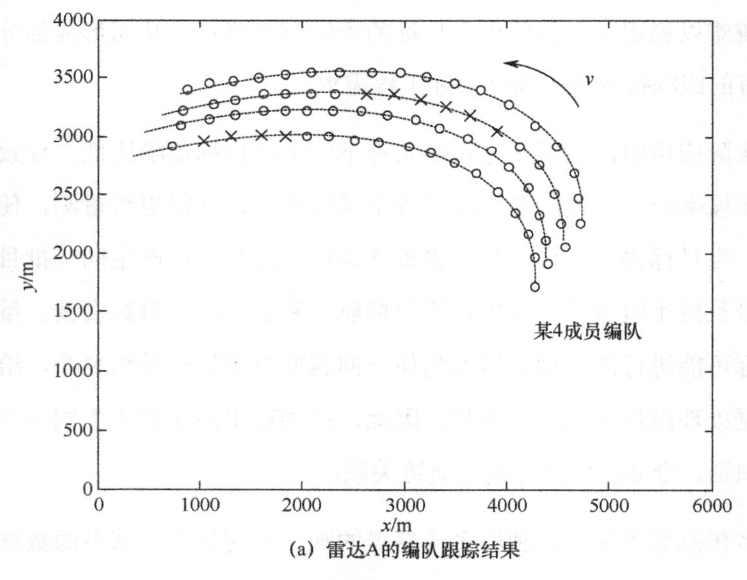


(a) 雷达A的编队跟踪结果

图 7-6 多传感器编队跟踪结果的放大取样图

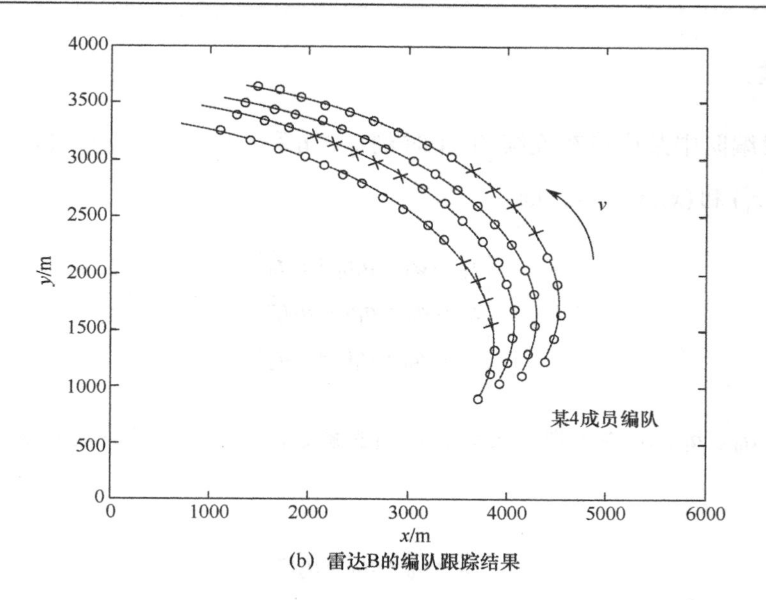

(b) 雷达B的编队跟踪结果

图 7-6 多传感器编队跟踪结果的放大取样图（续）

由上述分析可知，分布式多传感器编队互联的目标与难点在于，不仅要完成与多传感器多目标航迹关联类似的整体关联，还要通过某些技术手段，利用异地配置雷达多观测方位的优势，消除由于部分可辨条件造成的航迹断续问题（多航迹批号问题），使最终的关联结果为清晰的编队成员航迹信息。

## 7.4.2 时间对准

由于在异地配置的多传感器的扫描周期、传输延迟等很难相同，因此在融合中心获得的航迹数据通常是不完全同步或异步的。但航迹关联要求多个数据源为同步数据，因此需要先对多传感器的航迹数据进行时间对准的预处理。为了在已有数据的基础上尽可能可靠地获得位置的插值，考虑到二次多项式最小二乘拟合法在目标非匀速运动条件下具有更好的表现，这里采用该方法作为航迹关联之前的数据预处理方法，通过差值来获得时间对准。

设编队中某成员在连续 3 个时刻 $t_0$、$t_1$ 和 $t_2$ 的位置分别为 $(x_0,y_0,z_0)$、$(x_1,y_1,z_1)$ 和 $(x_2,y_2,z_2)$，则

$$\begin{cases} x_0 = a_0 + a_1 t_0 + a_2 {t_0}^2 \\ x_1 = a_0 + a_1 t_1 + a_2 {t_1}^2 \\ x_2 = a_0 + a_1 t_2 + a_2 {t_2}^2 \end{cases} \tag{7-24}$$

式中，$a_0$、$a_1$、$a_2$ 表示拟合表达式各项的系数，并可求出各系数的常数值。再利用

$$x = a_0 + a_1 t + a_2 t^2 \tag{7-25}$$

可拟合出目标在 $t(t_0 \leqslant t \leqslant t_2)$ 时刻的 $x$ 轴位置，同理可得 $t$ 时刻目标 $y$ 轴和 $z$ 轴的插值位置。

### 7.4.3　航迹数据空间的描述

在多传感器的公共探测区域内，先切割一块以 $(x_C,y_C)$ 为中心，长、宽分别为 $a$、$b$ 的矩形对准区域（该矩形应能覆盖需要关联的所有航迹）。然后，将该区域按 $N \times N$ 进行平均网格化，划分为 $N^2$ 个面积为 $(a/N)\times(b/N)$ 的小矩形网格，定义 $(x_I,y_I)$（$x_I = 1,\cdots,N$，$y_I = 1,\cdots,N$）为网格序号。可建立两传感器的编队航迹数据空间矩阵 $\boldsymbol{f}_{\mathrm{A}}$、$\boldsymbol{f}_{\mathrm{B}}$，且

$$\begin{aligned} \boldsymbol{f}_{\mathrm{A}}(x_I,y_I) &= \begin{cases} C，\text{该网格存在传感器A的回波点落入} \\ 0，\text{该网格不存在传感器A的回波点落入} \end{cases} \\ \boldsymbol{f}_{\mathrm{B}}(x_I,y_I) &= \begin{cases} C，\text{该网格存在传感器B的回波点落入} \\ 0，\text{该网格不存在传感器B的回波点落入} \end{cases} \end{aligned} \quad （C\text{为常量}） \tag{7-26}$$

其中，$\boldsymbol{f}_{\mathrm{A}}$、$\boldsymbol{f}_{\mathrm{B}}$ 存在以下关系：

$$\boldsymbol{f}_{\mathrm{B}}(x_I,y_I)=\boldsymbol{f}_{\mathrm{A}}[(x_I\cos\theta_0+y_I\sin\theta_0)-C_xN/a(-x_I\sin\theta_0+y_I\cos\theta_0)-C_yN/b] \tag{7-27}$$

上式表明，在系统误差的影响下，编队在传感器 A 的跟踪航迹经过 $\theta_0$ 角度的旋转与 $x_I$ 、$y_I$ 维上进行 $(C_xN/a,C_yN/b)$ 的平移，可与传感器 B 的跟踪航迹重合。

### 7.4.4　基于 Fourier 变换的旋转角及平移量估计

将式（7-27）两边进行 Fourier 变换，得

$$\boldsymbol{F}_{\mathrm{B}}(u,v)=|\boldsymbol{F}_{\mathrm{A}}(u\cos\theta_0+v\sin\theta_0,-u\sin\theta_0+v\cos\theta_0)|\exp[-\mathrm{j}\varphi_{f_B}(u,v)] \tag{7-28}$$

式中，$\boldsymbol{F}_{\mathrm{A}}(u,v)$ 和 $\boldsymbol{F}_{\mathrm{B}}(u,v)$ 分别为 $\boldsymbol{f}_{\mathrm{A}}(x_I,y_I)$ 、$\boldsymbol{F}_{\mathrm{B}}(u,v)$ 的 Fourier 变换，$\varphi_{f_{\mathrm{B}}}$ 是 $\boldsymbol{f}_{\mathrm{B}}$ 的谱相位，其值主要依赖于平移、旋转等因素。对上式取模，可以得到其功率谱的关系为

$$|\boldsymbol{F}_{\mathrm{B}}(u,v)|=|\boldsymbol{F}_{\mathrm{A}}(u\cos\theta_0+v\sin\theta_0,-u\sin\theta_0+v\cos\theta_0)| \tag{7-29}$$

从式（7-29）中可以看出，谱中心 $u=v=0$ 对不同的旋转角度 $\theta_0$ 是不变的，且是平移不变的，即功率谱会随着数据空间的旋转而旋转相同的角度。

对式（7-29）进行极坐标变换，令

$$\begin{cases}u\cos\theta_0+v\sin\theta_0=\rho\cos(\theta-\theta_0)\\-u\sin\theta_0+v\cos\theta_0=\rho\sin(\theta-\theta_0)\\\boldsymbol{S}_\rho(\theta,\rho)=\left|\boldsymbol{F}_{\mathrm{B}}(\rho\cos\theta,\rho\sin\theta)\right|\\\boldsymbol{R}_\rho(\theta,\rho)=\left|\boldsymbol{F}_{\mathrm{A}}(\rho\cos\theta,\rho\sin\theta)\right|\end{cases} \tag{7-30}$$

则式（7-29）可经过推导得到

$$\boldsymbol{S}_{\rho}(\theta,\rho)=\boldsymbol{R}_{\rho}(\theta-\theta_0,\rho) \tag{7-31}$$

因此，已把旋转量转化为平移量。对上式进行 Fourier 变换，可得

$$\boldsymbol{F}_{S\rho}(u,v)=\boldsymbol{F}_{R\rho}(u,v)\exp(-2\mathrm{j}\pi(\theta_0 u)) \tag{7-32}$$

式中，$\boldsymbol{F}_{S\rho}(u,v)$ 和 $\boldsymbol{F}_{R\rho}(u,v)$ 分别为 $\boldsymbol{S}_{\rho}(\theta,\rho)$ 和 $\boldsymbol{R}_{\rho}(\theta,\rho)$ 的 Fourier 变换，那么 $\boldsymbol{S}_{\rho}(\theta,\rho)$ 和 $\boldsymbol{R}_{\rho}(\theta,\rho)$ 的互功率谱为

$$\frac{\boldsymbol{F}_{S\rho}(u,v)\boldsymbol{F}_{R\rho}^{*}(u,v)}{|\boldsymbol{F}_{S\rho}(u,v)\boldsymbol{F}_{R\rho}^{*}(u,v)|}=\exp(-2\mathrm{j}\pi(\theta_0 u)) \tag{7-33}$$

式中，$\boldsymbol{F}_{R\rho}^{*}(u,v)$ 表示 $\boldsymbol{F}_{R\rho}(u,v)$ 的复共轭。

将式（7-33）进行 Fourier 逆变换可得峰值点为 $(\theta_0,0)$ 的单位脉冲函数，进而通过寻找峰值点得到编队数据空间相邻时刻的相对旋转角度 $\theta_0$。因此，将 $\boldsymbol{f}_{\mathrm{A}}$ 旋转 $\theta_0$ 后得到另一个数据空间，定义为 $\boldsymbol{f}_{\mathrm{A}}'$，则

$$\boldsymbol{f}_{\mathrm{A}}'(x_I,y_I)=\boldsymbol{f}_{\mathrm{A}}[(x_I\cos\theta_0+y_I\sin\theta_0),(-x_I\sin\theta_0+y_I\cos\theta_0)] \tag{7-34}$$

至此，$\boldsymbol{f}_{\mathrm{A}}'$ 和 $\boldsymbol{f}_{\mathrm{B}}$ 之间还存在 $(NC_x/a,NC_y/b)$ 的相对平移量，即

$$\boldsymbol{f}_{\mathrm{B}}(x_I,y_I)=\boldsymbol{f}_{\mathrm{A}}'(x_I-C_xN/a,y_I-C_yN/b) \tag{7-35}$$

对式（7-35）左右两边进行 Fourier 变换，即

$$\boldsymbol{F}_{\mathrm{B}}(u,v)=\boldsymbol{F}_{\mathrm{A}}'(u,v)\exp\left[-2\mathrm{j}\pi(\frac{C_xN}{a}u+\frac{C_yN}{b}v)\right] \tag{7-36}$$

式中，$\boldsymbol{F}_{\mathrm{A}}'(u,v)$ 表示 $\boldsymbol{f}_{\mathrm{A}}'(x_I,y_I)$ 的 Fouier 变换。从式（7-36）中可以看出，$\boldsymbol{f}_{\mathrm{B}}(x_I,y_I)$ 与 $\boldsymbol{f}_{\mathrm{A}}'(x_I,y_I)$ 在频域具有相同的幅值，仅存在一个相位差。用互功率谱来表示其相位差为

$$\frac{\boldsymbol{F}_{\mathrm{B}}(u,v)\boldsymbol{F}_{\mathrm{A}}'^{*}(u,v)}{|\boldsymbol{F}_{\mathrm{B}}(u,v)\boldsymbol{F}_{\mathrm{A}}'^{*}(u,v)|}=\exp[-2\mathrm{j}\pi(\frac{C_xN}{a}u+\frac{C_yN}{b}v)] \tag{7-37}$$

式中，$\boldsymbol{F}_{\mathrm{A}}^{\prime *}(u,v)$ 表示 $\boldsymbol{F}_{\mathrm{A}}'(u,v)$ 的复共轭。将式（7-37）进行 Fourier 逆变换也将形成单位脉冲函数，峰值点即在 $(C_x N/a, C_y N/b)$，可通过搜索峰值而获得对应的航迹间的平移量，其具体可表示为

$$(C_x N/a, C_y N/b) = \arg\max_{u,v} \left| F^{-1}\left( \frac{\boldsymbol{F}_{\mathrm{B}}(u,v)}{\boldsymbol{F}_{\mathrm{A}}'(u,v)} \right) \right| \tag{7-38}$$

由于 $N$、$a$、$b$ 为已知量，利用 $(C_x N/a, C_y N/b)$ 可求出航迹间的平移量 $(C_x, C_y)$。这样，依据航迹间旋转 $\theta_0$ 与平移 $(C_x, C_y)$ 对传感器 A 的量测数据进行相应的补偿，就可完成两传感器的编队目标航迹间对准。

### 7.4.5　编队航迹关联

经过编队整体的航迹对准后，这里针对部分可辨编队的航迹断续特点，采用改进的双门限关联算法对两个传感器获得的编队航迹进行航迹关联判决。

定义经坐标转换后传感器 A 的编队航迹 $i$ 和传感器 B 的编队航迹 $j$ 的连续目标状态估计分别为 $\hat{\boldsymbol{X}}_{\mathrm{A}}^{i}(k|k)$、$\hat{\boldsymbol{X}}_{\mathrm{B}}^{j}(k|k)$（$i \in U_{\mathrm{A}}$，$j \in U_{\mathrm{B}}$），则相应的状态估计为

$$\begin{cases} \hat{\boldsymbol{X}}_{\mathrm{A}}^{i}(k|k) = [\hat{x}_{\mathrm{A}}^{i}(k) \ \ \hat{\dot{x}}_{\mathrm{A}}^{i}(k) \ \ \hat{y}_{\mathrm{A}}^{i}(k) \ \ \hat{\dot{y}}_{\mathrm{A}}^{i}(k)]^{\mathrm{T}} \\ \hat{\boldsymbol{X}}_{\mathrm{B}}^{j}(k|k) = [\hat{x}_{\mathrm{B}}^{j}(k) \ \ \hat{\dot{x}}_{\mathrm{B}}^{j}(k) \ \ \hat{y}_{\mathrm{B}}^{j}(k) \ \ \hat{\dot{y}}_{\mathrm{B}}^{j}(k)]^{\mathrm{T}} \end{cases} \tag{7-39}$$

利用 7.4.4 节获得的航迹间旋转 $\theta_0$ 与平移 $(C_x, C_y)$，对传感器 A 的编队航迹 $i$ 进行补偿，补偿后的状态估计表示为 $\widehat{\boldsymbol{X}}_{\mathrm{A}}^{i}(k|k)$。根据 $\chi^2$ 分布门限对补偿后的传感器 A 的编队航迹 $i$ 与传感器 B 的编队航迹 $j$ 在相同时间段内的航迹进行假设检验，计算检验统计量

$$\alpha_{ij}(k) = [\widehat{\boldsymbol{X}}_{\mathrm{A}}^{i}(k|k) - \hat{\boldsymbol{X}}_{\mathrm{B}}^{j}(k|k)]^{\mathrm{T}} [\hat{\boldsymbol{P}}_{\mathrm{A}}^{i}(k|k) + \hat{\boldsymbol{P}}_{\mathrm{B}}^{j}(k|k)]^{-1} [\widehat{\boldsymbol{X}}_{\mathrm{A}}^{i}(k|k) - \hat{\boldsymbol{X}}_{\mathrm{B}}^{j}(k|k)] \tag{7-40}$$

式中，$\hat{\boldsymbol{P}}_{\mathrm{A}}^{i}(k|k)$、$\hat{\boldsymbol{P}}_{\mathrm{B}}^{j}(k|k)$ 分别为传感器 A 的编队航迹 $i$ 与传感器 B 的编队航迹 $j$ 在 $k$ 时刻的状态估计误差协方差。设置计数器 $m_{ij}(0)=0$，当

$$\alpha_{ij}(k)\leqslant\delta \tag{7-41}$$

时，认为该时刻的两个状态估计可能来源于同一航迹，计数器累加 1，即 $m_{ij}(k)=m_{ij}(k-1)+1$，其中 $\delta$ 为假设检验的第一门限值；当假设检验为不接受时，计数器不变，即 $m_{ij}(k)=m_{ij}(k-1)$。

设置第二门限为 $\zeta$，当传感器 A 的编队航迹 $i$ 与传感器 B 的编队航迹 $j$ 在共同时段内所有状态估计之间的假设检验完成后，若 $m_{ij}(k)\geqslant\zeta$，则认为这两条来源于不同传感器的航迹是跟踪同一目标获得的，判决传感器 A 的编队航迹 $i$ 与传感器 B 的编队航迹 $j$ 关联；若 $m_{ij}(k)<\zeta$，则判决为不关联。这里的第二门限的设置主要与两个因素有关：一是这两段航迹共同时段的长短；二是编队跟踪结果的可靠性。当跟踪结果较为可靠且共同时段较长时，可适当减小第二门限 $\zeta$ 的数值，以减少系统运算负担。

为了通过多传感器对部分可辨编队进行航迹关联，减少编队成员的断续航迹现象，建立一个编队航迹关联矩阵，用于反映两个传感器间各航迹之间的关联关系及传感器内各航迹之间的关系。设该矩阵为

$$\boldsymbol{\varLambda}=\left[\omega_{ij}\right]=\begin{array}{c} \\ 1 \\ 2 \\ \vdots \\ n_{\mathrm{A}} \end{array}\begin{array}{c} \begin{array}{cccc} 1 & 2 & \cdots & n_{\mathrm{B}} \end{array} \\ \begin{bmatrix} \omega_{11} & \omega_{12} & \cdots & \omega_{1n_{\mathrm{B}}} \\ \omega_{21} & \omega_{22} & \cdots & \omega_{2n_{\mathrm{B}}} \\ \vdots & \vdots & & \vdots \\ \omega_{n_{\mathrm{A}}1} & \omega_{n_{\mathrm{A}}2} & \cdots & \omega_{n_{\mathrm{A}}n_{\mathrm{B}}} \end{bmatrix} \end{array} \tag{7-42}$$

式中，$\omega_{ij}\in\{0,1\}$，当 $\omega_{ij}=1$ 时，表示传感器 A 的编队航迹 $i$ 和传感器 B 的编队航迹 $j$ 成功关联，即判决为关联；当 $\omega_{ij}=0$ 时，表示未成功关联。

当编队成员的航迹断续时，单传感器的跟踪结果将出现许多同编队归属下的航迹批号，即跟踪结果的航迹数远大于编队成员的个数。但其中许多不同批号的航迹来源于不同时段的同一目标，由于隐身角度等造成了跟踪丢失。因此，矩阵 $\boldsymbol{\Lambda}$ 中同一行或同一列中，有可能不止一个 $\omega_{ij}$ 为 1。当同一行或同一列存在两个或多个不为零的常数时，说明一个传感器的一条航迹与另一传感器的若干条航迹同属于一个目标源，因此可推断这若干条航迹来源于同一编队成员。

根据以上推论，为了简化且清晰所有航迹之间的隶属关系，从 $\boldsymbol{\Lambda}$ 的第 1 列开始，当第 1 列中存在两个或两个以上不为零的常数时，将这几个常数所在的行进行相加合并，并在左侧标记新的行号，该行号应为集合，集合元素为被合并的航迹号。以此类推，直到第 $n_{\mathrm{B}}$ 列操作完毕，记次数的矩阵为 $\widehat{\boldsymbol{\Lambda}}$，此时 $\widehat{\boldsymbol{\Lambda}}$ 中的行数即表示编队中成员的个数。再从 $\widehat{\boldsymbol{\Lambda}}$ 的第 1 行开始，重复上述对矩阵中列的合并操作，最终形成的 $\overline{\boldsymbol{\Lambda}}$ 应为一个 $\varepsilon$ 行 $\varepsilon$ 列的对角阵，$\varepsilon$ 表示编队中成员的个数，各行各列的所对应的集合即为同传感器下所需合并的同目标断续航迹。

如图 7-7 所示，当对传感器 A 的编队航迹进行旋转与平移补偿后，可形成图中所呈现的环境。由于编队航迹的断续，编队中将出现多个批号，且同传感器下的批号关系并未可知。图 7-7 中虚线、实线分别表示传感器 A、传感器 B 对同一个编队的跟踪航迹，因此通过上述双门限的假设检验进行关联的结果为

$$
\boldsymbol{\Lambda}=\begin{array}{c} \\ 1\\2\\3\\4\\5\\6\\7\\8 \end{array}\!\!\begin{array}{c} \begin{array}{cccccccc}1&2&3&4&5&6&7&8\end{array} \\ \begin{bmatrix} 0&0&0&1&0&1&0&0\\ 0&0&1&0&0&0&0&0\\ 0&1&0&0&0&0&0&0\\ 1&0&0&0&1&0&0&1\\ 0&1&0&0&0&0&1&0\\ 0&0&1&0&0&0&0&0\\ 0&0&0&0&0&0&1&0\\ 0&0&0&0&0&1&0&0 \end{bmatrix}\end{array} \tag{7-43}
$$

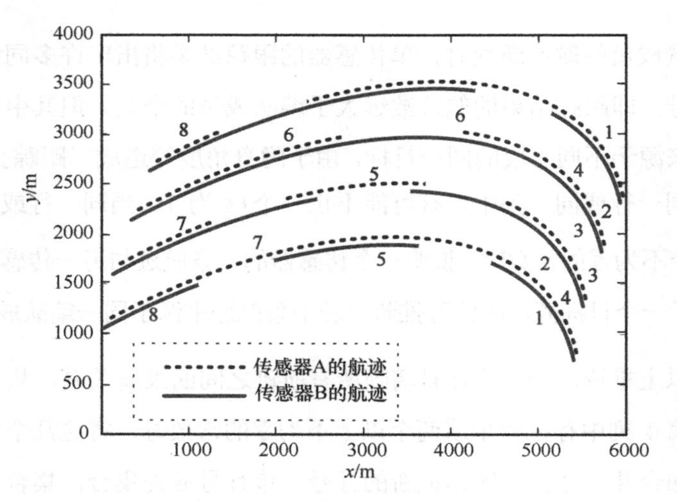


图 7-7　编队航迹关联示意图

首先对矩阵 $\boldsymbol{\Lambda}$ 进行行的合并，即

$$
\overset{\frown}{\boldsymbol{\Lambda}}=\begin{matrix} \\ S_{\mathrm{A}}^{1} \\ S_{\mathrm{A}}^{2} \\ S_{\mathrm{A}}^{3} \\ S_{\mathrm{A}}^{4} \end{matrix}\begin{matrix} \begin{matrix}1&2&3&4&5&6&7&8\end{matrix} \\ \begin{bmatrix} 1&0&0&0&1&0&0&1 \\ 0&2&0&0&0&0&2&0 \\ 0&0&2&0&0&0&0&0 \\ 0&0&0&1&0&2&0&0 \end{bmatrix}\end{matrix} \tag{7-44}
$$

式中，

$$
S_{\mathrm{A}}^{1}=\{4\},\ S_{\mathrm{A}}^{2}=\{3,5,7\},\ S_{\mathrm{A}}^{3}=\{2,6\},\ S_{\mathrm{A}}^{4}=\{1,8\} \tag{7-45}
$$

这里 4 个集合表示传感器 A 的所有航迹来源于编队中 4 个成员，且各集合中的航迹序号来源于同一个编队成员目标。再对 $\overset{\frown}{\boldsymbol{\Lambda}}$ 进行列的合并，即

$$
\overset{\frown}{\boldsymbol{\Lambda}}=\begin{matrix} \\ S_{\mathrm{A}}^{1} \\ S_{\mathrm{A}}^{2} \\ S_{\mathrm{A}}^{3} \\ S_{\mathrm{A}}^{4} \end{matrix}\begin{matrix} \begin{matrix}S_{\mathrm{B}}^{1}&S_{\mathrm{B}}^{2}&S_{\mathrm{B}}^{3}&S_{\mathrm{B}}^{4}\end{matrix} \\ \begin{bmatrix} 3&0&0&0 \\ 0&4&0&0 \\ 0&0&2&0 \\ 0&0&0&3 \end{bmatrix}\end{matrix} \tag{7-46}
$$

式中，

$$S_{\mathrm{B}}^{1}=\{1,5,8\},S_{\mathrm{B}}^{2}=\{2,7\},S_{\mathrm{B}}^{3}=\{3\},S_{\mathrm{B}}^{4}=\{4,6\} \tag{7-47}$$

因此，从$\boldsymbol{\lambda}$中可以看出，传感器 A、传感器 B 同时对一个由 4 名成员组成的编队进行跟踪，且跟踪的断续航迹中，传感器 B 中的$S_{\mathrm{B}}^{n}$航迹与传感器 A 中的$S_{\mathrm{A}}^{n}$航迹来源于同一编队目标，如$S_{\mathrm{B}}^{2} \leftrightarrow S_{\mathrm{A}}^{2}$，即传感器 B 的航迹号为 2、7 的航迹与传感器 A 的航迹号为 3、5、7 的航迹对应同一目标。以传感器 B 为融合中心，根据该传感器的航迹数据，将漏跟踪时段的航迹采用传感器 A 的相应航迹段进行填补，从而形成完整的编队航迹，如图 7-8 所示。

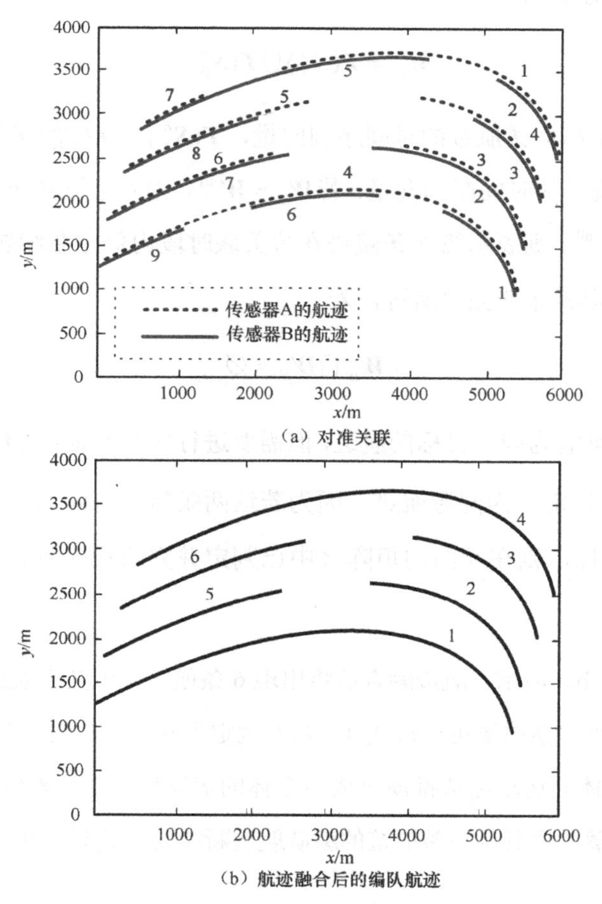


（a）对准关联

（b）航迹融合后的编队航迹

图 7-8　不完整航迹示意图

由此，通过对异地配置传感器编队跟踪结果的航迹关联，可对断续航迹进行同一性判决，找到复杂航迹间的同源关系。同时，通过上述对矩阵$\boldsymbol{\Lambda}$进行的行、列合并化简，也可确定编队中的编队成员个数。但是，当两个传感器对某条航迹在某时段内同时跟踪丢失时，矩阵$\hat{\boldsymbol{\Lambda}}$的维数就不再能准确地对成员个数进行描述，因此还需要对$\hat{\boldsymbol{\Lambda}}$表示的$\varepsilon$条航迹的时间序列进行判断。

设整个待关联时段的时间序列向量为$\boldsymbol{W}^{\text{all}}$，$\varepsilon$条航迹中的第$\alpha$条航迹所对应的时间序列分别为

$$\boldsymbol{W}_{\alpha}=\boldsymbol{T}(\boldsymbol{S}_{\text{A}}^{\alpha})\cup\boldsymbol{T}(\boldsymbol{S}_{\text{B}}^{\alpha}) \tag{7-48}$$

式中，$\boldsymbol{W}_{\alpha}$表示第$\alpha$条航迹的时间序列向量，$\boldsymbol{T}(\boldsymbol{S}_{\text{A}}^{\alpha})$、$\boldsymbol{T}(\boldsymbol{S}_{\text{B}}^{\alpha})$分别表示取$\boldsymbol{S}_{\text{A}}^{\alpha}$、$\boldsymbol{S}_{\text{B}}^{\alpha}$中对应航迹号的时间序列向量。若$\boldsymbol{W}_{\alpha}=\boldsymbol{W}^{\text{all}}$，则表示第$\alpha$条航迹为完整航迹；若$\boldsymbol{W}_{\alpha}\subset\boldsymbol{W}^{\text{all}}$，则表示第$\alpha$条航迹在待关联时段内仍是断续航迹的一部分。取$\varepsilon$条航迹中第$\beta$条非完整航迹，若

$$\boldsymbol{W}_{\alpha}\cap\boldsymbol{W}_{\beta}=\varnothing \tag{7-49}$$

则航迹$\alpha$、$\beta$可能为同一目标的航迹，但需要进行关联验证；若$\boldsymbol{W}_{\alpha}\cap\boldsymbol{W}_{\beta}\neq\varnothing$，则航迹$\alpha$、$\beta$肯定不为同源航迹。因为若这两条航迹有时间段是重合的，又出于同一个目标，则在前面的矩阵$\boldsymbol{\Lambda}$中已判定并完成相应融合，不会将该判决遗留至该处。

如图 7-8（b）所示，航迹融合后将出现 6 条航迹，但其中航迹 1、4 为两条完整航迹，其他 4 条航迹可通过式（7-49）判定为两两对应的。在这种情况下，可利用编队整体的运动趋势推演至成员个体的运动特性作为断续航迹关联的基础，采用相关算法进行不完整航迹的编队航迹断续航迹关联，并在 7.4.6 节中详细讨论。

### 7.4.6　基于编队整体运动模型的断续航迹关联

根据 7.4.1 节的分析，当航迹融合后仍具有断续航迹的情况，为了使编队航迹具有完整性，本节基于编队的整体运动特性，提出了基于编队整体运动模型的断续航迹关联算法。

当通过式（7-48）、式（7-49）检测并融合后，航迹仍存在航迹断续问题时，首先提取时间较前的一段航迹，如图 7-8（b）中的航迹 3，设其航迹终止前的最后一个时刻的状态估计为

$$\hat{\boldsymbol{X}}^i(k|k) = [\hat{x}^i(k)\ \hat{\dot{x}}^i(k)\ \hat{\ddot{x}}^i(k)\ \hat{y}^i(k)\ \hat{\dot{y}}^i(k)\ \hat{\ddot{y}}^i(k)]^{\mathrm{T}} \tag{7-50}$$

由于编队中各成员在不发生机动时，成员之间相对位置拓扑几乎不变，说明各成员的速度矢量相似，但编队会由于加速度的改变而整体做拐弯或其他运动，这里加速度的改变是由飞行器内部动力改变造成的。因此，这里认为编队整体的运动趋势来源于成员加速度的改变，因此这里基于编队加速度对航迹进行外推。

为了获得 $k+1$ 时刻编队的加速度，在 7.4.5 节的航迹对准关联后，可采用在该时刻存在有效航迹的其他成员航迹对编队整体的加速度进行估计。如图 7-8（b）中，航迹 3 在 $k+1$ 时刻的加速度参数可设置为

$$\begin{aligned}\tilde{\boldsymbol{a}}^3(k+1) &= [\tilde{\ddot{x}}^3(k+1)\ \tilde{\ddot{y}}^3(k+1)]^{\mathrm{T}} \\ &= \left[\frac{\hat{\ddot{x}}^1(k+1)+\hat{\ddot{x}}^2(k+1)+\hat{\ddot{x}}^4(k+1)}{3}\ \ \frac{\hat{\ddot{y}}^1(k+1)+\hat{\ddot{y}}^2(k+1)+\hat{\ddot{y}}^4(k+1)}{3}\right]^{\mathrm{T}}\end{aligned} \tag{7-51}$$

以此可获得从航迹 3 在 $k$ 时刻以后的 $n_l$ 个时刻的加速度估计，其中 $n_l$ 为预测长度。

从 $k+1$ 时刻开始，对该航迹由终点继续滤波至 $k+n_l$ 时刻，则外推的 $n_l$ 个时刻的状态估计与协方差估计为

$$\tilde{\boldsymbol{X}}^i(k+\xi)=\hat{\boldsymbol{X}}^i(k+\xi|k) \tag{7-52}$$

$$\tilde{\boldsymbol{P}}^i(k+\xi)=\hat{\boldsymbol{P}}^i(k+\xi|k) \tag{7-53}$$

式中，$i$ 表示对准合并完成后的航迹号，$\xi=1,\cdots,n_l$。在对航迹 $i$ 进行滤波外推的同时，寻找其他可能关联的断续航迹，并采用统计双门限法[203]进行关联。

当外推航迹的时段与其他航迹的开始航迹交叠时，采用假设检验的思想进行关联验证。设 $H_0$ 和 $H_1$ 分别表示事件的原假设和备择假设。

$H_0$：编队航迹 $i$ 的外推航迹 $\tilde{\boldsymbol{X}}^i(k+\xi)$ 与航迹 $j$ 在 $k+\xi$ 时刻的航迹 $\hat{\boldsymbol{X}}^j(k+\xi)$ 是对同一编队成员在 $k+\xi$ 时刻的状态估计。

$H_1$：$\tilde{\boldsymbol{X}}^i(k+\xi)$ 与 $\hat{\boldsymbol{X}}^j(k+\xi)$ 不是同一编队成员在 $k+\xi$ 时刻的状态估计。

对于航迹 $i$ 与航迹 $j$ 的交叠时段，检验统计量为

$$\begin{aligned}\sigma_{ij}=&[\tilde{\boldsymbol{X}}^i(k+\xi)-\hat{\boldsymbol{X}}^j(k+\xi)]^{\mathrm{T}}[\tilde{\boldsymbol{P}}^i(k+\xi)+\\&\hat{\boldsymbol{P}}^j(k+\xi)]^{-1}[\tilde{\boldsymbol{X}}^i(k+\xi)-\hat{\boldsymbol{X}}^j(k+\xi)]\end{aligned} \tag{7-54}$$

由于状态估计误差 $\tilde{\boldsymbol{X}}^i(k+\xi)-\hat{\boldsymbol{X}}^j(k+\xi)$ 服从高斯分布，因此 $\sigma_{ij}$ 服从 $n_x$ 自由度的 $\chi^2$ 分布，$n_x$ 为状态向量维数。因此，若

$$\sigma_{ij}\leqslant\chi^2_{n_x}(1-Q) \tag{7-55}$$

则假设 $H_0$ 成立；否则，假设 $H_1$ 成立。

设置计数器 $m_{ij}(0)=0$，当 $H_0$ 成立时，$m_{ij}(k)=m_{ij}(k-1)+1$；当 $H_1$ 成立时，$m_{ij}(k)=m_{ij}(k-1)$。因此，这里的式（7-55）为第一门限，再设置第二门

限$\lambda$。在航迹$i$的外推段与航迹$j$公共时段内，若随着假设检验的进行，计数器$m_{ij}(k) \geqslant \lambda$，即公共时段中满足第一门限的样本数大于或等于第二门限，则判决编队航迹$i$与$j$关联为同源航迹，即它们是由同一个编队成员产生的；否则，判决航迹$i$与$j$不关联。

需要注意的是，当两条有异源航迹（$\boldsymbol{W}_\alpha \cap \boldsymbol{W}_\beta \neq \varnothing$）同时关联到同一条航迹时，以上关联方法会造成多义性，这在密集编队或编队机动较大时较易出现。针对造成的航迹关联的多义性，需要适当地减小外推航迹长度$n_l$，以获得更可靠的外推航迹来进行关联，直到关联的多义性消除。

## 7.5 仿真比较与分析

为了验证该算法的性能及有效性，采用 1000 次 Monte-Carlo 仿真对本章提出的基于多源信息互补的编队航迹关联算法（Formation Track Correlation Algorithm Based on Complementary Multi-Source Information，CMSI-FTC 算法）、基于双重模糊拓扑的编队目标航迹关联算法（Formation Targets Track Correlation Algorithm With Systematic Errors Based on Double Fussy Topology，DFT-FTTC 算法）与修正的加权法[9]（Modified Weighted Track Correlation Algorithm，MWTC 算法）、基于目标不变信息量的模糊航迹对准关联算法[143]（Fuzzy Track Alignment-Correlation Algorithm Based on Target Invariable Information，TII-FTAC 算法）、基于目标参照拓扑的模糊航迹关联算法[144]（Fuzzy Data Association Based on Target Topology of Reference，TTR-FD 算法）进行仿真比较与分析。

### 7.5.1 仿真环境

设两部 2D 雷达的位置坐标分别为(0km，0km)、(0km，150km)，雷达的测向随机误差$\sigma_\theta = 0.2°$、测距随机误差$\sigma_\rho = 20\text{m}$，雷达的采样周期 $T$=1s。模

拟多编队目标在二维平面上进行稳态、机动态运动，在雷达观测区域内共存在由14个目标组成的4批编队，各编队的中心初始位置在观测区域内随机产生，各编队初始速度和航向的取值范围分别为80～120m/s和0～2πrad。为了比较各算法在不同仿真条件下的关联性能，设置以下4种典型的仿真环境。

环境1：模拟常见系统误差下的稀疏编队目标环境。在随机产生了4个编队的初始位置后，设第1批编队由4名成员组成，做匀速直线运动；第2批编队由3名成员组成，做编队分裂机动运动；第3批编队由5名成员组成，做小机动参数的稳态编队大半径转弯；第4批编队由2名成员组成，做匀速直线运动，但与第3批编队存在整体的航迹交叉。所有编队成员之间距离的取值范围为[600m,1000m]。两雷达的测距系统误差均为500m，测角系统误差分别为0.5°和−0.5°。雷达的目标发现概率为$P_\mathrm{d}=0.98$。

环境2：模拟常见系统误差下的密集编队目标环境。该环境下的编队运动模式与环境1相同，但编队成员之间距离的取值范围为[100m,300m]，其他参数同环境1。

环境3：模拟常见系统误差下的部分可辨稀疏编队目标环境。该目标环境的设定同环境1，雷达的目标发现概率为$P_\mathrm{d}=0.83$。在该环境下，采用本书第2、3、4、5、6章的算法先对各雷达量测进行跟踪，获得编队航迹后再对其进行关联融合。

环境4：模拟较大系统误差下部分可辨稀疏编队目标环境。两雷达的测距系统误差均为1000m，测角系统误差分别为1°和−1°，其他参数同环境3。

### 7.5.2 仿真结果与分析

为了对航迹关联效果采用统一的度量，采用3种概率评价指标[162]，即正确关联概率$E_\mathrm{c}$、错误关联概率$E_\mathrm{e}$、漏关联概率$E_\mathrm{s}$。对于部分可辨条件下的断续航迹关联，为了能与工程应用中的实际问题相对应，这里的正确关联指的是能确定一条完整的航迹，而不仅是对散乱的断续航迹进行简单对准。

表 7-1 所示为 4 种仿真环境下各算法航迹关联概率比较表。从表 7-1 中可以看出，随着环境条件的复杂性增加，各算法的正确关联概率降低，错误关联概率和漏关联概率上升。通过综合对比这 5 种关联算法在编队航迹条件下的关联结果，本章所提的 CMSI-FTC 显著优于其他 4 种算法，特别在部分可辨条件的环境中，仍具有较高的正确关联率，充分说明该算法可在异地配置的多传感器系统中有效地对复杂编队目标进行航迹的关联融合，获取更准确、更精练的战场态势；DFT-FTTC 算法的性能次之，该算法在目标发现概率较大时表现较好，但在部分可辨条件下，其正确关联概率显著下降，说明其对目标的信号强度依赖性较强；TII-FTAC 算法的性能再次，该算法在环境 1 和环境 2 中，对一般的编队航迹具有一定的关联能力，但对于部分可辨编队，其完全无法对其进行正确关联；TTR-FD 算法与 TII-FTAC 算法的特点相似，但性能不如 TII-FTAC 算法；MWTC 则基本无法对编队航迹进行有效的关联。

**表 7-1　各算法航迹关联概率比较表**

| 算法 | 指标 | 环境 1 | 环境 2 | 环境 3 | 环境 4 |
|---|---|---|---|---|---|
| CMSI-FTC | $E_c$ | 1 | 0.988 | 0.715 | 0.689 |
| | $E_e$ | 0 | 0.012 | 0 | 0 |
| | $E_s$ | 0 | 0 | 0.285 | 0.311 |
| MWTC | $E_c$ | 0.385 | 0 | 0 | 0 |
| | $E_e$ | 0.615 | 0.783 | 0 | 0 |
| | $E_s$ | 0 | 0.217 | 1 | 1 |
| DFT-FTTC | $E_c$ | 1 | 0.836 | 0.274 | 0.257 |
| | $E_e$ | 0 | 0.150 | 0 | 0 |
| | $E_s$ | 0 | 0.014 | 0.726 | 0.743 |
| TII-FTAC | $E_c$ | 0.996 | 0.381 | 0 | 0 |
| | $E_e$ | 0.004 | 0.498 | 0 | 0 |
| | $E_s$ | 0 | 0.121 | 1 | 1 |

续表

| 算法 | 指标 | 环境 1 | 环境 2 | 环境 3 | 环境 4 |
|---|---|---|---|---|---|
| TTR-FD | $E_c$ | 0.930 | 0.102 | 0 | 0 |
| | $E_e$ | 0.070 | 0.634 | 0 | 0 |
| | $E_s$ | 0 | 0.264 | 1 | 1 |

对比各算法在环境 1 与环境 2 条件下的关联结果可知，当编队的密集程度提高时，将显著影响多目标关联算法（MWTC、TII-FTAC、TTR-FD）的关联性能，但对编队互联算法（CMSI-FTC、DFT-FTTC）的影响不大，这说明在编队目标条件下，根据编队特点所提出的关联算法具有更好的适应性；对比各算法在环境 1 与环境 3 条件下的关联结果可知，部分可辨编队的断续航迹，将对关联结果的优劣起到重要作用，除了本章提出的 CMSI-FTC 算法有针对性地利用航迹互补性解决该问题，其他算法在该条件下的关联结果均显著下降，说明只有 CMSI-FTC 算法能有效应对部分可辨编队的航迹关联问题；对比各算法在环境 3 与环境 4 条件下的关联结果可知，在这两种条件下的关联结果变化不大，说明传感器系统误差的大小对各算法的性能没有明显影响，且说明各算法对系统误差不敏感。

综上所述，多目标关联算法（MWTC、TII-FTAC、TTR-FD）在多传感器编队航迹的关联上，明显不如编队航迹关联算法（CMSI-FTC、DFT-FTTC）的关联效果好。这是由于多目标关联算法没有针对编队目标行为相似性的特点进行设计，仅对特点鲜明的各个目标航迹进行航迹对准，因此不能很好地适应编队目标环境；而 DFT-FTTC 在一般的编队环境条件下表现较好，但在部分可辨条件下的效果就显著不如 CMSI-FTC 算法，这是由于 DFT-FTTC 算法仅考虑了编队航迹的特点，而没有对断续航迹的编队设计有效的解决策略。因此，本章提出的 CMSI-FTC 算法在复杂编队航迹条件下的关联效果优异，在部分可辨条件下仍具有很高的关联可靠性，并对传感器系统误差具有较好的健壮性。

表 7-2 所示为各算法在 4 种仿真环境中的单次运行耗时表。从表 7-2 中可以看出，在各种环境下，DFT-FTTC 算法的关联耗时最少，说明该算法的实时性最好；CMSI-FTC 算法与 TTR-FD 算法耗时略多，也具有较好的实时性；TII-FTAC 算法的耗时接近其他算法的 10 倍，说明该算法的时间复杂度太高，实时性较差。

表 7-2　各算法在 4 种仿真环境中的单次运行耗时表

| 算法 | 环境 1/ms | 环境 2/ms | 环境 3/ms | 环境 4/ms |
|---|---|---|---|---|
| CMSI-FTC | 17.35 | 17.80 | 18.42 | 18.29 |
| MWTC | 20.56 | 20.45 | 21.30 | 20.82 |
| DFT-FTTC | 15.65 | 16.12 | 15.76 | 15.23 |
| TII-FTAC | 138.43 | 136.55 | 131.39 | 130.71 |
| TTR-FD | 17.26 | 18.47 | 17.02 | 17.67 |

此外，通过对比同一算法在不同仿真环境中的耗时，可以看出，DFT-FTTC 算法耗时仅受到编队密集程度的影响，而不受系统误差、编队是否部分可辨的影响；CMSI-FTC 算法的耗时则不受编队密集程度和系统误差的影响，仅受部分可辨条件的影响。这两种针对编队航迹的关联算法的耗时差别不大，均具有良好的算法实时性，能满足多传感器系统对编队航迹关联的工程应用需求。另外，其他 3 种多目标关联算法由于关联效果较差，这里就不对其编队关联的实时性进行评价。

## 7.6　本章小结

本章基于系统误差下编队内目标航迹的特性，研究了系统误差下编队内目标航迹的关联问题。

本章 7.2 节提出了 DFT-FTTC 算法，该算法首先基于循环阈值模型对各传感器获得的航迹进行编队识别，然后利用编队中心航迹代替编队整体，基于系统误差对编队中心航迹的影响分析，建立第一重模糊拓扑关联模型，完成编队中心航迹的预互联和普通目标航迹的对准关联，最后基于预互联编队内目标航迹之间或与参照航迹关联对之间的拓扑关系建立第二重模糊拓扑关联模型，实现编队内目标航迹的精确关联。7.3 节提出了 EC-FTTC 算法，该算法首先完成编队航迹的识别和预互联，并基于编队航迹状态识别模型，搜索或建立分辨状态相同的预互联编队航迹，然后基于编队航迹系统误差估计模型和误差确认模型，获得最终的误差估计值并完成误差补偿，最后利用传统的航迹关联算法完成编队内目标航迹的精确关联。7.4 节提出了 CMSI-FTC 算法，该算法针对部分可辨编队条件，首先对编队航迹进行图像化描述，再采用图像处理中 Fourier 变换的方法对由系统误差造成的航迹对准的旋转角及平移量进行估计，然后利用部分可辨航迹的多视角信息互补性将已对准的航迹进行关联，最后基于编队整体运动模型对余下的断续航迹进行关联。7.5 节在统一的仿真环境下对本章算法的关联性能进行了综合分析，验证了本章算法的有效性和性能。

# 第 8 章　结论及展望

在现阶段信息融合的研究中，多传感器编队目标跟踪技术是其中的重点和难点，它的发展与位置级信息融合技术的发展紧密相关。本书针对目前多传感器编队目标跟踪领域中的关键技术进行了深入研究，主要体现在以下几个方面。

## 8.1　研究结论

### 1．研究了编队目标航迹起始算法

基于航迹起始阶段编队内各目标相对位置的缓慢漂移特性，利用灰色理论分别研究了单传感器和集中式多传感器探测下的编队内目标航迹起始算法。

（1）通过循环阈值模型、编队中心点实现编队的预分割、预互联，对预互联成功的编队搜索对应坐标系，建立编队中各量测的相对位置矢量，进而基于灰色互联模型完成编队内量测的关联，并基于航迹确认规则得到编队目标状态矩阵，给出了 RPV-FTGTI 算法。经仿真验证，与传统目标航迹起始算法中的 MLBM 算法和现有编队目标航迹起始算法中的 CHT-FTTI 算法相比，RPV-FTGTI 算法在起始真实航迹、抑制虚假航迹及杂波健壮性等方面的综合性能更加优越，能够在杂波环境下成功起始编队内的各个目标。

（2）通过灰色互联模型和量测合并模型分别消除同一传感器预互联编队

内的虚假量测和编队内多传感器对同一目标的冗余信息，将 RPV-FTGTI 算法扩展至集中式多传感器系统，给出了 CMS-FTGTI 算法。

基于航迹起始阶段编队内各目标运动模式的相似性，研究了集中式多传感器探测下的编队内目标航迹起始算法：通过非抢占式修正逻辑法和同状态航迹编队获取模型剔除单传感器形成的虚假航迹，并利用多传感器同状态编队关联模型剔除各传感器形成的虚假同状态航迹编队，进而基于加权法实现同状态关联编队内航迹的精确互联及合并，给出了 MS-CMS-FTTI 算法。

通过综合性能分析，可得出以下结论：CMS-FTGTI 算法和 MS-CMS-FTTI 算法能够较好地实现编队内目标的航迹起始；与经典的 DMS-MLBM 算法及现有编队目标航迹起始算法中的 CMS-CHT-MFTTI 算法相比，本书提出的 CMS-FTGTI 算法和 MS-CMS-FTTI 算法的正确起始概率及对杂波的健壮性明显优越；两者相比，MS-CMS-FTTI 算法的性能更优；从算法耗时上来看，CMS-FTGTI 算法和 MS-CMS-FTTI 算法大于其他两种算法，其中 CMS-FTGTI 算法的耗时最大，但当杂波不是特别密集时，实时性能满足工程需求；此外，CMS-FTGTI 算法和 MS-CMS-FTTI 算法受量测误差的影响大于其他两种算法，因为随着量测误差的增大，航迹起始阶段同一编队中各目标相对位置的缓慢漂移特性和运动相似性会相应变差。

针对部分可辨条件下编队目标的精细起始难题，提出了一种基于相位相关的部分可辨编队精细起始算法。首先采用基于坐标映射距离差分的快速群分割与基于编队中心点的预互联对雷达量测进行预处理，然后利用图像匹配中相位的相关特性，将相邻时刻编队结构进行补偿对准，解决了低目标发现概率情况下的编队结构对准问题。最后采用增加虚拟量测并后验判决的方式，结合最近邻法做编队航迹精细关联，在填补航迹缺失、增加正确航迹的同时抑制虚假航迹的产生。经仿真验证，与 Logic 算法、Group 算法相比，PC 算法在正确航迹起始率、抑制虚假航迹方面性能优势显著，且对环境杂波与雷达精度具有较好的健壮性，对目标发现概率具有较好的适应性。

### 2. 研究了复杂环境下的集中式多传感器编队目标跟踪技术

基于群分割中图解法的思想，研究了云雨杂波和带状干扰剔除算法：基于量测区域矩阵，利用进化权值矩阵表示出云雨杂波和带状干扰引发的量测密集现象，分别给出了云雨杂波剔除模型和带状干扰剔除模型，并通过仿真数据和实测数据验证了 TM-CMS-FTT 算法和 SAD-CMS-FTPF 算法的有效性。

基于相邻时刻同一编队内目标真实回波空间结构相对固定的特性，研究了集中式多传感器探测下非机动编队内目标的精确跟踪算法。

（1）通过预互联成功的编队状态集合与编队量测集合分别建立模板形状矩阵和待匹配形状矩阵，利用匹配搜索模型和匹配矩阵确认规则选出代价最小的匹配矩阵，并基于模板和对应的匹配矩阵利用 Kalman 滤波完成编队内各目标航迹的状态更新，给出了 TM-CMS-FTT 算法。

（2）利用形状方位描述符建立可唯一表示编队内各目标组成图形的形状矢量，然后基于落入编队内各目标相关波门内的量测集合，以编队内各目标可能关联量测构成的所有图形为对象，通过形状相似程度和量测与目标状态一步预测值的空间距离建立相似度模型，同时利用选主站的思想实现冗余图像的剔除，最后利用量测集合与对应的权值集合，基于粒子滤波给出了 SAD-CMS-FTPF 算法。

通过综合性能分析，可得出以下结论：TM-CMS-FTT 算法和 SAD-CMS-FTPF 算法均能够在杂波环境下实现非机动编队内目标的精确跟踪；与传统多传感器多目标跟踪算法中性能优越的基于数据压缩的 CMS-MHT 算法相比，TM-CMS-FTT 算法和 SAD-CMS-FTPF 算法在跟踪精度、有效跟踪率和算法耗时方面的性能均有较大程度的提高；两者相比，TM-CMS-FTT 算法的单次更新耗时略小，但 SAD-CMS-FTPF 算法的跟踪精度和有效跟踪率高一些，综合来看，SAD-CMS-FTPF 算法的性能更加优越。但这两种算法均无法解决机动编队目标的跟踪问题。

**3．研究了部分可辨条件下的稳态编队跟踪技术**

在部分可辨条件下稳态编队精细跟踪技术的研究中，提出了两种可对稳态编队进行有效跟踪的算法：具有较高效率优势的基于序贯航迹拟合的稳态 LS 算法与具有较高跟踪精度的 ICP 算法。

提出的 LS 算法，首先采用编队质心的历史航迹，采用最小二乘法拟合并外推下一时刻的航迹点；其次，根据编队拓扑的相对位置关系，获得某成员在下一时刻的外推信息；再次，提取传统滤波方法的预测点，定义了五种可能的关联事件，将拟合外推点与滤波预测点融合，增加了点迹–航迹互联时的信息量，使归属判决更加准确；最后，分别推导了不同事件发生时的状态更新方程与误差协方差更新方程，给出了其中参数的确定方法。

提出的 ICP 算法，首先将 ICP 算法思想应用于编队成员拓扑的点迹–航迹互联中，将 $k$ 时刻的位置状态估计通过最近点循环迭代逼近 $k+1$ 时刻的量测，在互联判决时采用双门限原则应对部分可辨所带来的漏观测问题，以提高互联时的容错性能；然后采用滑窗 $\alpha/\beta$ 逻辑的概率最近邻对漏观测航迹进行填补，以进一步保证跟踪的可靠性；最后，采用多模型法实现编队成员航迹滤波更新，以保证航迹的跟踪滤波精度。

通过综合性能分析，可得出以下结论：与现有的基于模版匹配的编队目标跟踪算法及经典的多假设多目标跟踪算法相比，上述两种算法均具有较高的跟踪精度，但前者运行耗时较低，具有更高的运行效率；后者的跟踪正确率最高，且在部分可辨条件下具有较高的跟踪精度与健壮性。

**4．研究了部分可辨条件下的机动编队跟踪技术**

编队的机动可分为两种基本模式：编队分裂与编队合并。为了在使机动前后归属不同编队的量测进行有效地关联，以获得机动时段内完整的成员航迹，提高编队在发生成员变动时的跟踪航迹稳定性，针对这两种模式分别提出了 GTA-SMCDTD 算法和 FMTA-TFA 算法。

提出的 GTA-SMCDTD 算法，首先根据群分割的特点，通过滑窗反馈的机制来判断分裂机动的发生时段，以及对分裂的形式进行判断分类，建立群目标分裂模型，从而将跟踪的对象聚焦在群成员个体上；然后采用序贯最小二乘的方式重建离群单目标的航迹，同时采用复数域拓扑描述的方式对编队成员之间相互关系进行表达，有效解决了编队内成员的点迹–航迹互联问题；最后，采用 Singer 法对已关联的航迹进行滤波更新。

提出的 FMTA-TFA 算法，首先根据编队合并的特点，通过将判决窗内的航迹与合并前航迹的对比，可对合并或交叉的类型进行判断分类，并以此建立了编队合并模型；然后采用模糊理论对编队成员的相对位置、速度、加速度等拓扑信息进行表达，有效地将跟踪的对象聚焦在群成员个体上；最后给出了同源航迹的对准关联方法，可有效对合并前后的航迹进行对接关联。

通过综合性能分析，可得出以下结论：这两个算法分别在编队分裂与合并条件下，与 DS-JPDA 算法、MHT-Singer 算法相比，在经典雷达环境及部分可辨条件下，均具有更好的跟踪精度及稳定性，对环境杂波具有较好的健壮性，且耗时稳定。

**5. 研究了集中式多传感器机动编队目标跟踪技术**

基于机动编队内目标的量测特性，研究了 4 种典型的机动编队目标跟踪模型。

（1）当编队目标发生整体机动时，先基于编队整体求取加速度，并实现编队内各目标的外推，然后以各目标外推点为中心建立关联波门，基于落入波门内的量测集合，通过杂波剔除模型及点迹合并模型实现关联量测的获取，最后利用 IMM 算法完成多传感器探测下编队内目标的状态估计，给出了编队整体机动跟踪模型。

（2）当编队目标发生分裂时，基于分裂后的多个编队量测，先利用编队整体机动跟踪模型，分别实现未分裂前编队内所有目标的状态更新，然后利用多帧互联模式，基于航迹质量终结虚假航迹，给出了编队分裂跟踪模型。

（3）当编队发生合并时，基于合并后的编队量测，先利用编队整体机动跟踪模型，分别实现未合并前多个编队内目标的状态更新，然后基于各目标间的空间距离和运动方式，利用循环阈值模型完成编队的重新识别，给出了编队合并跟踪模型。

（4）当编队目标发生分散时，以未分散前编队内各目标状态更新值为起点，利用四帧量测数据，基于航迹起始中修正的 3/4 逻辑法实现编队内目标的点迹–航迹互联，并利用 IMM 模型的思想对编队内的目标进行滤波，给出了编队分散跟踪模型。

基于联合概率数据互联和广义 S-D 分配的思想，研究了集中式多传感器探测下机动编队内目标的精确跟踪算法。

（1）先基于编队量测的中心点和编队航迹的中心航迹建立编队确认矩阵，然后通过编队确认矩阵的拆分得到多个编队互联矩阵，并推导出各互联矩阵为真的概率，最后基于各编队互联矩阵判断各编队目标的机动模式，利用相应的机动编队目标跟踪模型完成编队内目标的状态更新，并结合各互联矩阵为真的概率，基于加权平均的思想实现多传感器探测下机动编队内目标的实时估计，给出了 DSJPDA-MFTT 算法。

（2）先基于编队航迹和编队量测构造多个可行性划分，然后基于各可行性划分的代价函数构造 S-D 分配问题，最后基于最优的可行性划分判定各编队目标的机动模式，利用对应的机动编队目标跟踪模型实现编队内目标的状态更新，给出了 PGSDA-MFTT 算法。

通过综合性能分析，可得出以下结论：DSJPDA-MFTT 算法和 PGSDA-MFTT 算法均能较好地解决杂波下机动编队内目标的跟踪问题；与传统多传感器机动目标跟踪算法中性能优越的 CIMM-MSMHT 算法相比，这两种算法在跟踪精度、有效跟踪率和算法耗时三个方面的性能均表现优越；两者相比，DSJPDA-MFTT 算法跟踪精度和有效跟踪率高于 PGSDA-MFTT 算法，但后者的实时性略好，综合来看，DSJPDA-MFTT 算法的性能更加优越。但当用于探测的组网传感器存在系统误差时，本章算法不再适用。

**6．研究了系统误差下的编队目标航迹关联技术**

基于模糊拓扑和误差补偿理论，研究了系统误差下编队内目标的航迹关联算法。

（1）基于系统误差对编队中心航迹的影响分析，建立第一重模糊拓扑关联模型，完成编队中心航迹的预互联和普通目标航迹的对准关联，并基于预互联编队内目标航迹之间或与参照航迹关联对之间的拓扑关系建立第二重模糊拓扑关联模型，实现编队内目标航迹的精确关联，给出了 DFT-FTTC 算法；

（2）先基于编队航迹状态识别模型，搜索或建立分辨状态相同的预互联编队航迹，然后基于编队航迹系统误差估计模型和误差确认模型，获得最终的误差估计值并完成误差补偿，最后利用传统的航迹关联算法完成编队内目标航迹的精确关联，给出了 EC-FTTC 算法。

（3）在分布式多传感器编队航迹关联算法的研究中，为了有效解决部分可辨条件下的断续航迹特性，提出了 CMSI-FTC 算法。提出的 CMSI-FTC 算法，首先分析了传感器系统误差对编队成员航迹产生的影响，认为系统误差使不同方位传感器的跟踪结果具有仿射变换特性。然后对编队的航迹进行图像化描述，采用基于 Fourier 变换的方法对不同传感器上传的图像化航迹之间的旋转角及平移量进行估计，并进行补偿对准。再针对部分可辨航迹的多视角信息互补性将已对准的航迹进行关联，最后基于编队整体运动模型对余下的断续航迹进行关联。

通过综合性能分析，可得出以下结论：CMSI-FTC 算法可有效解决异地配置的多传感器条件下的编队航迹关联问题，具有显著优异的关联效果，特别在部分可辨编队条件下，关联可靠性高，且该算法对系统误差具有较好的健壮性，实时性好。

## 8.2 研究展望

本书对编队目标在单传感器跟踪、多传感器航迹融合等方面进行了研究，主要针对起始、跟踪和航迹关联等具体技术在实际应用中的问题提出了一些解决方法，但由于时间和实际条件的限制，该领域仍有许多值得进一步深入研究的内容。

### 1. 基于检测前跟踪技术的部分可辨编队跟踪算法

部分可辨目标属于弱目标，而近年来兴起的检测前跟踪（Detect Before Track，DBT）技术对弱目标的处理效果具有显著提升。由于DBT技术直接对传感器接收的信号进行处理，相比于传统处理方法，可获得更多的目标信息。编队目标在传感器端的信号特征较为密集，但具有一定的规律。若能有效掌握编队目标在信号层的行为规律，采用合适的方法进行提取，将大幅提升跟踪精度，也将对工程应用提供更多的理论基础。

### 2. 对于低慢小目标编队的跟踪算法

本书所研究的编队对象主要指飞行器编队，若编队的成员性质为低慢小目标，如海面舰船编队、人群等，从跟踪技术上来说，具有更大的挑战。当目标运动速度相较于传感器观测频率较低时，目标量测在较短时间内的运动方向极不稳定，当以编队形式出现时，获得的量测尤为混乱。如何找到一个有效的切入点解决这个难题，将大幅推进编队跟踪的发展，使其具有更广阔的应用前景。

### 3. 复杂环境下的编队跟踪算法

这里的复杂环境主要指编队中成员的相对运动比本书所设定的条件更加复杂。随着飞行器技术的日新月异，飞行器的个体机动能力越来越强、战术配合也越来越集成化。对该类具有极高协作能力的编队进行跟踪时，若没有有效的应对方法，在跟踪过程中容易造成跟踪的高度混乱及对态势估计的严重偏差。在本书已有研究的基础上，可更深入挖掘编队成员在复杂机动条件下的跟踪算法，具有极高的可研究性。

#### 4．编队跟踪算法的工程实现

随着编队跟踪领域的兴起，许多针对跟踪方法的研究也应运而生。但由于工程实测的编队数据量较小，且常常存在保密等现实问题，不能广泛地应用于学术研究。此外，编队跟踪需要的实测实验所需的成本较高，这都在一定程度上阻碍了该领域的发展。因此，随着硬件成本的降低及管理模式的完善，相信编队跟踪的工程实践成果将越来越多，编队跟踪理论也将获得飞速发展。

# 附录A 式（2-17）中阈值参数$\varepsilon$的推导

设$Z_1$, $Z_2$为相邻时刻预互联成功的两个编队，为了方便讨论，定义$Z_1$中的$\{z_{11}, z_{12}, z_{13}\}$与$Z_2$中的$\{z_{21}, z_{22}, z_{23}\}$分别在相邻时刻对应目标$\{t_1, t_2, t_3\}$。其中，$z_{12}, z_{13}$构成基本坐标系，$z_{22}, z_{23}$构成参考坐标系。

（1）推导量测误差对量测直角坐标的影响。设量测误差标准差为$\boldsymbol{\sigma} = [\sigma_\rho \ \ \sigma_\theta]^{\mathrm{T}}$，$z_{11} = [x_{11} \ y_{11}]^{\mathrm{T}} = [\rho_{11} \ \ \theta_{11}]^{\mathrm{T}}$，与其对应的目标真实量测为$z'_{11} = [x'_{11} \ y'_{11}]^{\mathrm{T}} = [\rho'_{11} \ \ \theta'_{11}]^{\mathrm{T}}$，则

$$\begin{aligned}x'_{11} &= \rho'_{11}\cos\theta'_{11} = (\rho_{11} + \Delta\rho_{11})\cos(\theta_{11} + \Delta\theta_{11}) \\ &= \rho_{11}\cos\theta_{11}\cos\Delta\theta_{11} - \rho_{11}\sin\theta_{11}\sin\Delta\theta_{11} + \\ &\quad\ \Delta\rho_{11}\cos\theta_{11}\cos\Delta\theta_{11} + \Delta\rho_{11}\sin\theta_{11}\sin\Delta\theta_{11} \\ &\approx x_{11}\cos\Delta\theta_{11} - y_{11}\sin\Delta\theta_{11} + \Delta\rho_{11}\cos\theta_{11}\end{aligned} \tag{A-1}$$

式中，$\Delta\rho_{11} \in [-\sigma_\rho \ \ \sigma_\rho]$，$\Delta\theta_{11} \in [-\sigma_\theta \ \ \sigma_\theta]$，则

$$x_{11} - x'_{11} = x_{11}(1 - \cos\Delta\theta_{11}) + y_{11}\sin\Delta\theta_{11} - \Delta\rho_{11}\cos\theta_{11} \tag{A-2}$$

同理可得

$$y_{11} - y'_{11} = y_{11}(1 - \cos\Delta\theta_{11}) - x_{11}\sin\Delta\theta_{11} - \Delta\rho_{11}\sin\theta_{11} \tag{A-3}$$

经推导可得

$$\begin{cases} x_{11} - x'_{11} \in [x_{11}(1 - \cos\sigma_\theta) - |y_{11}\sin\sigma_\theta| - |\sigma_\rho\cos\theta_{11}|, \\ \qquad\qquad\quad x_{11}(1 - \cos\sigma_\theta) + |y_{11}\sin\sigma_\theta| + |\sigma_\rho\cos\theta_{11}|] \\ y_{11} - y'_{11} \in [y_{11}(1 - \cos\sigma_\theta) - |x_{11}\sin\sigma_\theta| - |\sigma_\rho\sin\theta_{11}|, \\ \qquad\qquad\quad y_{11}(1 - \cos\sigma_\theta) + |x_{11}\sin\sigma_\theta| + |\sigma_\rho\sin\theta_{11}|] \end{cases} \tag{A-4}$$

同理适用于 $z_{12}, z_{13}$。

（2）推导直角坐标系下量测误差对相对位置矢量的影响。设 $z_{01} = z_{11} - \dfrac{z_{12} + z_{13}}{2} = [x_{01}\ y_{01}]^{\mathrm{T}}$，其真实值为 $z'_{01} = z'_{11} - \dfrac{z'_{12} + z'_{13}}{2} = [x'_{01}\ y'_{01}]^{\mathrm{T}}$，则

$$\begin{aligned} x_{01} - x'_{01} &= \frac{2(x_{11} - x'_{11}) - (x_{12} - x'_{12}) - (x_{13} - x'_{13})}{2} \\ &\geqslant \frac{[(2x_{11} - x_{12} - x_{13})(1 - \cos\sigma_\theta) - (|y_{11}| + |y_{12}| + |y_{13}|)\sin\sigma_\theta}{2} - \\ &\quad \frac{(|\cos\theta_{11}| + |\cos\theta_{12}| + |\cos\theta_{13}|)\sigma_\rho}{2} \end{aligned} \tag{A-5}$$

因为 $\{z_{11}, z_{12}, z_{13}\}$ 属于同一预分割编队，所以

$$|x_{11} - x_{12}| \leqslant d_0,\ \leqslant |x_{11} - x_{13}|\, d_0 \tag{A-6}$$

式中，$d_0$ 为编队分割阈值，所以 $\dfrac{|2x_{11} - x_{12} - x_{13}|}{2} \leqslant d_0$。又因为 $\sigma_\theta$ 取值较小，所以 $\dfrac{(2x_{11} - x_{12} - x_{13})(1 - \cos\sigma_\theta)}{2} \approx 0$，$\sin\Delta\theta \approx \Delta\theta$。式（A-5）可化简为

$$\begin{aligned} x_{01} - x'_{01} &\geqslant -\frac{(|y_{11}| + |y_{12}| + |y_{13}|)\sigma_\theta + (|\cos\theta_{11}| + |\cos\theta_{12}| + |\cos\theta_{13}|)\sigma_\rho}{2} \\ &= -(A_{01}\sigma_\theta + B_{01}\sigma_\rho) \end{aligned} \tag{A-7}$$

式中，$A_{01} = \dfrac{|y_{11}| + |y_{12}| + |y_{13}|}{2}$, $B_{01} = \dfrac{|\cos\theta_{11}| + |\cos\theta_{12}| + |\cos\theta_{13}|}{2}$。

所以，经推导得

$$x_{01} - x'_{01} \in [-(A_{01}\sigma_\theta + B_{01}\sigma_\rho), A_{01}\sigma_\theta + B_{01}\sigma_\rho] \tag{A-8}$$

同理可得

$$y_{01} - y'_{01} \in [-(C_{01}\sigma_\theta + D_{01}\sigma_\rho), C_{01}\sigma_\theta + D_{01}\sigma_\rho] \tag{A-9}$$

式中，$C_{01}=\dfrac{|x_{11}|+|x_{12}|+|x_{13}|}{2}$；$D_{01}=\dfrac{|\sin\theta_{11}|+|\sin\theta_{12}|+|\sin\theta_{13}|}{2}$。

（3）推导极坐标系下量测误差对相对位置矢量的影响。设 $w_{01}=\mathrm{Pol}(x_{01},y_{01})=(\rho_{01},\theta_{01})$，其真实值为 $w'_{01}=\mathrm{Pol}(x'_{01},y'_{01})=(\rho'_{01},\theta'_{01})$。式（A-8）和式（A-9）定义了直角坐标系下相对位置矢量偏离真实值的范围，经推导得

$$\rho_{01}-\rho'_{01}\in[-E_{01},E_{01}],\ \theta_{01}-\theta'_{01}\in[-F_{01},F_{01}] \tag{A-10}$$

式中，

$$\begin{cases}E_{01}=\sqrt{({A_{01}}^2+{B_{01}}^2)\sigma_\theta^2+({C_{01}}^2+{D_{01}}^2)\sigma_\rho^2+2(A_{01}B_{01}+C_{01}D_{01})\sigma_\theta\sigma_\rho}\\ F_{01}=\max(|\arctan\dfrac{A_{01}\sigma_\theta+B_{01}\sigma_\rho}{C_{01}\sigma_\theta+D_{01}\sigma_\rho}|,|\arctan\dfrac{C_{01}\sigma_\theta+D_{01}\sigma_\rho}{A_{01}\sigma_\theta+B_{01}\sigma_\rho}|)\end{cases} \tag{A-11}$$

同理可得，$z_{21}$ 在参考坐标系中的相对位置矢量 $w_{02}$ 偏离真实值的范围为

$$\rho_{02}-\rho'_{02}\in[-E_{02},E_{02}],\ \theta_{02}-\theta'_{02}\in[-F_{02},F_{02}] \tag{A-12}$$

（4）基于式（A-10）和式（A-12）及式（2-14）和式（2-15），可得 $\gamma\in[\varepsilon,1]$，其中

$$\varepsilon=\frac{\sigma(\theta)\sigma_{\max}(\rho)G(\rho)+\sigma(\theta)\sigma_{\max}(\rho)G(\theta)}{\sigma(\rho)\sigma_{\max}(\theta)+\sigma(\theta)\sigma_{\max}(\rho)} \tag{A-13}$$

式中，$G(\rho)=\dfrac{\sigma(\rho)}{\sigma(\rho)+(E_{01}+E_{02})}$，$G(\theta)=\dfrac{\sigma(\theta)}{\sigma(\theta)+(F_{01}+F_{02})}$。

# 附录B 式（7-19）的推导

基于式（7-18），首先推导 $\Delta C_x$ 的表达式，令

$$a=(r_{\mathrm{A}}^{m}-\Delta r_{\mathrm{A}})\cos(\theta_{\mathrm{A}}^{m}-\Delta\theta_{\mathrm{A}})+x_{\mathrm{A}} \tag{B-1}$$

$$b=(r_{\mathrm{B}}^{n}-\Delta r_{\mathrm{B}})\cos(\theta_{\mathrm{B}}^{n}-\Delta\theta_{\mathrm{B}})+x_{\mathrm{B}} \tag{B-2}$$

将式（7-16）、式（7-17）代入式（B-1）、式（B-2）得

$$\begin{aligned}
a&=x_{\mathrm{A}}+\frac{1}{g_{\mathrm{A}}^{m}}\sum_{l=1}^{g_{\mathrm{A}}^{m}}(r_{\mathrm{A}l}^{m}-\Delta r_{\mathrm{A}})\cos(\theta_{\mathrm{A}l}^{m}-\Delta\theta_{\mathrm{A}})+\\
&\quad\frac{1}{g_{\mathrm{A}}^{m}}\sum_{l=1}^{g_{\mathrm{A}}^{m}}(r_{\mathrm{A}l}^{m}-\Delta r_{\mathrm{A}})[\cos(\frac{1}{g_{\mathrm{A}}^{m}}\sum_{l=1}^{g_{\mathrm{A}}^{m}}\theta_{\mathrm{A}l}^{m}-\Delta\theta_{\mathrm{A}})-\cos(\theta_{\mathrm{A}l}^{m}-\Delta\theta_{\mathrm{A}})]\\
&=\frac{1}{g_{\mathrm{A}}^{m}}\sum_{l=1}^{g_{\mathrm{A}}^{m}}\left[(r_{\mathrm{A}l}^{m}-\Delta r_{\mathrm{A}})\cos(\theta_{\mathrm{A}l}^{m}-\Delta\theta_{\mathrm{A}})+x_{\mathrm{A}}+a_{l}\right]
\end{aligned} \tag{B-3}$$

同理可得

$$\begin{aligned}
b&=x_{\mathrm{B}}+\frac{1}{g_{\mathrm{B}}^{n}}\sum_{l=1}^{g_{\mathrm{B}}^{n}}(r_{\mathrm{B}l}^{n}-\Delta r_{\mathrm{B}})\cos(\theta_{\mathrm{B}l}^{n}-\Delta\theta_{\mathrm{B}})+\\
&\quad\frac{1}{g_{\mathrm{B}}^{n}}\sum_{l=1}^{g_{\mathrm{B}}^{n}}(r_{\mathrm{B}l}^{n}-\Delta r_{\mathrm{B}})[\cos(\frac{1}{g_{\mathrm{B}}^{n}}\sum_{l=1}^{g_{\mathrm{B}}^{n}}\theta_{\mathrm{B}l}^{n}-\Delta\theta_{\mathrm{B}})-\cos(\theta_{\mathrm{B}l}^{n}-\Delta\theta_{\mathrm{B}})]\\
&=\frac{1}{g_{\mathrm{B}}^{n}}\sum_{l=1}^{g_{\mathrm{B}}^{n}}\left[(r_{\mathrm{B}l}^{n}-\Delta r_{\mathrm{B}})\cos(\theta_{\mathrm{B}l}^{n}-\Delta\theta_{\mathrm{B}})+x_{\mathrm{B}}+b_{l}\right]
\end{aligned} \tag{B-4}$$

因为预互联编队 $G_{\mathrm{A}}^{m}$ 和 $G_{\mathrm{B}}^{n}$ 的分辨状态一致，所以

$$\sum_{l=1}^{g_{\mathrm{A}}^{n}}[(r_{\mathrm{A}l}^{m}-\Delta r_{\mathrm{A}})\cos(\theta_{\mathrm{A}l}^{m}-\Delta\theta_{\mathrm{A}})+x_{\mathrm{A}}]=\sum_{l=1}^{g_{\mathrm{B}}^{n}}[(r_{\mathrm{B}l}^{n}-\Delta r_{\mathrm{A}})\cos(\theta_{\mathrm{B}l}^{n}-\Delta\theta_{\mathrm{A}})+x_{\mathrm{B}}] \quad \text{(B-5)}$$

将式（B-3）、式（B-4）、式（B-5）代入式（5-18）得

$$\Delta C_x=a-b=\frac{1}{g_{\mathrm{A}}^{m}}\sum_{l=1}^{g_{\mathrm{A}}^{m}}[a_l-b_l] \quad \text{(B-6)}$$

对$a_l$、$b_l$进行泰勒级数展开，则

$$\begin{aligned}a_l=&-2r_{\mathrm{A}l}^{m}\sin\frac{\sum_{l'=1}^{g_{\mathrm{A}}^{m}}\theta_{\mathrm{A}l'}^{m}-g_{\mathrm{A}}^{m}\theta_{\mathrm{A}l}^{m}}{2g_{\mathrm{A}}^{m}}\sin\frac{\sum_{l'=1}^{g_{\mathrm{A}}^{m}}\theta_{\mathrm{A}l'}^{m}+g_{\mathrm{A}}^{m}\theta_{\mathrm{A}l}^{m}}{2g_{\mathrm{A}}^{m}}+\\&2r_{\mathrm{A}l}^{m}\sin\frac{\sum_{l'=1}^{g_{\mathrm{A}}^{m}}\theta_{\mathrm{A}l'}^{m}-g_{\mathrm{A}}^{m}\theta_{\mathrm{A}l}^{m}}{2g_{\mathrm{A}}^{m}}\cos\frac{\sum_{l'=1}^{g_{\mathrm{A}}^{m}}\theta_{\mathrm{A}l'}^{m}+g_{\mathrm{A}}^{m}\theta_{\mathrm{A}l}^{m}}{2g_{\mathrm{A}}^{m}}\Delta\theta_{\mathrm{A}}+\\&2\sin\frac{\sum_{l'=1}^{g_{\mathrm{A}}^{m}}\theta_{\mathrm{A}l'}^{m}-g_{\mathrm{A}}^{m}\theta_{\mathrm{A}l}^{m}}{2g_{\mathrm{A}}^{m}}\sin\frac{\sum_{l'=1}^{g_{\mathrm{A}}^{m}}\theta_{\mathrm{A}l'}^{m}+g_{\mathrm{A}}^{m}\theta_{\mathrm{A}l}^{m}}{2g_{\mathrm{A}}^{m}}\Delta r_{\mathrm{A}}\end{aligned} \quad \text{(B-7)}$$

$$\begin{aligned}b_l=&-2r_{\mathrm{B}l}^{m}\sin\frac{\sum_{l'=1}^{g_{\mathrm{B}}^{m}}\theta_{\mathrm{B}l'}^{m}-g_{\mathrm{B}}^{m}\theta_{\mathrm{B}l}^{m}}{2g_{\mathrm{B}}^{m}}\sin\frac{\sum_{l'=1}^{g_{\mathrm{B}}^{m}}\theta_{\mathrm{B}l'}^{m}+g_{\mathrm{B}}^{m}\theta_{\mathrm{B}l}^{m}}{2g_{\mathrm{B}}^{m}}+\\&2r_{\mathrm{B}l}^{m}\sin\frac{\sum_{l'=1}^{g_{\mathrm{B}}^{m}}\theta_{\mathrm{B}l'}^{m}-g_{\mathrm{B}}^{m}\theta_{\mathrm{B}l}^{m}}{2g_{\mathrm{B}}^{m}}\cos\frac{\sum_{l'=1}^{g_{\mathrm{B}}^{m}}\theta_{\mathrm{B}l'}^{m}+g_{\mathrm{B}}^{m}\theta_{\mathrm{B}l}^{m}}{2g_{\mathrm{B}}^{m}}\Delta\theta_{\mathrm{B}}+\\&2\sin\frac{\sum_{l'=1}^{g_{\mathrm{B}}^{m}}\theta_{\mathrm{B}l'}^{m}-g_{\mathrm{B}}^{m}\theta_{\mathrm{B}l}^{m}}{2g_{\mathrm{B}}^{m}}\sin\frac{\sum_{l'=1}^{g_{\mathrm{B}}^{m}}\theta_{\mathrm{B}l'}^{m}+g_{\mathrm{B}}^{m}\theta_{\mathrm{B}l}^{m}}{2g_{\mathrm{B}}^{m}}\Delta r_{\mathrm{B}}\end{aligned} \quad \text{(B-8)}$$

将式（B-7）、式（B-8）代入式（B-6）可得$\Delta C_x$的表达式。同理可得$\Delta C_y$的表达式。将$\Delta C_x$、$\Delta C_y$的表达式代入式（7-18）可得

$$
\begin{aligned}
&(-\cos\theta_{\mathrm{A}}^{m}-\frac{2}{g_{\mathrm{A}}^{m}}\sum_{l=1}^{g_{\mathrm{A}}^{m}}\sin\frac{\sum_{l'=1}^{g_{\mathrm{A}}^{m}}\theta_{\mathrm{A}l'}^{m}-g_{\mathrm{A}}^{m}\theta_{\mathrm{A}l}^{m}}{2g_{\mathrm{A}}^{m}}\sin\frac{\sum_{l'=1}^{g_{\mathrm{A}}^{m}}\theta_{\mathrm{A}l'}^{m}+g_{\mathrm{A}}^{m}\theta_{\mathrm{A}l}^{m}}{2g_{\mathrm{A}}^{m}})\Delta r_{\mathrm{A}}^{m}+\\
&(\cos\theta_{\mathrm{B}}^{n}+\frac{2}{g_{\mathrm{B}}^{n}}\sum_{l=1}^{g_{\mathrm{B}}^{n}}\sin\frac{\sum_{l'=1}^{g_{\mathrm{B}}^{n}}\theta_{\mathrm{B}l'}^{n}-g_{\mathrm{B}}^{n}\theta_{\mathrm{B}l}^{n}}{2g_{\mathrm{B}}^{n}}\sin\frac{\sum_{l'=1}^{g_{\mathrm{B}}^{n}}\theta_{\mathrm{B}l'}^{n}+g_{\mathrm{B}}^{n}\theta_{\mathrm{B}l}^{n}}{2g_{\mathrm{B}}^{n}})\Delta r_{\mathrm{B}}^{n}+\\
&(r_{\mathrm{A}}^{m}\sin\theta_{\mathrm{A}}^{m}-\frac{2}{g_{\mathrm{A}}^{m}}\sum_{l=1}^{g_{\mathrm{A}}^{m}}r_{\mathrm{A}l}^{m}\sin\frac{\sum_{l'=1}^{g_{\mathrm{A}}^{m}}\theta_{\mathrm{A}l'}^{m}-g_{\mathrm{A}}^{m}\theta_{\mathrm{A}l}^{m}}{2g_{\mathrm{A}}^{m}}\cos\frac{\sum_{l'=1}^{g_{\mathrm{A}}^{m}}\theta_{\mathrm{A}l'}^{m}+g_{\mathrm{A}}^{m}\theta_{\mathrm{A}l}^{m}}{2g_{\mathrm{A}}^{m}})\Delta\theta_{\mathrm{A}}^{m}+\\
&(-r_{\mathrm{B}}^{n}\sin\theta_{\mathrm{B}}^{n}+\frac{2}{g_{\mathrm{B}}^{n}}\sum_{l=1}^{g_{\mathrm{B}}^{n}}r_{\mathrm{B}l}^{n}\sin\frac{\sum_{l'=1}^{g_{\mathrm{B}}^{n}}\theta_{\mathrm{B}l'}^{n}-g_{\mathrm{B}}^{n}\theta_{\mathrm{B}l}^{n}}{2g_{\mathrm{B}}^{n}}\cos\frac{\sum_{l'=1}^{g_{\mathrm{B}}^{n}}\theta_{\mathrm{B}l'}^{n}+g_{\mathrm{B}}^{n}\theta_{\mathrm{B}l}^{n}}{2g_{\mathrm{B}}^{n}})\Delta\theta_{\mathrm{B}}^{n}\\
&=-\frac{2}{g_{\mathrm{A}}^{m}}\sum_{l=1}^{g_{\mathrm{A}}^{m}}r_{\mathrm{A}l}^{m}\sin\frac{\sum_{l'=1}^{g_{\mathrm{A}}^{m}}\theta_{\mathrm{A}l'}^{m}-g_{\mathrm{A}}^{m}\theta_{\mathrm{A}l}^{m}}{2g_{\mathrm{A}}^{m}}\sin\frac{\sum_{l'=1}^{g_{\mathrm{A}}^{m}}\theta_{\mathrm{A}l'}^{m}+g_{\mathrm{A}}^{m}\theta_{\mathrm{A}l}^{m}}{2g_{\mathrm{A}}^{m}}+\\
&\frac{2}{g_{\mathrm{B}}^{n}}\sum_{l=1}^{g_{\mathrm{B}}^{n}}r_{\mathrm{B}l}^{n}\sin\frac{\sum_{l'=1}^{g_{\mathrm{B}}^{n}}\theta_{\mathrm{B}l'}^{n}-g_{\mathrm{B}}^{n}\theta_{\mathrm{B}l}^{n}}{2g_{B}^{n}}\sin\frac{\sum_{l'=1}^{g_{\mathrm{B}}^{n}}\theta_{\mathrm{B}l'}^{n}+g_{\mathrm{B}}^{n}\theta_{\mathrm{B}l}^{n}}{2g_{\mathrm{B}}^{n}}+\\
&r_{\mathrm{B}}^{n}\cos\theta_{\mathrm{B}}^{n}-r_{\mathrm{A}}^{m}\cos\theta_{\mathrm{A}}^{m}+x_{\mathrm{B}}-x_{\mathrm{A}}
\end{aligned}
\tag{B-9}
$$

将式（B-9）表示为式（7-19），即

$$
\begin{cases}
h_{1x}\Delta r_{\mathrm{A}}+h_{2x}\Delta r_{\mathrm{B}}+h_{3x}\Delta\theta_{\mathrm{A}}+h_{4x}\Delta\theta_{\mathrm{B}}=\widehat{z}_{x}\\
h_{1y}\Delta r_{\mathrm{A}}+h_{2y}\Delta r_{\mathrm{B}}+h_{3y}\Delta\theta_{\mathrm{A}}+h_{4y}\Delta\theta_{\mathrm{B}}=\widehat{z}_{y}
\end{cases}
\tag{B-10}
$$

利用三角函数中的积化和差公式，简化式（B-10）中的变量$h_{1x}$，则

$$
h_{1x}=-\cos\theta_{\mathrm{A}}^{m}-\frac{2}{g_{\mathrm{A}}^{m}}\sum_{l=1}^{g_{\mathrm{A}}^{m}}\sin\frac{\sum_{l'=1}^{g_{\mathrm{A}}^{m}}\theta_{\mathrm{A}l'}^{m}-g_{\mathrm{A}}^{m}\theta_{\mathrm{A}l}^{m}}{2g_{\mathrm{A}}^{m}}\sin\frac{\sum_{l'=1}^{g_{\mathrm{A}}^{m}}\theta_{\mathrm{A}l'}^{m}+g_{\mathrm{A}}^{m}\theta_{\mathrm{A}l}^{m}}{2g_{\mathrm{A}}^{m}}
$$

$$=-\cos\frac{\sum_{l=1}^{g_{\mathrm{A}}^{m}}\theta_{\mathrm{A}l}^{m}}{g_{\mathrm{A}}^{m}}-\frac{2}{g_{\mathrm{A}}^{m}}\sum_{l=1}^{g_{\mathrm{A}}^{m}}\frac{\cos\theta_{\mathrm{A}l}^{m}-\cos\frac{\sum_{l=1}^{g_{\mathrm{A}}^{m}}\theta_{\mathrm{A}l}^{m}}{g_{\mathrm{A}}^{m}}}{2} \tag{B-11}$$

$$=-\frac{1}{g_{\mathrm{A}}^{m}}\sum_{l=1}^{g_{\mathrm{A}}^{m}}\cos\theta_{\mathrm{A}l}^{m}$$

同理，可简化式（7-19）中的其他变量，最终结果同式（7-20）和式（7-21），推导完毕。

# 参 考 文 献


[1] 耿文东. 编队目标跟踪综述[C]. 第十届全国雷达学术年会, 2008.

[2] 邢凤勇, 熊伟, 王海鹏. 基于聚类和 Hough 变换的多编队航迹起始算法[J]. 海军航空工程学院学报, 2010, (25)6: 624-629.

[3] 周大庆, 耿文东, 倪春雷. 基于编队目标重心的航迹起始方法研究[J]. 无线电工程, 2010, 40(2): 32-34.

[4] BINIAS G. The Formation Tracking Procedure for Tracking in Dense Target Environment[C]. Proceedings of AGARD Conference, 1979.

[5] FLAD E H. Tracking of Formation Flying Aircraft[C]. Proceedings of the IEE International Radar Conference, 1977.

[6] GVAN K, FGAN F. MHT Extraction and Track Maintenance of a Target Formation[J] .IEEE Transactions on Aerospace and Electronic System, 2002, 38(1): 288-294.

[7] 何友, 修建娟, 张晶炜. 雷达数据处理及应用 [M]. 2 版. 北京: 电子工业出版社, 2009.

[8] 何友, 王国宏, 关欣. 信息融合理论及应用[M]. 北京: 电子工业出版社, 2010.

[9] 何友, 王国宏, 陆大绘. 多传感器信息融合及应用 [M]. 2 版. 北京: 电子工业出版社, 2007.

[10] BAR SHALOM Y, Li X R. Multitarget-Multi-sensor Tracking: Principles and Technique[M]. Stors, CT: YBS Publishing, 1995.

[11] 王润生. 信息融合[M]. 北京: 科学出版社, 2007.

[12] 杨露菁. 多传感器数据融合手册[M]. 北京: 电子工业出版社, 2008.

[13] MAHLER, RONALD P S. Statistical Multisource-multitarget Information Fusion[M]. Norwood: Artech House, 2007.

[14] 韩崇昭, 朱洪艳, 段战胜. 多源信息融合[M]. 北京: 清华大学出版社, 2006.

[15] 王小非. C3I 系统中的数据融合技术[M]. 哈尔滨: 哈尔滨工业大学出版社, 2006.

[16] NIU RUIXIN, BLUM R S, VARSHNEY P K. Target Localization and Tracking in Noncoherent Multiple-Input Multiple-Output Radar Systems[J]. IEEE Transactions on Aerospace and Electronic Systems, 2012, 48(2): 1466-1489.

[17] HUANG C, CHEN H W, LU J Q. Partial-Information-Based Distributed Filtering in Two-Targets Tracking Sensor Networks[J]. IEEE Transactions on Circuits and Systems I: Regular Papers, 2012, 59(4): 820-832.

[18] WIENEKE M, KOCH W. A PMHT Approach for Extended Objects and Object Groups[J].

IEEE Transactions on Aerospace and Electronic Systems, 2012, 48(3): 2349-2370.

[19] ZHOU X Z, LU Y, LU J W. Abrupt Motion Tracking Via Intensively Adaptive Markov-Chain Monte Carlo Sampling[J]. IEEE Transactions on Image Processing, 2012, 21(2): 789-801.

[20] SONG T L, MUSICKI D, KIM D S. Gaussian Mixtures in Multi-target Tracking: a Look at Gaussian Mixture Probability Hypothesis Density and Integrated Track Splitting [J]. IET Radar, Sonar and Navigation, 2012, 6 (5): 359-364.

[21] CHENG R, HEINZELMAN W, STURGE APPLE M. A Motion-Tracking Ultrasonic Sensor Array for Behavioral Monitoring[J]. IEEE Sensors Journal, 2012, 12(3): 707-712.

[22] BAE S H, KIM D Y, YOON J H. Automated Multi-target Tracking with Kinematic and Non-kinematic Information[J]. IET Radar, Sonar and Navigation, 2012, 6(4): 272-281.

[23] SIGALOV D, SHIMKIN N. Cross Entropy Algorithms for Data Association in Multi-target Tracking[J]. IEEE Transactions on Aerospace and Electronic Systems, 2011, 47(2): 1166-1185.

[24] RISTIC B, BA NGU V, CLARK D. A Metric for Performance Evaluation of Multi-target Tracking Algorithms[J]. IEEE Transactions on Signal Processing, 2011, 59(7): 3452-3457.

[25] YU J J, LAVALLE S.M. Shadow Information Spaces: Combinatorial Filters for Tracking Targets[J]. IEEE Transactions on Robotics, 2012, 28(2): 440-456.

[26] JU H Y, DU Y K, SEUNG H B, et al. Joint Initialization and Tracking of Multiple Moving Objects Using Doppler Information[J]. IEEE Transactions on Signal Processing, 2011, 59(7): 3447-3452.

[27] YANG W, FU Y W, LONG J Q. Joint Detection, Tracking, and Classification of Multiple Targets in Clutter using the PHD Filter[J]. IEEE Transactions on Aerospace and Electronic Systems, 2012, 48(4): 3594-3609.

[28] TOU J T, GONZALEZEZ R C. Pattern Recognition Principles[M]. London: Addison-Wesley Publishing Company, 1974.

[29] SHYU H C, Lin Y T, Yang J M. The Group Tracking of Targets on Sea Surface by 2-D Search Radar[C]. IEEE International Radar Conference. 1995.

[30] WANG H L, WANG D S, TIAN L S. A New Algorithm for Group Tracking[C]. Proceedings of 2001 CIE International Conference on Radar. 2001, 7.

[31] 耿文东. 基于群目标几何中心的群起始算法研究[J]. 系统工程与电子技术, 2008, 30(2): 269-272.

[32] YANG C Y, QU J M, MAO S Y. An initialization method for group tracking [C]. Proceedings of the IEEE 1995 National Aerospace and Electronics Conference, 1995.

[33] Frazier. An Algorithm for Tracking of Moving Sets[R]. Report No. ECOM-0510-4, AD-B015080L, 1976.

[34] LI Y S, WANG W L, QIAO Y J, JIANG T. Evaluation on the Anti-ship Missile Penetration Ability of the Aircraft Carrier Formation Based on Queuing Theory[C]. 2009 International Joint Conference on Computational Sciences and Optimization, 2009.

[35] BINIAS G. Compute Controlled Tracking in Dense Target Environment Using a Phased Array Antenna[C]. 1977 IEE Conference on Radar, 1977.
[36] TAENZER E. Tracking Multiple Targets Simultaneously with a Phased Array Radar[J]. IEEE Transactions on Aerospace and Electronic System, 1980, 16(5): 604-614.
[37] FARINA A. Radar Data Processing [M]. New York: Research Studies Press LTD, 1985.
[38] S S BLACKMAN. Design and Analysis of Modern Tracking Systems[M]. Norwood, MA:Artech House. 1999.
[39] GENNARI G , HAGER G D. Probabilistic Data Association Methods in Visual Tracking of Groups[C]. Proceedings of the 2004 IEEE Computer Society Conference on Computer Vision and Pattern Recognition, 2004.
[40] AMADOU G , LYUDMILA M. Ground Target Group Structure and State Estimation with Particle Filtering[J]. IEEE Transactions on Auto Control, 2010, 37(5): 1-8.
[41] Koch W, van Keuk G. Multiple Hypothesis Track Maintenance with Possibly Unresolved Measurements[J]. IEEE Transactions on Aerospace and Electronic Systems, 1997, 33(3): 883-892.
[42] PETER J S, KATHLEEN A. Group Tracking Using Genetic Algorithms[C]. ISIF, 2003.
[43] JAMES P F. Group Tracking on Dynamic Networks[C]. 12th International Conference on Information Fusion, 2009.
[44] SHOZO M, CHONG C Y. Tracking of Groups of Targets Using Generalized Janossy Measure Density Function [C]. IEEE International Conference on Radar, 2006.
[45] CLARK D, GODSILL S. Group Target Tracking with the Gaussian Mixture Probability Hypothesis Density Filter[C]. Proceedings of the International Conference on Intelligent Sensors, Sensor Networks and Information Processing, 2007.
[46] LYUDMILA M. Group Object Structure and State Estimation in The Presence of Measurement Origin Uncertainty[C]. 2009 IEEE 15th Workshop on Statistical Signal Processing, 2009.
[47] FELDMANN M, FRANKEN D. Advances on Tracking of Extended Objects and Group Targets Using Random Matrices[C]. 12th International Conference on Information Fusion, 2009.
[48] LIAN F, HAN C Z, LIU W F. Sequential Monte Carlo Implementation and State Extraction of the Group Probability Hypothsis Density Filter for Partly Unresolvable Group Targets-tracking Problem[J]. IET Radar, Sonar and Navigation, 2010, 4(5): 685-702.
[49] 耿文东. 基于 PDA 的群目标合并与分离方法研究[J]. 无线电工程. 2007, 37(2): 24-26.
[50] 刘红，耿文东. 基于模式空间的目标合并与分离方法研究[J]. 无线电工程, 2010, 40(2): 53-56.
[51] SEPTIER F, PANG Sz K. Tracking of Coordinated Groups Using Marginalized MCMC-Besed Particle Algorithm[J]. IEEE Transactions on Auto Control, 2009, 31(2): 1-11.
[52] PENG Z H, SUN L, CHEN J. Path Planning of Multiple UAVs Low-altitude Penetration Based on Improved Multi-agent Coevolutionary Algorithm[C]. Proceedings of the 30th

Chinese Control Conference, 2011.

[53] ZHEN Q, SHELTON C R. Improving Multi-target Tracking via Social Grouping[C]. IEEE Conference on Computer Vision and Pattern Recognition, 2012.

[54] XIONG W, HE Y, ZHANG J W. Particle Filter Method for a Centralized Multi-sensor System[J]. Springer: Lecture Notes in Computer Science, 2006, 39(30): 64-69.

[55] SONGHWAI O, RUSSELL S, SASTRY S. Markov Chain Monte Carlo Data Association for Multi-target Tracking[J]. IEEE Transactions on Automatic Control, 2009, 54(3): 481-497.

[56] 何友，王海鹏，熊伟. 集中式多传感器概率最近邻域算法[J]. 仪器仪表学报，2010: 31(11): 2500-2508.

[57] LIU B, JI C, ZHANG Y. Multi-target Tracking in Clutter with Sequential Monte Carlo Methods[J]. IET Radar, Sonar and Navigation, 2010, 4(5): 662-672.

[58] 熊伟, 张晶炜, 何友. 基于 S-D 分配的集中式多传感器联合概率数据互联算法[J]. 清华大学学报, 2005, 45(4): 452-455.

[59] 张晶炜，何友，熊伟. 集中式多传感器模糊联合概率数据互联算法[J]. 清华大学学报, 2007, 47(7): 1188-1192.

[60] WANG X Z, MUSICKI D, ELLEM R, et al. Efficient and Enhanced Multi-target Tracking with Doppler Measurements[J]. IEEE Transactions on Aerospace and Electronic Systems, 2009, 45(4): 1400-1417.

[61] LIN X, KIRUBARAJAN T, BAR SHALOM Y. Exact Multi-sensor Dynamic Bias Estimation with Local Tracks[J]. IEEE Transactions on Aerospace and Electronic Systems, 2004, 40(2): 576-590.

[62] 熊伟，潘旭东，彭应宁. 基于不敏变换的动基座传感器偏差估计方法[J]. 航空学报, 2010, 31(4): 819-824.

[63] 熊伟, 邢凤勇, 彭应宁. 基于合作目标的运动平台载体传感器偏差估计方法[J]. 系统工程与电子技术, 2011, 33(3):544-547.

[64] 董云龙, 何友, 王国宏, 等. 基于 ECEF 的广义最小二乘误差配准技术[J]. 航空学报, 2006, 27(3): 463-467.

[65] 崔亚奇, 熊伟, 何友. 基于 MLR 的机动平台传感器误差配准算法[J]. 航空学报, 2012, 33(1): 118-129.

[66] LI B B, FENG X X, WANG Z Y. A Novel Three-Dimensional Data Association Algorithm for 2D Radar and Sensors[C]. 2010 2nd International Conference on Signal Processing System, 2010.

[67] LIAN W, YONGGAO J, DINGZHANG D. Particle Filter Initialization in Non-linear Non-Gaussian Radar Target Tracking [J]. Journal of Systems Engineering and Electronics, 2007, 18(3): 491-496.

[68] TOLEDANO D T, VILLARDEBO J G, GOMEZ L H. Initialization, Training, and Context-dependency in HMM-based Formant Tracking[J]. IEEE Transactions on Audio, Speech,

and Language Processing, 2006, 14(2): 511-523.

[69] JIE C, SINNHA A, KIRUBARAJAN T. EM-ML Algorithm for Track Initialization Using Possibly Noninformative Data[J]. IEEE Transactions on Aerospace and Electronic Systems, 2005, 41(3): 1030-1048.

[70] YEOM S W, KIRUBARAJAN T, BAR SHALOM Y. Track Segment Association, Fine-Step IMM and Initialization with Doppler for Improved Track Performance[J]. IEEE Transactions on Aerospace and Electronic Systems, 2004, 40(1): 293-309.

[71] MUSICKI D, EVANS R. Clutter Map Information for Data Association and Track Initialization[J]. IEEE Transactions on Aerospace and Electronic Systems, 2004, 40(2): 387-398.

[72] YU M H, MEYER M P. Closed-Form Solution of a Recursive Tracking Filter with a Priori Velocity Initialization[J]. IEEE Transactions on Aerospace and Electronic Systems, 1985, 21(2): 262-264.

[73] 徐惠钢，徐本连，朱继红．基于蚁群聚类的多目标跟踪航迹起始方法[J]．南京理工大学学报, 2011, 35(6): 774-780.

[74] 叶小燕．一种航迹起始的新方法研究[J]．信息技术, 2011, (11): 113-116.

[75] 孙立炜，王杰贵．一种有源无源联合定位系统的航迹起始方法[J]．现代防御技术, 2011, 39(5): 113-119.

[76] 朱洪艳，韩崇昭，韩红．航迹起始算法研究[J]．航空学报, 2004, 25(3): 77-81.

[77] 王峰．基于 Hough 变换的航迹起始算法[J]．杭州电子科技大学学报，2008, 28(6): 90-93.

[78] 王峰，罗利强，郝小宁．航迹起始算法及其性能仿真[J].火控雷达技术，2009, 38(1): 58-60.

[79] 彭俏，林华，石章松．基于交互式多模型的多假设航迹起始算法[J]．指挥控制与仿真, 2010, 32(2): 63-65.

[80] XIA D, CHA H, XIAO C S. A New Hough Transform Applied in Track Initiation[C]. 2011 International Conference on Consumer Electronics, Communications and Networks, 2011.

[81] 张彦航，苏小红，马培军．减法聚类的 Hough 变换航迹起始算法[J]．哈尔滨工业大学学报, 2010, 42(2): 101-104.

[82] 李静，潘泉．基于运动约束二步聚类 Hough 变换航迹起始算法[J]．计算机测量与控制, 2011, 19(11): 168-171.

[83] 赵志超，饶彬，王雪松．基于概率网格 Hough 变换的多雷达航迹起始算法[J]．航空学报, 2010, (31)11: 2209-2215.

[84] 金术玲，梁彦，王增福．两级 Hough 变换航迹起始算法[J]．电子学报，2008, (36)3: 590-593.

[85] 汤琦，黄建国，杨旭东．航迹起始算法及性能仿真[J]．系统仿真学报，2007, (19)1: 149-152.

[86] 战立晓，汤子跃，朱振波．球-地双基地雷达云雨杂波建模与仿真研究[J]．现代雷达,

2012, 34(1): 30-36.

[87] 战立晓, 汤子跃, 朱振波. 气球载雷达云雨杂波建模与仿真[J]. 雷达科学与技术, 2010, 8(1): 15-19.

[88] 陈源, 武文, 王晓军, 林瑞平. VHF 频段地空情报雷达云雨杂波模拟[J]. 空军雷达学院学报, 2010,24(3): 163-166.

[89] BENZON H H, BOVITH T. Simulation and Prediction of Weather Radar Clutter Using a Wave Propagator on High Resolution NWP Data[J]. IEEE Transactions on Antennas and Propagation, 2008, 56(12): 3885-3890.

[90] STASSEN M L A. Analog and Flexible Digital Suppression of Narrow-Band Interference in UWB[C]. 2010 17th IEEE Symposium on Communications and Vehicular Technology in the Benelux, 2010.

[91] YAO L P, ZHENG W D, QIAN Y. A Narrow-band Interference Suppression Method Based on EEMD for Partial Discharge[J]. Power System Protection and Control, 2011, 39(22): 133-139.

[92] WANG Z H, ZHOU S L, CATIPOVIC J. Parameterized Cancellation of Partial-Band Partial-Block-Duration Interference for Underwater Acoustic OFDM[J]. IEEE Transactions on Signal Processing, 2012, 60(4): 1782-1795.

[93] 吴洪. 非均匀杂波环境下相控阵机载雷达 STAP 技术研究[D]. 长沙: 国防科学技术大学, 2007.

[94] TAMAOKI M, DENNO S, FURUNO T. Adaptive Multiband Array for Cancelling Co-Channel Interference and Image-Band Interference[C]. 2009 IEEE 69th Vehicular Technology Conference, 2009.

[95] ZHANG J W, XIU J J, HE Y, et al. Distributed Interacted Multi-sensor Joint Probabilistic Data Association Algorithm Based on D-S Theory[J]. Science in China: Information Sciences, 2006, 49(2): 219-227.

[96] WENLING L, YINGMIN J. Consensus-based Distributed Multiple Model UKF for Jump Markov Nonlinear Systems[J]. IEEE Transactions on Automatic Control, 2012, 57(1): 227-233.

[97] NADARAJAH N, THARMARASA R, MCDONALD M, et al. IMM Forward Filtering and Backward Smoothing for Maneuvering Target Tracking[J]. IEEE Transactions on Aerospace and Electronic Systems, 2012, 48(3): 2673-2678.

[98] MALANOWSKI M. Detection and Parameter Estimation of Manoeuvring Targets with Passive Bistatic Radar[J]. IET Radar, Sonar and Navigation, 2012, 6(8): 739-745.

[99] LI W, JIA Y. State Estimation for Jump Markov Linear Systems by Variational Bayesian Approximation[J]. Control IET Theory and Applications, 2012, 6(2): 319-326.

[100] LI H W, WANG J. Particle Filter for Maneuvering Target Tracking via Passive Radar Measurements with Glint Noise[J]. IET Radar, Sonar and Navigation, 2012, 6(3): 180-189.

[101] ZHANG S, BAR SHALOM Y. Track Segment Association for GMTI Tracks of Evasive

Move-Stop-Move Maneuvering Targets[J]. IEEE Transactions on Aerospace and Electronic Systems, 2011, 47(3): 1899-1914.

[102] YONG W, YICHENG J. Inverse Synthetic Aperture Radar Imaging of Maneuvering Target Based on the Product Generalized Cubic Phase Function[J]. IEEE Geoscience and Remote Sensing Letters, 2011, 8(5): 958-962.

[103] TAEK L S, MUSICKI D, KIM D S. Target Tracking With Target State Dependent Detection[J]. IEEE Transactions on Signal Processing, 2011, 59(3): 1063-1074.

[104] JING L, HAN C Z, VADAKKEPAT P. Process Noise Identification Based Particle Filter: an Efficient Method to Track Highly Manoeuvring Targets[J]. IET Signal Processing, 2011, 5(6): 538-546.

[105] HONGQI F, YILONG Z, QIANG F. Impact of Mode Decision Delay on Estimation Error for Maneuvering Target Interception[J]. IEEE Transactions on Aerospace and Electronic Systems, 2011, 47(1): 702-711.

[106] FOO P H, NG G W. Combining the Interacting Multiple Model Method with Particle Filters for Manoeuvring Target Tracking[J]. IET Radar, Sonar and Navigation, 2011, 5(3): 234-255.

[107] WENCHEN L, XUESONG W, Guoyu W. Scaled Radon-Wigner Transform Imaging and Scaling of Maneuvering Target[J]. IEEE Transactions on Aerospace and Electronic Systems, 2010, 46(4): 2043-2051.

[108] SUN F, XU E, MA H. Design and Comparison of Minimal Symmetric Model-subset for Maneuvering Target Tracking[J]. Journal of Systems Engineering and Electronics, 2010, 21(2): 268-272.

[109] JAUFFRET C, PILLON D, Pignol A C. Bearings-Only Maneuvering Target Motion Analysis from a Nonmaneuvering Platform[J]. IEEE Transactions on Aerospace and Electronic Systems, 2010, 46(4): 1934-1949.

[110] FU X, JIA Y, DU J, et al. New Interacting Multiple Model Algorithms for the Tracking of the Manoeuvring Target[J]. IET Control Theory and Applications, 2010, 4(10): 2184-2194.

[111] DAKOVIC X M, THAYAPARAN T, Stankovic L. Time-frequency-based Detection of Fast Manoeuvring Targets[J]. IET Signal Processing, 2010, 4(3): 287-297.

[112] CHEN X, DOU L, ZHANG J. Method for Maneuvering Target Video Frequency Tracking Based on Inductive Factor of Posture Information[J]. Journal of Systems Engineering and Electronics, 2010, 21(2): 261-267.

[113] KHALOOZADEH H, KARSAZ A. Modified Input Estimation Technique for Tracking Manoeuvring Targets[J]. IET Radar, Sonar and Navigation, 2009, 3(1): 30-41.

[114] BILIK I, TABRIKIAN J. Maneuvering Target Tracking in the Presence of Glint using the Nonlinear Gaussian Mixture Kalman Filter[J]. IEEE Transactions on Aerospace and Electronic Systems, 2010, 46(1): 246-262.

[115] JAIN V, BLAIR W D. Filter Design for Steady-State Tracking of Maneuvering Targets with LFM Waveforms[J]. IEEE Transactions on Aerospace and Electronic Systems, 2009, 45(2): 765-773.

[116] PUNITHAKUMAR K, KIRUBARAJAN T, SINHA A. Multiple-model Probability Hypothesis Density Filter for Tracking Maneuvering Targets[J]. IEEE Transactions on Aerospace and Electronic Systems, 2008, 44(1): 87-98.

[117] XIN F, GUOLIANG F, HAVLICEK J P. Generative Model for Maneuvering Target Tracking[J]. IEEE Transactions on Aerospace and Electronic Systems, 2010, 46(2): 635-655.

[118] DING Q X, LIANG G W, TIAN Y. Adaptive Variable Structure Multiple Model Filter for High Maneuvering Target Tracking[C]. 2010 International Conference on Computational and Information Sciences, 2010.

[119] PURAMIK S, TUGENAIT J K. Tracking of Multiple Maneuvering Targets Using Multiscan JPDA and IMM Filtering[J]. IEEE Transactions on Aerospace and Electronic Systems, 2007, 43(1): 23-35.

[120] 周宏仁. 机动目标跟踪[M]. 北京: 国防工业出版社, 1991.

[121] PAPAGEORGIOU D J, HOLENDER M. Track-to-track Association and Ambiguity Management in the Presence of Sensor Bias[C]. 2009 12th International Conference on Information Fusion, 2009.

[122] 刘德浩，王国宏，陈中华. 基于数据拟合的航迹关联方法[J]. 电光与控制，2012, 19(04): 23-25, 38.

[123] WANG G, ZHANG X, TAN S. Effect of Biased Estimation on Radar-to-ESM Track Association[J]. Journal of Systems Engineering and Electronics, 2012, 23(2): 188-194.

[124] 石玥, 王钺, 周淑华等. 雷达组网中联合数据关联与偏差估计方法研究[J]. 系统工程与电子技术, 2006, 28(11):1668-1671,1678.

[125] Li Z H, Chen S Y, Leung H, et al. Joint Data Association, Registration, and Fusion using EM-KF[J]. IEEE Transactions on Aerospace and Electronic Systems, 2010, 46(2): 496-507.

[126] Mori S. Performance Analysis of Centroid Matching Relative Bias Estimation Algorithm[R]. BAE-AIT Technical Note, 2007, 4.

[127] Lin L, Bar-Shalom Y, Kirubarajan T. New Assignment-Based Data Association for Tracking Move-stop-move Targets[J]. IEEE Transactions on Aerospace and Electronic Systems, 2004, 40(2): 714-725.

[128] Papageorgiou D J, Sergi J D. Simultaneous Track-to-Track Association and Bias Removal Using Multistart Local Search[C]. 2008 IEEE Aerospace Conference, 2008, 3: 1-14.

[129] 陈世友，肖厚，刘颢. 航迹关联不确定度的表示[J]. 电子学报，2011，39(7):1589-1593.

[130] 方亮. 系统偏差条件下的航迹相关技术研究[D]. 长沙: 国防科学技术大学, 2009.

[131] 刘德浩，王国宏，陈垒. 一种存在系统偏差的航迹关联方法[J]. 雷达科学与技术，

2011, 9(06): 542-546.
[132] 杨哲, 韩崇昭, 李晨, 褚敏. 基于目标之间拓扑信息的数据关联方法[J]. 系统仿真学报, 2008, 20(9): 2357-2360.
[133] Du X J, Wang Y, Shan X M. Track-to-track Association Using Reference Topology In the Presence of Sensor Bias[C]. 2010 IEEE 10th International Conference on Signal Processing, 2010, 10: 2196-2201.
[134] 衣晓, 张怀巍. 极坐标系下的航迹灰色区间关联算法[J]. 舰船电子工程, 2012, 32(08): 45-47, 66.
[135] 何友, 宋强, 熊伟. 基于 Fourier 变换的航迹对准关联算法[J]. 航空学报, 2010, 31(2):356-362.
[136] 刘德浩, 王国宏, 陈中华. 系统误差下的模糊航迹关联方法[J]. 现代防御技术, 2012, 40(3): 128-131.
[137] 方亮, 杨宏文, 胡卫东. 一种系统偏差条件下的航迹关联方法[C]. 第十四届全国信号处理学术年会, 2009.
[138] 张翔宇, 王国宏, 王娜. 系统误差下异地配置的雷达和电子支援系统测量航迹关联[J], 电光与控制, 2012, 19(3): 30-35.
[139] 沈蕾, 李燕菲. 一种抗差型航迹关联算法研究[J]. 舰船电子工程, 2008, 28(10): 135-138.
[140] 陈列. 雷达情报数据融合系统的误差校正与航迹关联技术研究[D]. 南京: 南京理工大学, 2007.
[141] 张翔宇, 王国宏, 李世忠. 系统误差对雷达和 ESM 航迹关联的影响[J]. 火力与指挥控制, 2012, 36(7): 39-41.
[142] 石玥, 王钺, 王树刚等. 基于目标参照拓扑的模糊航迹关联方法[J]. 国防科技大学学报, 2006: 28(4): 105-109.
[143] 宋强, 熊伟, 何友. 基于目标不变信息量的模糊航迹对准关联算法[J]. 系统工程与电子技术, 2011, 33(1): 190-195.
[144] 宋强, 熊伟, 何友. 基于复数域拓扑描述的航迹对准关联算法[J]. 宇航学报, 2011, 32(3): 560-566.
[145] 吴泽民, 任姝婕, 刘熹. 基于拓扑序列法的航迹关联算法[J]. 航空学报, 2009, 30(10): 1937-1942.
[146] 何友, 宋强, 熊伟. 基于相位相关的目标航迹对准关联技术[J]. 电子学报, 2010, 38(12): 2718-2723.
[147] 宋强. 目标航迹对准关联与传感器系统误差估计算法研究[D]. 烟台: 海军航空工程学院, 2011.
[148] 熊伟, 高峰, 王海鹏. 基于互信息的航迹对准关联算法[J]. 电光与控制, 2012, 19(5): 15-19.
[149] 王海鹏. 多传感器多目标跟踪新算法研究[D]. 烟台: 海军航空工程学院, 2009.
[150] 衣晓, 关欣, 何友. 分布式多目标跟踪系统的灰色航迹关联模型[J]. 信号处理, 2005,

(21)6: 653-655.

[151] ABDUL R M, MAHALEKSHMI M C. Automated Object Recognition and Pattern Matching Analysis of Runways Using Surface Track Data[C]. 2011 3rd International Conference on Electronics Computer Technology, 2011.

[152] MASOOD UR REHMAN M, FANG J C, SAFFIH F. Automatic Star Pattern Recognition in Tracking Mode[C]. 2009 6th International Bhurban Conference on Applied Sciences and Technology, 2009.

[153] GRACIANO A B V, CESAR R M, Bloch I. Graph-based Object Tracking Using Structural Pattern Recognition[C]. 2007 Brazilian Symposium on Computer Graphics and Image Processing, 2007.

[154] BADRI J, TILMANT C, LAVEST J M. Hybrid Sensors Calibration: Application to Pattern Recognition and Tracking[C]. 2007 IEEE International Symposium on Intelligent Signal Processing, 2007, 10: 1-5.

[155] 邓鲁华, 张延恒. 数字图像处理[M]. 北京: 机械工业出版社, 2005.

[156] 崔亚奇，宋强，何友. 系统偏差情况下的目标跟踪技术[J]. 仪器仪表学报，2010, 31(8):1848-1854.

[157] SHANMUGAVEL M. Path planning of multiple autonomous vehicles[D]. UK: Cranfield University, 2007.

[158] DELIMA P, PACK D. Toward developing an optimal cooperative search algorithm for multiple unmanned aerial vehicles[J]. Collaborative Technologies and Systems, 2008, 25(3):506-512.

[159] LI W, ZHANG J F. Distributed practical output tracking of high-order stochastic multi-agent systems with inherent nonlinear drift and diffusion terms[J]. Automatica, 2014, 50(12):3231-3238.

[160] 余瑶, 任昊, 张兰, 等. 有向图下非线性无人机群自适应合围控制[J]. 控制理论与应用, 2015, 32(7):1-8.

[161] 季傲，姜礼平，吴强. 航母编队协同放空作战目标威胁评估[J]. 兵工自动化，2016, 35(5):56-58.

[162] LI X R, JIKKOV V P. Survey of maneuvering target tarcking. Part II:motion models of ballistic and space targets[J]. IEEE Transactions on Aerospace and Electronic Systems. 2010, 46(1):96-119.

[163] OLIVIER D M, ROBERT H B. Tracking and identification of a maneuvering reentry vehicle[C]. AIAA Guidance, Navigation, Control Conference and Exhibit, 2003.

[164] PHILLIPS T H. A common aero vehicle (CAV) model, description, and employment guide[R]. Schafer Corporation for AFRL and AF-SPC, 2003.

[165] ZHANG H T, DAI G, SUN J X. Unscented Kalman filter and its nonlinear application for tracking a moving target[J]. International Journal for Light and Electron Optics, 2013,

124(20):4468-4471.

[166] RISTIC B, RARINA A, BENVENUTI D, et al. Performance bounds and comparison of nonlinear filters for tracking a ballisitic object on re-entry[J]. IEE Proceedings Radar , Sonar & Navigation, 2003, 150(2):65-70.

[167] HAN L J, CUI S H, MIAO S B, et al. The close ballistic target tracking based on extended Kalman filter[J]. Applied Mechanics & Materials, 2013, 347-350:3639-3643.

[168] WU C L, JU Y F, HAN C Z. An improved particle filter with applications in ballistic target tracking[J]. Sensors & Transducers, 2014, 172(6):196-201.

[169] BELL K L, BAKER C J, SMITH G E, et al. Fully adaptive radar for target tracking part II: target detection and track initiation[C]. 2014 IEEE International Conference on Radar, 2014.

[170] CHOI S, CROUSE D, WILLETT P, et al. Multistatic target tracking for passive radar in a DAB/DVB network:initiation[J]. IEEE Transaction on Aerospace and Electronic Systems, 2015, 51(3):2460-2469.

[171] 盛丹, 王国宏, 于洪波. 基于 Hough 变换的测向交叉定位系统多目标跟踪技术[J]. 中国科学: 信息科学, 2016, 46(5):651-664.

[172] MICHAIL N P, EMMA G A, NIKO K U. Solving the association problem for a multistatic range-only radar target tracker [J]. Signal Processing, 2008, 88:2254-2277.

[173] WORSHAM R. The probabilities of track initiation and loss using a sliding window for track acquisition [C]. 2010 IEEE International Radar Conference, 2010.

[174] KIM S W, LIM Y T, SONG T L. A study of a new data association and track initiation method with normalized distance squared ordering [J]. International Journal of Control, Automation and Systems, 2011, 9(5): 815-822.

[175] GUAN X, HE Y, YI X. Gray track-to-track correlation algorithm for distributed multitarget tracking system[J]. Signal Processing, 2006, 86(11):3448-3455.

[176] BRACA P, GRASSO R, VESPE M, et al. Application of the JPDA-UKF to HFSW radars for maritime situational awareness[C]. Proceedings. of the 15th International Conference on Information Fusion, 2012.

[177] JI Y G, ZHANG J, MENG J M, et al. Point association analysis of vessel target detection with SAR, HFSWR and AIS[J]. Acta Oceanologica Sinica, 2014, 33(9):73-81.

[178] DZVONKOVSKAYA A, GURGEL K W, ROHLING H, et al. HF radar WERA application for ship detection and tracking[J]. European Journal of Navigation, 2007,7(3):18-25.

[179] DZVONKOVSKAYA A, GURGEL K W, ROHLING H, et al. Low power high frequency surface wave radar application for ship detection and tracking[C]. Proceedings. of the International Conference on Radar, 2008.

[180] VESECKY J F, LAWS K E, PADUAN J D. Using HF surface wave radar and the ship automatic identification system to monitor coastal vessels[C]. Proceedings. of the IEEE

International Conference on Geoscience and Remote Sensing Symposium, 2009.

[181] DEMIGHA O, HIDOUCI W K, AHMED T. On energy efficiency in collaborative target tracking in wireless sensor network: a review[J]. Communications Surveys & Tutorials, 2013, 15(3):1210-1222.

[182] TIAN X, BAR SHALOM Y. Track-to-track fusion configurations and association in a sliding window[J]. Journal of Advances in Information Fusion, 2009,4(2):146-164.

[183] RAFATI A, MOSHIRI B, REZAEI J. A new algorithm for general asynchronous sensor bias estimation in multisensory multi-target systems[C]. Proceedings. of 10th International Conference on Information Fusion. Piscataway, 2007.

[184] 郭蕴华，袁成. 一种异步航迹关联的变异蚁群算法[J]. 电子学报，2012, 40(11): 2200-2205.

[185] 宋强，熊伟，何友. 多传感器多目标系统误差融合估计算法[J]. 北京航空航天大学学报, 2012, 38(6):835-841.

[186] QI Y Q, JING Z L, HU S Q. General solution for asynchronous sensors bias estimation[C]. Proceedings. of 11th International Confernece on Information Fusion, 2008.

[187] HE Y, ZHANG J W. New Track Correlation Algorithms In Distributed System[J], Transactions on Aerospace and Electronic Systems, 2006, 42(4)：1359-1371.

[188] 刘伟峰，文成林. 基于 OSPA 距离的航迹关联方法[J]. 航空学报，2012,33(6): 1083-1092.

[189] 黄晓冬，何友，赵峰. 几种典型情况下的航迹关联研究[J]. 系统仿真学报，2005, 17(9):2085-2088.

[190] 张丙军，何红，张冲，等. 分布式多传感器多目标航迹关联处理算法研究[J]. 兵工自动化, 2008, 27(12):24-26.

[191] 田保国，何友，杨日杰. 人工神经网络在航迹关联中的应用研究[J]. 电子与信息学报, 2005, 27(2):310-313.

[192] 田保国，何友，杨日杰. 平均场网络在航迹关联中的应用[J]. 航空学报，2005, 26(1):94-97.

[193] DEBASIS S, RONALD A. Neural solution to the multitarget tracking data association problem[J]. IEEE Trans on AES, 1989, 25(1):96-108.

[194] 熊伟，张晶炜，何友. 基于多维分配和灰色理论的航迹关联算法[J]. 电子与信息学报, 2010, 32(4):898-901.

[195] 王杰贵，罗景青，靳学明. 无源跟踪中基于灰关联信息融合的概率数据关联算法[J]. 电子学报, 2006, 34(3):391-395.

[196] 何友,宋强，熊伟. 基于相位相关的航迹对准关联技术[J]. 电子学报，2010, 38(12):2718-2723.

[197] 宋强，熊伟，马强. 基于傅里叶变换的航迹对准关联算法[J]. 航空学报，2010, 31(2): 356-362.

[198] 王聪，王海鹏，何友. 基于坐标映射距离差分的快速群分割算法[J]. 系统工程与电子技术, 2016, 38(8):1716-1722.

[199] 王海鹏，唐田田，王子玲，等. 面向群目标典型机动的多传感器精细跟踪方法[J]. 舰船电子工程, 2016, 36(8):76-79, 156.

[200] CHEN J G, WANG N, MA L L. Extended target probability hypothesis density filter based on cubature Kalman filter[J]. IET Radar, Sonar and Navigation, 2015, 9(3):324-332.

[201] 王海鹏. 多传感器编队目标跟踪算法研究[D]. 烟台：海军航空工程学院, 2012.

[202] FORTMAN T E, BAR S Y, SCHEFFE M. Sonar Tracking of Multiple Targets Using Joint Probabilistic Data Association [J]. IEEE Journal of Oceanic Engineering, 1983, 8(3):173-184.

[203] 齐林，王海鹏，熊伟，等. 基于先验信息的多假设模型中断航迹关联算法[J]. 系统工程与电子技术, 2015, 37(4):732-739.